Outras mentes

●●--●

Peter Godfrey-Smith

Outras mentes

O polvo e a origem da consciência

tradução
Paulo Geiger

todavia

A todos os que trabalham para proteger os oceanos

A demanda por continuidade tem demonstrado possuir um poder verdadeiramente profético em amplos campos da ciência. Devemos, portanto, nós mesmos, tentar sinceramente todo modo possível de conceber o surgimento da consciência, de forma a que ele *não* pareça equivaler à irrupção, no universo, de uma nova natureza, inexistente até então.

William James, *The Principles of Psichology*, 1890

O drama da criação, de acordo com o relato havaiano, é dividido em uma série de etapas... Primeiro apareceram os humildes zoófitos e os corais, e estes foram seguidos por vermes e mariscos, cada tipo estando destinado a conquistar e destruir seu predecessor, uma luta pela existência na qual os mais fortes sobrevivem. Paralelamente a essa evolução de formas animais, começa a vida vegetal em terra e no mar — primeiro com as algas, seguidas das plantas aquáticas e juncos. À medida que um tipo segue-se a outro, o limo que se acumula de sua deterioração faz o terreno se elevar acima das águas, nas quais, como espectador de tudo, nada o polvo, sobrevivente solitário de um mundo mais antigo.

Roland Dixon, *Oceanic Mythology*, 1916

1. Encontros ao longo da árvore da vida 11
2. Uma história de animais 22
3. Traquinagem e astúcia 52
4. Do ruído branco à consciência 88
5. Produzindo cores 119
6. Nossa mente e outras 158
7. Experiência comprimida 180
8. Polvópolis 202

Notas 229
Agradecimentos 259
Índice remissivo 261

1.
Encontros ao longo da árvore da vida

Dois encontros e uma partida

Numa manhã de primavera em 2009, Matthew Lawrence soltou a âncora de seu pequeno barco num ponto qualquer no meio de uma baía oceânica azul, na costa oriental da Austrália, e mergulhou, saltando sobre a borda lateral. Munido de um cilindro de ar comprimido, nadou para o fundo até a âncora, ergueu-a e esperou. Na superfície, a brisa empurrava o barco, que começou a derivar, e Matt, segurando a âncora, o seguiu.

Essa baía é bem conhecida como ponto de mergulho, mas normalmente os mergulhadores só visitam umas poucas locações espetaculares. Como a baía é grande e em geral muito calma, Matt, um entusiasta do mergulho autônomo que vive ali perto, havia iniciado um programa de exploração subaquática, deixando a brisa carregar o barco vazio acima dele até que seu ar comprimido acabasse e, então, escalando o cabo da âncora para voltar. Em um desses mergulhos, quando vagava sobre uma área plana e arenosa, inteiramente coberta de vieiras, ele se deparou com algo incomum. Uma pilha de conchas de vieira vazias — milhares delas — e, mais ou menos no centro, algo que parecia uma rocha única. Sobre a camada de conchas havia cerca de uma dúzia de polvos, cada um numa toca rasa, escavada. Matt desceu e pairou ao lado deles. O corpo de cada polvo era do tamanho aproximado de uma bola de futebol, ou menor. Estavam pousados, com os braços ocultos.

A maioria era marrom-acinzentada, mas as cores mudavam o tempo todo. Seus olhos eram grandes, não muito diferentes de olhos humanos, exceto pelas pupilas escuras e horizontais — como olhos de gato virados de lado.

Os polvos olhavam para Matt, e também uns para os outros. Alguns começaram a vagar em volta. Rastejavam para fora das tocas e se moviam sobre a camada de conchas num passeio arrastado. Às vezes isso não provocava nenhuma reação nos outros, mas ocasionalmente dois deles se enroscavam numa luta de braços múltiplos. Os polvos pareciam não ser nem amigos nem inimigos, mas sim estar em uma coexistência complicada. Como se essa cena não fosse estranha o bastante, muitos filhotes de tubarão, de não mais de quinze centímetros de comprimento cada um, jaziam imóveis sobre as conchas, enquanto os polvos vagavam em torno deles.

Alguns anos antes disso, eu estava mergulhando de snorkel em outra baía, em Sydney. O ponto é cheio de pedregulhos e recifes. Vi algo se mover debaixo de uma saliência na rocha — algo surpreendentemente grande — e desci mais para olhar. O que achei parecia um polvo aderido a uma tartaruga. Tinha um corpo achatado, uma cabeça proeminente e oito braços que saíam diretamente da cabeça. Os braços eram flexíveis, com ventosas — mais ou menos como os braços de um polvo. As costas eram orladas com algo que parecia uma saia, com algumas polegadas de largura, e se movia suavemente. O animal parecia ser de todas as cores ao mesmo tempo — vermelho, cinzento, azul-esverdeado. Padrões apareciam e desapareciam numa fração de segundo. Entre as manchas de cor havia veios prateados, como linhas de força brilhando. Ele pairou alguns centímetros acima do assoalho marinho e então avançou e veio me observar. Como eu suspeitara, olhando da superfície, a criatura era *grande* — cerca de um metro de comprimento. Os braços se moviam, vagueando, as cores iam e vinham, e o animal movimentava-se para a frente e para trás.

Tratava-se de um choco gigante. Chocos são parentes dos polvos, porém mais próximos da lula. Os três — polvos, chocos e lulas — são todos membros de um grupo chamado *cefalópodes*. Outros cefalópodes bem conhecidos são os náutilos, mariscos das profundezas do Pacífico que vivem de modo bem diferente dos polvos e seus primos. Polvos, chocos e lulas têm outra coisa em comum: seus sistemas nervosos grandes e complexos.

Nadei para o fundo repetidamente, prendendo a respiração, para espiar esse animal. Logo estava exausto, mas também relutava em parar, pois a criatura parecia estar tão interessada em mim quanto eu (nele? nela?). Foi minha primeira experiência com um aspecto desses animais que nunca deixaria de me intrigar: a sensação de *envolvimento* mútuo que se tem com eles. Eles olham para você atentamente, em geral mantendo certa distância, mas frequentemente não muita. Algumas vezes, quando eu chegava muito perto, um choco gigante estendia um braço, só alguns centímetros, para tocar no meu. Em geral é só um toque e depois mais nada. Os polvos demonstram grande interesse tátil. Se você se postar diante de sua toca e estender a mão, eles frequentemente estenderão um ou dois braços, primeiro para explorar você e depois para fazer uma tentativa absurda de te arrastar para o seu covil. Muitas vezes, sem dúvida, é uma tentativa superambiciosa de fazer de você o almoço deles. Mas já foi demonstrado que os polvos também se interessam por objetos que eles sabem muito bem que não podem comer.

Para compreender esses encontros entre pessoas e cefalópodes, temos de recuar até um evento do tipo oposto: uma partida, uma separação. Essa partida aconteceu um bom tempo antes dos encontros — há cerca de 600 milhões de anos. Como os encontros, envolveu animais no oceano. Ninguém sabe qualquer detalhe sobre a aparência dos animais em questão, mas talvez tivessem a forma de vermes pequenos e achatados. Pode ser que só tivessem alguns milímetros de comprimento, ou que fossem um pouco maiores. Talvez nadassem, talvez se arrastassem no fundo do mar, ou ambos. Podiam ter olhos simples ou, pelo menos, manchas sensíveis à luz de cada lado. Se era assim, pouco restava para distinguir "cabeça" e "cauda". Tinham, sim, sistemas nervosos. Estes podiam ser constituídos por redes neurais espalhadas pelo corpo ou incluir algum aglomerado, um cérebro minúsculo. O que esses animais comiam, como viviam e como se reproduziam, tudo isso se desconhece. Mas tinham uma característica de grande interesse do ponto de vista evolucionário, uma característica que se torna visível apenas em retrospecto. Essas criaturas são os últimos ancestrais comuns a você e ao polvo, a mamíferos e cefalópodes. São os "últimos" ancestrais comuns no sentido de *mais recentes*, os últimos em uma linhagem.

A história dos animais tem o formato de uma árvore.[1] Uma "raiz" única dá origem a uma série de ramos à medida que acompanhamos o processo avançando no tempo. Uma espécie divide-se em duas, e cada uma delas divide-se novamente (se não se extinguir antes). Se uma espécie se divide e os dois ramos sobrevivem e se dividem repetidamente, o resultado pode ser a evolução de um ou dois aglomerados de espécies, cada um deles diferente dos outros o suficiente para ser destacado com um nome de família — *mamíferos*, *aves*. As grandes diferenças entre os animais existentes hoje — entre abelhas e elefantes, por exemplo — têm origem em divisões desse tipo, pequenas e insignificantes, muitos milhões de anos atrás. Uma ramificação acontece e deixa, um de cada lado, dois novos grupos de organismos, que eram inicialmente semelhantes, mas desenvolveram-se de forma independente a partir daquele ponto.

Imagine uma árvore que tem a forma de um triângulo ou cone invertido, desde um tempo distante, e é muito irregular no interior — algo assim:

Imagine-se agora sentado num ramo no alto da árvore, olhando para baixo. Você está no topo porque está vivo neste momento (e não porque é superior), e à sua volta estão todos os outros organismos que também estão vivos agora. Perto de você estão seus primos vivos, como os chimpanzés e os gatos. Mais além, se você olhar no sentido horizontal através do topo da árvore, verá animais de parentesco mais distante. A "árvore da vida" completa inclui também plantas, bactérias e protozoários, entre outros, mas vamos nos restringir aos animais. Se você olhar agora para a árvore, na direção das raízes, verá seus ancestrais, tanto os recentes quanto os mais remotos. Para cada par de animais vivos hoje (você e uma ave, você e um peixe, uma ave e um peixe), podemos traçar, árvore abaixo, duas linhas de descendência, que finalmente se encontram num ancestral *comum* aos dois, um ancestral dos dois. Este ancestral comum pode ser localizado logo no início dessas linhas descendentes ao longo da árvore, ou mais abaixo. No caso de humanos e chimpanzés, chegamos muito rapidamente a um ancestral comum, que viveu cerca de 6 milhões de anos atrás. No caso de pares formados por animais muito diferentes — humano e besouro —, temos de traçar as linhas até mais embaixo.

Sentado na árvore, olhando para seus parentes próximos e distantes, considere um conjunto específico de animais, aqueles que comumente pensamos ser "inteligentes" — que têm cérebros grandes e comportamento complexo e adaptável. Entre estes, certamente incluem-se os chimpanzés e os golfinhos, além de cães e gatos, juntamente com os humanos. Todos esses animais estão bem perto de você na árvore. São primos bastante próximos, do ponto de vista evolucionário. Se estivéssemos fazendo este exercício da forma correta, deveríamos acrescentar as aves também. Um dos desdobramentos mais importantes da psicologia animal nas últimas décadas tem sido a constatação do quanto corvos e papagaios são inteligentes. Não são mamíferos, mas são vertebrados, e por isso estão ainda bem próximos de nós, embora muito menos que os chimpanzés. Tendo reunido todas essas aves e todos esses mamíferos, podemos perguntar: como era seu ancestral comum mais recente e quando ele viveu? Se olharmos para baixo da árvore, onde todas essas linhas de ancestralidade se fundem, o que encontraremos vivendo lá?

A resposta é um animal parecido com um lagarto. Ele viveu cerca de 320 milhões de anos atrás, pouco antes da era dos dinossauros. Tinha uma espinha dorsal, um tamanho razoável e estava adaptado à vida em terra. Sua arquitetura era semelhante à nossa, com quatro membros, uma cabeça e um esqueleto. Ele caminhava, usava sentidos semelhantes aos nossos e tinha um sistema nervoso central bem desenvolvido.

Agora, vamos procurar o ancestral comum que conecta este primeiro grupo de animais, no qual estamos incluídos, a um polvo. Para encontrar esse animal, temos de olhar bem mais para baixo na árvore. Quando o encontramos, cerca de 600 milhões de anos atrás, o animal é aquela criatura achatada, parecida com um verme, que esbocei anteriormente.

Esse passo para trás no tempo é aproximadamente duas vezes maior que aquele que demos para achar o ancestral comum de mamíferos e aves. O ancestral de humanos e polvos viveu numa época em que nenhum organismo sobrevivera em terra, e os maiores animais existentes poderiam ser esponjas e águas-vivas (além de algumas aberrações que comentarei no próximo capítulo).

Suponha que achamos esse animal, e agora estamos assistindo à divisão, à ramificação, como aconteceu. Em um oceano turvo (no fundo do mar ou no topo da coluna de água), vemos que grandes quantidades desses vermes vivem, morrem e se reproduzem. Por uma razão desconhecida, alguns deles se separam dos outros, e, por um acúmulo de mudanças casuais, começam a viver de modo diferente. Com o tempo, seus descendentes desenvolvem corpos diferentes. Os dois lados se dividem repetidamente e logo veremos não dois conjuntos de vermes, mas dois ramos enormes da árvore evolucionária.

Um caminho que avança a partir dessa divisão subaquática leva ao nosso ramo da árvore. Leva, entre outros, aos vertebrados e, dentro deles, aos mamíferos e, afinal, aos humanos. O outro caminho leva a uma gama ampla de espécies invertebradas, inclusive caranguejos, abelhas e seus parentes, muitos tipos de vermes e também os moluscos, grupo que inclui mexilhões, ostras e caramujos. Este ramo não abarca todos os animais comumente conhecidos como "invertebrados",[2] mas inclui a maioria dos mais conhecidos: aranhas, centípedes, vieiras, mariposas.

Neste ramo, a maioria dos animais é bem pequena, com exceções, e também tem sistemas nervosos pequenos. Alguns insetos e aranhas apresentam comportamentos muito complexos, especialmente sociais, mas ainda assim têm sistemas nervosos pequenos. As coisas nesse ramo são assim — com exceção dos cefalópodes. Estes formam um subgrupo dos moluscos e são, portanto, parentes dos mexilhões e caramujos, mas desenvolveram sistemas nervosos grandes e a capacidade de se comportar de modo muito diferente dos outros invertebrados.

Chegaram a isso por um caminho evolucionário totalmente separado do nosso.

Os cefalópodes são uma ilha de complexidade mental no mar dos animais invertebrados. Como nosso ancestral comum mais recente era muito simples e viveu há tanto tempo, os cefalópodes são um *experimento independente* na evolução dos cérebros grandes e comportamentos complexos. Se conseguimos fazer *contato* com os cefalópodes como seres sencientes não foi porque temos uma história compartilhada ou algum parentesco, mas porque a evolução construiu cérebros repetidamente. Eles são, provavelmente, o mais perto que chegaremos de um alienígena inteligente.

Esboços

Um dos problemas clássicos de minha disciplina — a filosofia — é a relação entre mente e matéria. Como a senciência, a inteligência e a consciência se encaixam no mundo físico? Neste livro, quero avançar na solução desse problema, por mais vasto que seja. Para abordá-lo, sigo um percurso evolucionário; quero saber como a consciência emerge da matéria-prima encontrada nos seres vivos. Éons atrás, os animais constituíam apenas um entre os vários grupos desregrados de células que começaram a viver juntas como unidades, no mar. De lá, no entanto, algumas adotaram um estilo de vida particular. Tomaram o caminho da mobilidade e da atividade, criaram olhos, antenas e meios para manipular objetos à sua volta. Evoluíram para o rastejar dos vermes, o zumbido dos mosquitos, as viagens globais das baleias. Como parte de tudo isso, em algum estágio desconhecido, veio a evolução da *experiência subjetiva*. Para alguns animais, há algo que os faz *sentir como é ser* aquele animal. Existe algum tipo de "eu" que vivencia o que está acontecendo.

Estou interessado na forma como a experiência de todas as espécies evoluiu, mas os cefalópodes terão importância especial neste livro. Em primeiro lugar, por serem as criaturas notáveis que são. Se pudessem falar, poderiam nos contar muita coisa. Mas não é só por isso que eles escalam e nadam tanto neste livro. Esses animais deram forma a meu percurso, através de problemas filosóficos; segui-los cruzando o mar, tentar elucidar o que estão fazendo, tornaram-se parte importante de meu roteiro. Quando abordamos questões relativas à mente dos animais, é fácil ser demasiadamente influenciado pelo nosso próprio caso. Quando imaginamos as vidas e experiências de animais mais simples, frequentemente acabamos visualizando versões miniaturizadas de nós mesmos. Os cefalópodes nos põem em contato com algo muito diferente. Como o mundo parece ser para eles? O olho de um polvo é semelhante ao nosso. É formado como uma câmera, com uma lente ajustável que foca uma imagem na retina. Os olhos são semelhantes, mas os cérebros por trás deles são diferentes em quase todos os outros parâmetros. Se quisermos compreender *outras* mentes, as mentes dos cefalópodes são as mais outras de todas.

A filosofia está entre as vocações menos corporais. Ela é, ou pode ser, um tipo de vida puramente mental. Não há um equipamento que seja preciso manejar, nem locais físicos ou estações de campo. Não há nada de errado com isso — o mesmo vale para a matemática e a poesia. Mas o lado corporal deste projeto foi importante. Deparei-me com os cefalópodes por acaso, por ficar tanto na água. Comecei a segui-los por aí e, mais tarde, passei a refletir sobre a vida deles. Este projeto foi muito impactado por sua presença física e sua imprevisibilidade. Foi afetado, também, pela miríade de aspectos práticos que estar debaixo d'água implica — as exigências de equipamento, dos gases, da pressão da água, a suspensão da gravidade na luz verde-azulada. Os esforços que um humano tem de despender para lidar com essas coisas refletem as diferenças entre a vida em terra e na água, e o mar é o lar original da mente, ou pelo menos de suas primeiras e tênues formas.

Na abertura deste livro, usei uma epígrafe do filósofo e psicólogo William James, que a escreveu no final do século XIX.[3] James queria entender como a consciência veio a habitar o universo. Sua orientação em relação a essa questão era evolucionária num sentido amplo, incluindo não só a evolução biológica como também a evolução do cosmos como um todo. Ele achava que era preciso uma teoria baseada em continuidades e transições compreensíveis, e não em aparições súbitas ou saltos.

Assim como James, quero compreender a relação entre mente e matéria, e suponho que a história a ser contada seja uma narrativa de desenvolvimento gradual. A esta altura, seria possível dizer que já conhecemos a estrutura dessa narrativa: os cérebros evoluem, acrescentam-se mais neurônios, alguns animais ficam mais inteligentes que outros e é isso. Assumir isso, no entanto, é recusar-se a considerar algumas das questões mais enigmáticas. Quais foram os primeiros animais, e os mais simples, a ter algum tipo de experiência subjetiva? Quais foram os primeiros animais a *sentir* algum dano, como a dor, por exemplo? Será que *ser* um cefalópode de cérebro grande é algo que se sente, ou seriam eles apenas máquinas bioquímicas em cujo interior tudo é escuridão?[4] Há dois lados no mundo que precisam se ajustar reciprocamente de algum modo, mas que não parecem se ajustar de nenhuma maneira que possamos compreender hoje. Um lado é a existência de sensações e outros processos mentais que são sentidos por um agente; o outro é o mundo da biologia, da química e da física.

Esses problemas não serão totalmente resolvidos neste livro, mas podemos fazer progressos em relação a eles mapeando a evolução dos sentidos, dos corpos e do comportamento. A evolução da mente está em algum ponto desse processo. Este é, portanto, um livro de filosofia, assim como um livro sobre animais e evolução. O fato de ser um livro de filosofia não o coloca em algum reino misterioso e inacessível. Fazer filosofia é, em grande parte, uma questão de tentar *juntar as coisas*, tentar montar as peças de um quebra-cabeça muito grande para fazer algum sentido. A boa filosofia é oportunista; lança mão de qualquer informação e de quaisquer ferramentas que pareçam úteis. Espero que, à medida que o livro avance, ele entre e saia da filosofia através de costuras que você quase nem vai notar.

O livro visa, então, a falar da mente e de sua evolução, e a fazer isso com alguma abrangência e profundidade. A *abrangência* implica considerar diferentes tipos de animais. A *profundidade* é a profundidade no tempo, já que o livro abarca os grandes períodos e os sucessivos regimes da história da vida.

O antropólogo Roland Dixon atribui aos havaianos a história evolucionária que usei como minha segunda epígrafe: "Primeiro apareceram os humildes zoófitos e os corais, e estes foram seguidos por vermes e mariscos, cada tipo estando destinado a conquistar e destruir seu predecessor...".[5] A história de conquistas sucessivas que Dixon delineia não é a história como ele realmente foi, e nem o polvo é o "sobrevivente solitário de um mundo mais antigo". Contudo, o polvo tem, sim, uma relação especial com a história da mente. Não é um sobrevivente e sim uma segunda expressão daquilo que já estava presente antes. O polvo não é Ishmael, de *Moby Dick*, que escapou sozinho para contar a história, e sim um parente que veio de outra linhagem, e que tinha, consequentemente, uma história diferente para contar.

2.
Uma história de animais

Começos

A Terra tem cerca de 4,5 bilhões de anos de idade, e a vida começou há, digamos, mais ou menos 3,8 bilhões de anos.[1] Os animais vieram muito mais tarde — talvez 1 bilhão de anos atrás, mas provavelmente algum tempo depois disso. Portanto, na maior parte da história da Terra havia vida, mas não animais. O que tínhamos, por vastos períodos de tempo, era um mundo de organismos unicelulares no mar. Grande parte da vida ainda segue exatamente assim, hoje.

Para imaginar essa longa era anterior aos animais, podemos começar visualizando os organismos unicelulares como seres solitários: incontáveis ilhas minúsculas que não fazem nada além de flutuar, alimentando-se (de algum modo) e se dividindo ao meio. Mas a vida unicelular é, e provavelmente foi, muito mais emaranhada do que isso; muitos desses organismos vivem associados uns aos outros, às vezes em mera trégua ou coexistência, às vezes em uma colaboração de fato. Algumas dessas primeiras colaborações eram provavelmente tão estreitas[2] que, embora fossem realmente uma saída do modo de vida "unicelulado", não estavam organizadas de nenhuma forma que lembrasse o modo como nossos corpos animais se organizam.

Ao imaginar este mundo, poderíamos presumir que, como não há animais, não há nenhum comportamento nem percepção do mundo exterior. Novamente, não é assim. Organismos unicelulares podem sentir,³ isto é, perceber pelos sentidos, e reagir. Muito do que fazem só pode ser considerado um *comportamento* num sentido muito amplo; mas eles são capazes de controlar o modo como se movimentam e as substâncias químicas que produzirão em resposta àquilo que detectam estar acontecendo à sua volta. Para que qualquer organismo faça isso, uma parte dele tem de ser *receptiva*, capaz de ver, cheirar ou ouvir, e outra parte tem de ser *ativa*, capaz de fazer alguma coisa útil acontecer. O organismo também precisa estabelecer uma conexão de algum tipo, um arco, entre essas duas partes.

Um dos sistemas mais estudados deste tipo pode ser visto na conhecida bactéria *E. coli*, que vive em grande número dentro e em volta de nós. A *E. coli* tem o sentido do paladar ou do olfato; é capaz de detectar substâncias químicas bem-vindas e indesejadas e de reagir a isso — indo em direção a concentrações de algumas e afastando-se das outras. O exterior de cada célula *E. coli* tem uma rede de sensores — coleções de moléculas que se conectam à membrana exterior da célula. Este é o input do sistema. O output é composto pelos *flagella*, os longos filamentos que a célula usa para nadar. Uma bactéria *E. coli* faz dois movimentos principais: pode *correr* ou *rodopiar*. Quando corre, movimenta-se em linha reta; quando rodopia, como seria de esperar, fica mudando de direção aleatoriamente. A célula alterna continuamente essas duas atividades, mas se detectar uma concentração crescente de alimento, reduz os rodopios.

Uma bactéria é tão pequena que seus sensores não conseguem indicar, sozinhos, de qual direção está vindo uma substância química boa ou ruim. Para resolver esse problema, a bactéria usa o tempo para ajudá-la a lidar com o espaço. A célula não está interessada em saber a quantidade de uma substância que está presente em determinado momento, e sim se sua concentração está aumentando ou diminuindo. Afinal, se a célula nadar em linha reta apenas porque a concentração de uma substância química desejável é alta, ela pode estar, a depender da direção para a qual aponta, na verdade se afastando desse nirvana químico. A bactéria resolve esse problema de maneira engenhosa: quando ela sonda seu mundo, um mecanismo registra quais são as condições naquele exato instante e outro registra como as coisas estavam alguns momentos antes. A bactéria só nadará em linha reta se as substâncias químicas que estiver detectando parecerem melhores do que aquelas que ela detectou alguns momentos antes. Se não, será melhor mudar o curso.

As bactérias são um entre vários tipos de vida unicelular, e, de muitas maneiras, são mais simples do que as células que mais tarde se juntariam para formar os animais. Essas células, as *eucariotas*, são maiores e têm uma estrutura interna elaborada.[4] Surgidas há algo como 1,5 bilhão de anos, descendem de um processo no qual uma célula pequena, parecida com uma bactéria, engolia outra. Eucariotas unicelulares, em muitos casos, têm capacidades mais complexas de sentir gosto e nadar, e também estão mais perto de dispor de um sentido particularmente importante: a visão.

Para as coisas vivas, a luz tem um papel duplo.[5] Para muitas, é um recurso intrinsecamente importante, uma fonte de energia. Também pode ser uma fonte de informação, um indicador de outras coisas. Este segundo uso, tão familiar para nós, não é, para um organismo minúsculo, algo fácil de adquirir. Grande parte do uso que os organismos unicelulares fazem da luz é na forma de energia solar; como as plantas, eles tomam banho de sol. Várias bactérias são capazes de sentir a luz e reagir à sua presença. Organismos tão pequenos têm dificuldade de determinar de qual direção está vindo a luz, que dirá de focalizar uma imagem, mas certos eucariotas unicelulares, e talvez algumas bactérias notáveis, têm, de fato, rudimentos de visão. Os eucariotas têm "olhos-pontos", manchas sensíveis à luz, que se conectam a algo que ou sombreia ou focaliza a luz incidente, tornando-a mais informativa. Alguns eucariotas buscam a luz, alguns a evitam, e alguns fazem as duas coisas, alternadamente: seguem a luz quando querem recolher energia e a evitam quando seus suprimentos de energia estão altos. Outros procuram a luz quando ela não está muito forte e a evitam quando a intensidade torna-se perigosa. Em todos esses casos, há um sistema de controle que conecta o ponto-olho a um mecanismo que capacita a célula a nadar.

Grande parte da percepção sensorial desses minúsculos organismos visa a encontrar alimento e evitar toxinas. No entanto, mesmo nos primeiros trabalhos com a *E. coli*, alguma outra coisa parecia estar acontecendo. Elas também eram atraídas para substâncias químicas que não podiam comer.[6] Biólogos que trabalham com esses organismos estão cada vez mais inclinados a considerar que os sentidos da bactéria estão sintonizados com a presença e a atividade de outras células em torno dela, e não só com ondas de substâncias químicas comestíveis e não comestíveis. Os receptores da superfície das células bacterianas são sensíveis a muita coisa, e estas incluem substâncias químicas que as próprias bactérias tendem a excretar, por vários motivos — às vezes como extravasamento de processos metabólicos. Isso pode não parecer significativo, mas abre uma porta importante. Uma vez que as mesmas substâncias químicas são percebidas e produzidas, cria-se a possibilidade de coordenação entre células. Chegamos ao nascimento do comportamento social.

Um exemplo disso é o "quorum sensing".[7] Se uma substância química pode tanto ser produzida quanto percebida por um determinado tipo de bactéria, essa bactéria pode usá-la para descobrir quantos indivíduos do mesmo tipo que ela estão à sua volta. Fazendo isso, a bactéria consegue calcular se há nas proximidades bactérias suficientes para que valha a pena produzir uma substância química que só funciona quando muitas células a produzem ao mesmo tempo.

Um dos primeiros casos revelados de "quorum sensing" envolve — apropriadamente para este livro — o mar e um cefalópode. Bactérias que vivem dentro de uma lula havaiana produzem luz mediante uma reação química, mas somente se houver nas proximidades bactérias em número suficiente para se juntar ao processo. As bactérias controlam sua iluminação detectando a concentração local de uma molécula "indutora" que é produzida por elas mesmas, e dá a cada indivíduo a percepção de quantas produtoras de luz potenciais estão por perto. Além de se acender, as bactérias seguem a regra pela qual quanto mais substância percebem, mais *produzem*.

Quando elas produzem luz suficiente, a lula que abriga as bactérias ganha o benefício da camuflagem. Isso porque ela caça à noite, quando a luz do luar normalmente projetaria sua sombra no fundo, para os predadores que estão abaixo dela. As luzes interiores anulam a sombra. Ao mesmo tempo, a bactéria parece se beneficiar dos alojamentos hospitaleiros que a lula oferece.

Este é o cenário aquático correto a ter em mente quando se pensa naqueles primeiros estágios da história da vida[8] — embora ainda estejamos em um ponto dessa trajetória evolucionária muito anterior à existência de qualquer lula. A química da vida é uma química aquática. Só podemos sobreviver em terra carregando uma enorme quantidade de água salgada junto conosco. E muitas das mudanças evolucionárias realizadas nesses estágios primordiais — aquelas que deram origem aos sentidos, ao comportamento e à coordenação — teriam dependido da livre movimentação de substâncias químicas no mar.

Todas as células que mencionamos até agora são sensíveis a condições externas. Algumas têm, ainda, uma sensibilidade especial para *outros organismos*, inclusive organismos do mesmo tipo. Dentro dessa categoria, algumas células apresentam sensibilidade a substâncias químicas que outros organismos *produzem para ser percebidas*, diferentes de substâncias que são apenas subprodutos. Esta última categoria — substâncias químicas que são produzidas para ser percebidas por outros organismos e suscitar uma reação — nos traz ao limiar da sinalização e da comunicação.

Contudo, estamos chegando não só a um, mas a dois limiares.[9] Num mundo de vida aquática unicelular, vimos como indivíduos são capazes de perceber seu entorno e sinalizar para outros. Mas estamos prestes a contemplar a transição da vida unicelular para a vida multicelular. Uma vez iniciada essa transição, as sinalizações e percepções que conectavam um organismo a outro tornam-se a base de novas interações — que ocorrem *dentro* das formas de vida que estão surgindo. As percepções e sinalizações entre organismos suscitam o surgimento de percepções e sinalizações dentro de um organismo.[10] Os meios que uma célula tem de perceber o ambiente exterior tornam-se meios de sentir o que outras células do mesmo organismo estão tramando, o que podem estar dizendo. O "ambiente" de uma célula é, em grande parte, constituído de outras células, e a viabilidade de um organismo novo, maior, dependerá da coordenação entre essas partes.

Vivendo juntos

Os animais são multicelulares; contemos muitas células que atuam em concerto.[11] A evolução dos animais começou quando algumas células abafaram sua individualidade, tornando-se parte de grandes empreendimentos conjuntos. A transição para uma forma de vida multicelular ocorreu muitas vezes, levando aqui à formação de animais, ali à formação de plantas, outras vezes a fungos, algas de vários tipos e organismos menos visíveis. Muito provavelmente, a origem dos animais não se deu no encontro de células isoladas que estavam à deriva juntas. É mais provável que os animais tenham surgido de uma célula cujas filhas não se separaram totalmente durante a divisão celular.

Quando um organismo unicelular se divide em dois, em geral as células-filhas seguem caminhos separados, mas nem sempre. Imagine uma bola de células que se forma quando uma célula se divide, as células resultantes ficam juntas e o processo se repete várias vezes. As células desse agrupamento provavelmente comem bactérias que pairavam no mar, como elas.

Não está claro quais são as fases seguintes dessa história; há sobre a mesa alguns cenários possíveis, baseados em evidências de tipos diferentes, e que concorrem.[12] Em um deles, talvez a visão majoritária, algumas dessas bolas de células abandonam a vida em suspensão e se depositam no leito do mar. Lá começam a se alimentar, filtrando a água através de canais em seus corpos; o resultado evolutivo disso é a esponja.

Esponja? Aparentemente seria difícil escolher um ancestral menos plausível; afinal, as esponjas não se movimentam. Parecem um fim de linha imediato. Só a esponja adulta é estacionária, porém. Os filhotes, ou larvas, são outra história. Frequentemente são nadadoras que buscam um lugar para ficar e tornar-se uma esponja adulta. As larvas de esponja não têm cérebro, mas têm no corpo sensores que farejam o mundo. Talvez algumas dessas larvas tenham optado por *continuar* nadando, em vez de se estabelecer. Elas permaneceram móveis, tornaram-se sexualmente maduras ainda suspensas na água, e deram início a um novo tipo de vida. Tornaram-se as mães de todos os outros animais, deixando seus parentes estabelecidos no fundo do mar.

O cenário que acabo de descrever é motivado pela concepção de que as esponjas são, dos animais vivos aparentados conosco, os mais distantes. *Distantes* não quer dizer *antigas*; as esponjas atuais são produto de tanta evolução quanto nós. Por várias razões, porém, e se é que se ramificaram mesmo muito cedo, assume-se que elas possam oferecer pistas de como eram os primeiros animais. Um trabalho recente, no entanto, sugere que as esponjas podem não ser, no fim das contas, nossos parentes animais mais distantes; em vez delas, o título pode pertencer às águas-vivas-de-pente.

A água-viva-de-pente, ou *ctenófora*, parece uma água-viva muito delicada. É um globo quase transparente, com faixas coloridas de filamentos, parecendo pelos, que descem pelo corpo. As águas-vivas-de-pente têm sido frequentemente consideradas primas das medusas, mas as similaridades observadas podem ser enganosas; elas podem ter se separado do ramo que leva a outros animais ainda antes das esponjas. Se isso for verdade, não significa que nosso ancestral era parecido com uma água-viva-de-pente atual. Mas é fato que a hipótese da água-viva-de-pente suscita um quadro diferente dos estágios evolucionários iniciais. Novamente começamos com um agrupamento de células, mas agora imagine que este agrupamento se encurva numa forma tênue de globo e nada num ritmo regular, vivendo suspenso na coluna d'água. A evolução dos animais prossegue daí — de uma mãe fantasmagórica e flutuante, e não de uma larva de esponja serpenteante que se recusou a se acomodar.

Quando surgem os organismos multicelulares, as células que eram antes organismos por direito próprio começam a funcionar como parte de unidades maiores. Para que o novo organismo seja mais do que um grupo de células coladas uma na outra, será preciso coordenação. Descrevi anteriormente as formas de sentir e agir vistas na vida unicelular. Nos organismos multicelulares, esses sistemas sensoriais e comportamentais ficam mais complicados. Mais do que isso, a própria *existência* dessas novas entidades — os corpos animais — depende das aptidões para a percepção e para a ação. Essa percepção e essa sinalização entre organismos dão origem à percepção e à sinalização dentro deles. As aptidões "comportamentais" das células que já foram organismos inteiros tornam-se a base da coordenação dentro do novo organismo multicelular.

Os animais atribuem vários papéis a essa coordenação. Um deles também pode ser visto em outros organismos multicelulares, como as plantas: a sinalização entre células é usada para *construir* o organismo, para trazê-lo à existência. Em uma escala de tempo mais rápida, existe outro papel, característico sobretudo da vida animal. Em quase todos os animais, as interações químicas entre algumas células tornam-se a base de um *sistema nervoso*, pequeno ou grande. E, em alguns deles, uma massa dessas células, concentrada em um aglomerado único e disparando uma tempestade quimioelétrica de sinais redirecionados, torna-se um cérebro.

Neurônios e sistemas nervosos

Um sistema nervoso é composto por muitas partes, a mais relevante no entanto são as células de formato incomum chamadas *neurônios*. Seus longos filamentos e ramificações elaboradas formam um labirinto que atravessa nossa cabeça e nosso corpo.

A atividade dos neurônios depende de duas coisas. A primeira é sua excitabilidade elétrica, que se vê sobretudo no *potencial de ação*, um espasmo elétrico que se move ao longo de uma célula, numa reação em cadeia. A outra é a sensação e a sinalização químicas. Um neurônio libera um borrifo mínimo de substâncias químicas na brecha, ou "fissura", entre ele e outro neurônio. Essas substâncias químicas, quando são detectadas do outro lado, podem ajudar a desencadear (ou, em alguns casos, suprimir) um potencial de ação nessa célula adjacente. Essa influência química é o resíduo da antiga sinalização entre organismos, empurrada para dentro. O potencial de ação também existia em células antes da evolução dos animais, e hoje existe fora delas. O primeiro a ser medido foi, na verdade, em uma planta, a carnívora dioneia, induzida por Darwin, no século XIX. Até mesmo alguns organismos unicelulares têm potenciais de ação.

O que os sistemas nervosos possibilitam não é a sinalização entre células em si — o que é comum —, mas tipos específicos de sinalização.[13] Para começar, os sistemas nervosos são *rápidos*. Exceto em alguns poucos casos, como o da dioneia, as plantas operam em uma escala de tempo mais lenta. Segundo, as projeções longas e tênues dos neurônios habilitam a célula a alcançar alguma distância para dentro do cérebro ou do corpo, e a afetar apenas umas poucas células distantes; sua influência *tem um alvo*. De uma atividade na qual as células simplesmente transmitiam seus sinais a quem estivesse por perto para ouvir, a evolução transformou a sinalização de célula para célula em uma coisa diferente: uma rede organizada. Num sistema nervoso como o nosso, o resultado é um clamor elétrico contínuo, uma sinfonia de minúsculos espasmos celulares mediados por borrifos de substâncias químicas nas brechas onde uma célula tenta alcançar a outra.

Este tumulto interno também tem um custo alto. Manter os neurônios e fazê-los funcionar demanda muita energia. Criar seus espasmos elétricos é como carregar e descarregar continuamente uma bateria, centenas de vezes por segundo. Em um animal como nós, uma proporção grande da energia obtida na alimentação — quase a quarta parte, em nosso caso — é gasta só para manter o cérebro funcionando. Qualquer sistema nervoso é uma máquina muito dispendiosa. Logo entrarei na história dessa máquina, quando ela pode ter evoluído e como. Primeiro, gastarei algum tempo na questão genérica do *por quê*.

Por que vale a pena ter um cérebro assim, ou qualquer sistema nervoso? Para que servem? No meu modo de ver, duas ideias orientam o que as pessoas pensam dessa questão.[14] Elas são visíveis no trabalho científico e permeiam também a filosofia; suas raízes são profundas. De acordo com a primeira visão, a função original e fundamental do sistema nervoso é fazer a conexão entre *percepção* e *ação*. O cérebro serve para orientar a ação, e o único modo útil de "orientar" a ação é conectar o que se faz ao que se vê (e ao que se toca e se saboreia). O sentidos rastreiam o que está acontecendo no ambiente e os sistemas nervosos usam essa informação para resolver o que fazer. Chamarei isto de visão *sensório-motora* dos sistemas nervosos e de sua função.

Entre os sentidos, de um lado, e os mecanismos "executores", do outro, tem de haver algo que sirva de ponte sobre essa brecha, algo que use a informação captada pelos sentidos. Até as bactérias têm esse leiaute, como a *E. coli* nos demonstrou. Os animais têm sentidos mais complexos, envolvem-se em ações mais complexas e possuem um maquinário mais complexo para conectar seus sentidos e suas ações. Segundo a visão sensorial-motora, no entanto, o papel de intermediação sempre foi central nos sistemas nervosos — era central no início, é central agora e o foi em todas as etapas do caminho.

Essa ideia inicial é tão intuitiva que pode parecer difícil que haja lugar para uma alternativa. Mas há outra possibilidade, mais fácil de passar despercebida do que a primeira. Modificar suas ações em resposta a acontecimentos que ocorrem fora de você é algo que tem de ser feito, sim; mas é preciso que outra coisa aconteça também e, em algumas circunstâncias, isso é mais básico e mais difícil de conseguir. Trata-se de *criar as próprias ações*.[15] Antes de mais nada, como é que conseguimos agir?

Logo acima, eu disse: você percebe o que está acontecendo e faz algo em resposta. Mas *fazer* alguma coisa, para quem é composto por muitas células, não é algo trivial, que se possa simplesmente supor que exista. Isso exige uma grande medida de coordenação entre as suas partes. Não é grande coisa se você for uma bactéria, mas se for um organismo maior, as coisas são diferentes. Neste caso, você enfrenta a tarefa de gerar uma ação coerente em todo o organismo a partir dos muitos outputs minúsculos — contrações, contorções e convulsões mínimas — de suas partes. A uma multidão de *microações*, é preciso dar a forma de uma *macroação*.

Isso é familiar para nós em situações sociais, como na questão de trabalhar em equipe. Os jogadores de um time de futebol têm de combinar suas ações em um todo e, ao menos em alguns tipos de futebol, isso seria uma tarefa substancial ainda que o time adversário nunca variasse suas jogadas. Uma orquestra tem de resolver o mesmo problema. O mesmo problema que os times e as orquestras enfrentam é confrontado por alguns organismos individuais. É uma questão muito peculiar aos animais; é um problema para organismos multicelulares, não para os unicelulares, e somente para organismos multicelulares cujo estilo de vida envolve ações complexas. Não é grande problema para as bactérias nem para as algas.

Tratei das interações entre neurônios, antes, como um tipo de sinalização.[16] Embora a analogia não seja completa, ela é novamente útil aqui para entendermos essas duas visões do papel dos primeiros sistemas nervosos. Lembre-se da história da cavalgada de Paul Revere no início da Revolução Americana em 1775, tal como é contada (com considerável licença poética) por Henry Wadsworth Longfellow. O sacristão da Antiga Igreja do Norte, em Boston, conseguia observar os movimentos do exército inglês e usava um código transmitido pelo clarão de uma lanterna para enviar mensagens a Paul Revere ("um se for por terra; dois se for por mar"). O sacristão fazia as vezes de sensor, Revere, de músculo, e a lanterna do sacristão operava como uma conexão nervosa.

A história de Revere é usada frequentemente para fazer as pessoas pensarem em comunicação de uma forma precisa. E ela funciona. Mas também nos leva a pensar em um tipo específico de comunicação, que resolve um tipo específico de problema. Considere uma situação diferente, mas ainda assim familiar. Suponha que você está num barco com vários remadores, cada um com um remo. Os remadores, juntos, podem impulsionar o barco; mas, mesmo que sejam vigorosos, suas ações individuais não farão o barco ir a parte alguma a menos que coordenem o que estão fazendo. Não importa quando, exatamente, eles remem, contanto que remem juntos. Um modo de lidar com essa situação é ter alguém que marque o tempo.

Na vida diária, a comunicação cumpre dois papéis: tem uma função tipo sacristão-e-Revere, ou sensório-motora, baseada numa divisão entre aqueles que veem e aqueles que agem; e um papel de pura coordenação, como vemos nos remadores. Os dois podem ser desempenhados ao mesmo tempo, e não há conflito entre eles. Fazer um barco mover-se requer microações coordenadas, mas alguém também tem de observar para onde o barco está indo. A pessoa que dá o comando da remada, o "patrão" ou timoneiro, em geral atua como o olho da tripulação *e* como coordenador de microações. A mesma combinação pode ser vista em um sistema nervoso.

Embora não exista necessariamente um conflito entre esses papéis, a distinção entre eles é, ela mesma, importante. Durante grande parte do século XX, simplesmente adotou-se uma visão sensório-motora da evolução do sistema nervoso, e levou algum tempo para que a segunda visão, aquela que se baseia na coordenação interna, ficasse clara. Chris Pantin, um biólogo inglês, desenvolveu esta segunda visão na década de 1950, e ela foi reavivada recentemente por Fred Keijzer, um filósofo.[17] Eles ressaltam, com razão, que é fácil cair no hábito de pensar cada "ação" como uma unidade única, caso em que só restaria resolver um problema: coordenar essas ações com os sentidos para decidir quando fazer X e não Y. À medida que os organismos ficam maiores e capazes de fazer mais coisas, essa ideia torna-se cada vez menos precisa. Ela ignora a questão inicial de como um organismo é capaz de fazer X ou Y. A pressão por uma alternativa à teoria sensório-motora foi boa. Chamarei essa visão do papel desempenhado pelos primeiros sistemas nervosos de *modeladora da ação*.

Voltando à história, qual era a aparência dos primeiros animais dotados de sistemas nervosos? Como devemos imaginar a vida deles? Ainda não sabemos. Boa parte da pesquisa nessa área se concentra nos *cnidários*, um grupo de animais que inclui as medusas, as anêmonas e os corais. Eles têm um parentesco muito distante conosco, mas não tão distante quanto as esponjas, e têm, sim, sistema nervoso. Embora as primeiras ramificações na árvore dos animais permaneçam obscuras, é comum pensar que o primeiro animal com sistema nervoso tenha sido *parecido* com uma medusa — algo mole, sem concha ou esqueleto, e que provavelmente pairava na água. Imagine uma lâmpada diáfana na qual os ritmos de uma atividade nervosa surgem pela primeira vez.

Isso pode ter ocorrido cerca de 700 milhões de anos atrás. Essa datação baseia-se totalmente em evidência genética; não há fósseis de animais tão antigos. Observando rochas dessa idade, você pensaria que era tudo imóvel e silencioso. Mas evidências de DNA sugerem fortemente que muitos pontos de ramificação cruciais na história dos animais podem ter ocorrido por volta dessa época, o que significa que animais estavam fazendo *alguma coisa* então. A incerteza quanto a essas etapas cruciais é frustrante para quem quer compreender a evolução do cérebro e da mente. À medida que nos aproximamos do presente, o quadro começa a ficar mais claro.

O Jardim

Em 1946, um geólogo australiano, Reginald Sprigg,[18] estava explorando minas abandonadas no interior da Austrália Meridional. Sprigg fora enviado para descobrir se valeria a pena retomar a exploração de algumas das minas. Ele estava a várias centenas de quilômetros de distância do mar mais próximo, em uma região remota chamada Montes Ediacara. Reza a história que Sprigg estava almoçando quando se debruçou sobre uma rocha e notou o que pareciam ser delicados fósseis de medusas. Como geólogo, ele sabia que as rochas eram tão antigas que a descoberta era importante. Mas ele não era um pesquisador de fósseis estabelecido e, quando escreveu um artigo a respeito, poucos o levaram a sério. A revista *Nature* o rejeitou e Sprigg percorreu revista após revista até que o artigo sobre o que chamou de "Medusas do início do Cambriano (?)" foi publicado pela *Transactions of the Royal Society of South Australia* em 1947, ao lado de trabalhos como "On the Weights of Some Australian Mammals" [Sobre o peso de alguns mamíferos australianos]. Inicialmente, o ensaio quase não suscitou reações; e levou mais ou menos uma década até alguém se dar conta do que Sprigg tinha achado.

Na época, os cientistas familiarizados com o registro de fósseis estavam bem cientes da importância do período Cambriano, que começou há cerca de 542 milhões de anos. Foi na "explosão Cambriana" que um espectro grande de tipos de corpos animais que conhecemos hoje apareceu pela primeira vez. As descobertas de Sprigg acabaram sendo o primeiro registro de fóssil de um animal que viveu antes dessa época. Sprigg não se deu conta disso em 1947 — ele datou sua medusa do início do Cambriano. Mas quando fósseis semelhantes foram encontrados em outros lugares pelo mundo, e as pessoas começaram a prestar mais atenção às medusas australianas de Sprigg, ficou claro que elas datavam de bem antes do Cambriano, e que, provavelmente, na maioria dos casos não eram medusas em absoluto. O período da pré-história que hoje é conhecido como o Ediacarano (por causa do nome dos montes que Sprigg estava explorando) vai de 635 milhões a cerca de 542 milhões de anos atrás. Com os fósseis ediacaranos, temos a primeira evidência direta de como pode ter sido a vida de animais muito primevos — qual era seu tamanho, se eram numerosos, como viviam.

A cidade grande mais próxima do sítio de Sprigg é Adelaide, em cujo Museu da Austrália Meridional está guardada uma grande coleção de fósseis ediacaranos. Quem me mostrou o acervo foi Jim Gehling,[19] que conheceu Sprigg e trabalha com fósseis desde 1972. Fiquei surpreso ao constatar a densidade da vida naquele ambiente ancestral; o Ediacarano não foi um tempo de poucos indivíduos isolados. Muitas placas de rocha que Gehling recolheu continham dezenas de fósseis de diversos tamanhos. Um dos destaques é o *Dickinsonia*, que tem segmentos finos, em formato de listras, e se parece um pouco com um nenúfar ou um tapete de banheiro (veja uma foto de um *Dickinsonia* da coleção do Museu da Austrália Meridional logo abaixo deste parágrafo). Todavia, se focar apenas nos grandes fósseis, você pode perder parte da vida presente ali. Em várias ocasiões, Gehling caminhava até o que parecia um pedacinho gasto e indefinido de uma das pedras e pressionava um pouco de massa de modelar contra ele; quando retirava a massa, encontrava uma impressão fina e detalhada de um pequeno animal.

Os animais ediacaranos não eram minúsculos — muitos tinham vários centímetros de comprimento, alguns até um metro. Parecem ter vivido principalmente no fundo do mar, sobre e entre camadas de matéria viva — torrões de bactérias e outros micróbios. Seu mundo era uma espécie de pântano submarino. Muitos provavelmente ficavam imóveis quando adultos, ancorados em seu lugar. Alguns podem ter sido esponjas e corais primevos. Outros tinham formas corporais que depois foram totalmente abandonadas pela evolução — formatos com três e quatro lados, alguns com arranjos acolchoados parecidos com copas vegetais. Muitos ediacaranos parecem ter vivido vidas tranquilas, com mobilidade muito limitada, no fundo do mar.

Evidências de DNA, no entanto, sugerem fortemente que havia sistemas nervosos naquela época — provavelmente em alguns desses animais de Adelaide. Quais? Entre eles há alguns que, aparentemente, se movimentavam por meios próprios. O caso mais claro é o *Kimberella*.[20] Este animal, que desenho a seguir, parecia a metade superior de um *macaron*, ainda que um *macaron* oval, com uma parte dianteira e uma traseira, e talvez um apêndice em forma de língua em uma extremidade. Os rastros que deixava sugerem que ele empurrava o sedimento à sua frente quando se movia e arranhava as superfícies sobre as quais se arrastava, talvez ao se alimentar. O *Kimberella* é às vezes tido como um molusco, ou talvez um membro de uma linha evolucionária abandonada, próxima à dos moluscos. Se o *Kimberella* era capaz de rastejar, então, especialmente ao crescer e chegar a vários centímetros de comprimento, quase certamente tinha um sistema nervoso.

O *Kimberella* parece ser o caso mais claro de um ediacarano com movimento próprio, mas provavelmente houve outros. Perto de um fóssil *Dickinsonia* frequentemente encontra-se uma sequência de traços mais tênues, com o mesmo formato. Parece que o animal se detinha e se alimentava por um momento num local e depois seguia em frente. Algumas reconstruções de cenas ediacaranas mostram animais nadando, inclusive o *Spriggina*, nome derivado de Reg, seu descobridor; mas Gehling acha essa hipótese improvável, porque os fósseis de *Spriggina* são sempre encontrados com o mesmo lado para cima. Se um *Spriggina* nadasse, sempre que alguma pequena catástrofe o matasse, ele teria alguma chance de pousar com o outro lado para cima. Por isso, Gehling acha que os *Spriggina*, como o *Kimberella*, rastejavam.

Alguns biólogos supõem que os ediacaranos são membros de um experimento evolucionário com algo *parecido* com animais, e não animais, propriamente. Em vez de se assentarem sobre o ramo animal da árvore da vida, eles demonstram uma outra forma como as células são capazes de se juntar para produzir um organismo. As estranhas formas trilaterais e frondes acolchoadas podem corroborar essa ideia. Uma interpretação mais convencional sustenta que alguns ediacaranos, como *Kimberella*, eram membros de grupos conhecidos de animais, enquanto outros fósseis representam desvios evolucionários abandonados, assim como algas primevas e outras formas de vida. Um tema que aparece de forma recorrente, contudo, é que o mundo ediacarano foi bastante *pacífico*, um mundo majoritariamente desprovido de conflito e predação.

A palavra "paz" pode não ser adequada, já que sugere uma espécie de amizade ou trégua deliberada. Na verdade, os ediacaranos parecem ter tido muito pouco a *ver* uns com os outros. Mascavam seu tapetinho orgânico, filtravam o alimento da água e, em alguns casos, vagueavam em volta, mas se a evidência fóssil for um bom guia, quase nunca interagiam.

Talvez o que o fóssil registra *não* seja um bom guia; lá atrás, na primeira parte deste capítulo, mencionei como parece, agora, que o mundo dos organismos unicelulares era cheio de interações ocultas, mediadas por sinais químicos. O mesmo pode ter acontecido nos tempos ediacaranos, e essa forma de interação não teria deixado nenhum traço fóssil. E certamente os ediacaranos competiam entre si num sentido evolucionário — o que é inevitável num mundo de organismos que se reproduzem. Mas algumas das formas mais visíveis de interação entre um organismo e outro parecem, de fato, estar ausentes. Sobretudo, não há evidência de predação — não restou nenhum animal devorado pela metade. (Uns poucos fósseis mostram possíveis sinais de danos relacionados à predação em um animal, *Cloudina*, mas nem este caso é claro.) Não se tratava, em nenhum sentido, de um mundo de pega pra capar. Em vez disso, conforme a expressão cunhada pelo paleontólogo americano Mark McMenamin, parece ter sido o "Jardim de Ediacara".[21]

Também podemos aprender algo sobre a vida no jardim a partir do corpo dos ediacaranos. Essas criaturas não parecem ter tido órgãos sensoriais grandes e complexos. Não têm olhos grandes nem antenas. É quase certo que reagiam de alguma forma à luz e a resíduos químicos mas, até onde sabemos, fizeram pouco *investimento* nesse tipo de maquinário. Tampouco têm garras, ferrões ou conchas — nenhuma arma e nenhum escudo para se defender de armas. Sua vida não parece ter sido uma vida de conflitos e interações complicadas; certamente não desenvolveram as ferramentas que conhecemos e que são usadas nessas interações. Era um jardim de seres relativamente autossuficientes e autônomos. *Macarons* passando na noite.

Isso é totalmente diferente da vida animal de agora. Nossos primos animais se mantêm altamente alertas a seu meio ambiente; rastreiam amigos, inimigos e incontáveis outros aspectos de sua paisagem. Fazem isso porque o que acontece à sua volta *importa*; frequentemente, é uma questão de vida ou morte. A vida dos ediacaranos não demonstra qualquer sinal evidente desse envolvimento contínuo com o ambiente. Se isso for verdade, é provável que nossos ancestrais ediacaranos tenham dado a seus sistemas nervosos — quando dispunham deles — usos diferentes daqueles que vemos em animais mais recentes. Especificamente, pode ter sido uma época na qual o papel desempenhado pelo sistema nervoso se encaixe na segunda teoria da evolução do sistema nervoso que apresentei antes — aquela mais baseada na coordenação interna do que no controle sensório-motor. O sistema nervoso serviria para formatar movimentos, manter ritmos, rastejar e (talvez) nadar. Talvez isso incluísse alguma percepção sensorial do meio ambiente, mas provavelmente não muita.

Essas inferências podem enganar; talvez estivessem acontecendo muitas sensações e interações, com a ajuda de órgãos feitos de material tênue, que não deixa rastros. Outra coisa que sempre me intrigou nas discussões sobre o pacífico Ediacarano é o papel da medusa. Os fósseis de Sprigg não eram medusas, como ele pensou, mas acredita-se que naquela época viveram por ali medusas, em geral sem deixar vestígios. A maioria dos cnidários, e em especial a medusa, têm células que picam como ferrões, e um jardim de medusas picantes, como qualquer australiano insistirá, está longe de ser um Éden.

Quando a Royal Society de Londres realizou, em 2015, uma conferência sobre animais primevos e o primeiro sistema nervoso,[22] a idade das primeiras medusas com ferrões foi tema de intrigadas discussões. Parece que os ferrões evoluíram desde cedo nos cnidários — o que inferimos do fato de a divisão evolucionária desse grupo em dois grandes ramos datar, aparentemente, do Ediacarano, ou até mesmo antes, e de animais dos dois lados da divisão terem o mesmo tipo de ferrão. Os ferrões do cnidários são *armas*. Eram ofensivas ou defensivas? Naquela época, não existiam nem as presas nem os inimigos dos cnidários modernos. A quem se destinavam os ferrões, então? Não sabemos.

Mesmo que a vida no Ediacarano não tenha sido tão pacífica quanto se supõe às vezes, um mundo muito diferente estava por vir.

A "explosão cambriana" começou cerca de 542 milhões de anos atrás.[23] Numa série relativamente súbita de acontecimentos, surgiu a maioria das formas animais básicas vistas hoje. Essas "formas animais básicas" não incluíam os mamíferos, mas sim os vertebrados, na forma de peixes. Incluem também artrópodes — animais com esqueleto externo e membros articulados, como os trilobitas —, além de vermes e vários outros.

O que aconteceu então, e por que foi tão depressa? O timing pode ter a ver com mudanças na química e no clima da Terra. Mas o processo em si pode ter sido, em grande parte, acionado por um tipo de feedback evolucionário causado por interações entre os próprios organismos. No Cambriano, os animais tornaram-se *parte da vida dos outros* de uma nova maneira, especialmente pela predação. Isso significa que, quando um tipo de organismo evolui um pouco, ele muda o ambiente enfrentado por outros organismos — que, em resposta, evoluem. Do início do Cambriano em diante houve, certamente, predação, com tudo que ela estimula: rastrear, caçar, defender-se. Quando as presas começam a se esconder ou se defender, os predadores melhoram sua capacidade de rastrear e subjugar, o que leva, por sua vez, à criação de melhores defesas por parte da presa. Uma "corrida armamentista" começava. A partir do período inicial do Cambriano, os registros fósseis de corpos de animais contêm exatamente o que *não* se via no Ediacarano — olhos, antenas e garras. A evolução do sistema nervoso apontava para um novo caminho.

A revolução no comportamento observada no Cambriano também ocorreu, em grande parte, pelo desdobramento de possibilidades inerentes a um tipo particular de *corpo*. Uma medusa tem um topo e um fundo, mas não tem nem lado direito nem esquerdo. Diz-se que tem simetria radial. Humanos, peixes, polvos, formigas e minhocas, porém, são todos *bilaterais*, isto é, animais bilateralmente simétricos. Temos uma parte frontal e uma traseira, um lado esquerdo e um direito, assim como uma parte superior e uma inferior. Os primeiros bilaterais,[24] ou ao menos alguns deles, podiam parecer algo assim:

Coloquei olhos-pontos nos dois lados da "cabeça" desse animal, ainda que isso seja controverso (e os olhos estão exagerados na figura — provavelmente seriam minúsculos). Estou sendo generoso com os primeiros bilaterais.

Acredita-se que vários animais ediacaranos eram bilaterais, inclusive o *Kimberella*, representado algumas páginas atrás. Se o *Kimberella* era bilateral, então os bilaterais anteriores ao Cambriano já tinham vida um pouco mais ativa que os outros animais. Mas, no Cambriano, ficam impossíveis de deter. O esquema do corpo bilateral é feito para a mobilidade (caminhar é uma coisa muito bilateral de fazer); essa estrutura corporal favorece, descobriu-se, muitas formas de comportamento complexo. A diversificação e o entrelaçamento de vidas que ocorrem no Cambriano são, na maior parte, obra dos bilaterais.

Antes de forçarmos nossa entrada no mundo da evolução bilateral, façamos uma pausa para perguntar: qual animal produziu o comportamento mais sofisticado, qual é o mais inteligente, *sem* um esquema de corpo bilateral? Perguntas como essa são notoriamente difíceis de responder de forma imparcial, mas neste caso a resposta é clara. Os animais não bilaterais de maior sofisticação comportamental são as — horripilantes — cubomedusas ou vespas-do-mar, as *Cubozoas*.[25]

Com seus corpos moles e registros fósseis esparsos, é difícil concluir quando os diferentes tipos de medusa evoluíram; mas as *Cubozoas* são consideradas retardatárias, originando-se no Cambriano ou depois. Uma característica geral dos cnidários, como observei antes, são suas células picantes. Algumas *Cubozoas* têm um veneno realmente brutal nos ferrões, forte o bastante para já ter matado um grande número de humanos. No nordeste da Austrália, a presença de cubomedusas deixa as praias totalmente vazias, todo verão; durante boa parte do ano, é perigoso demais nadar longe da costa, exceto em áreas demarcadas e cercadas. Para complicar, essas medusas são invisíveis na água. Também têm comportamentos mais complexos que qualquer outro não bilateral. Em torno do topo de seu corpo há duas dúzias de olhos sofisticados — olhos com lentes e retinas, como os nossos. As *Cubozoas* conseguem nadar a uma velocidade de três nós [cerca de cinco quilômetros por hora] e, algumas delas, de navegar observando pontos de referência externos, na costa. As cubomedusas, pináculo do comportamento letal na evolução dos não bilaterais, também são produto do novo mundo que começou no Cambriano.

Sentidos

Os sistemas nervosos evoluíram antes do esquema de corpo bilateral, mas este corpo criou amplas possibilidades novas de uso. Durante o Cambriano, as relações entre um animal e outro tornaram-se um fator mais importante na vida de ambos. O comportamento passou a ser *dirigido* a outros animais — observar, capturar, fugir. Desde o início do Cambriano vemos fósseis que apresentam o maquinário dessas interações: olhos, garras, antenas. Esses animais também têm sinais óbvios de mobilidade: pernas e barbatanas. Pernas e barbatanas não nos dizem necessariamente que um animal estivesse interagindo com outros. Já garras deixam pouca margem de dúvida.

No ediacarano, outros animais podiam estar à volta, mas sem que isso fosse especialmente relevante. No Cambriano, cada animal torna-se parte importante do ambiente dos outros. Esse entrelaçamento de vidas e suas consequências evolucionárias se devem ao comportamento e aos mecanismos que o controlam. *A partir desse ponto, a mente passa a evoluir em resposta às outras mentes.*

Quando digo isso, você poderia responder que o termo "mente" está fora de lugar. Neste capítulo, não vou discutir isso. Muito bem. O que de fato acontece, entretanto, é que os sentidos, os sistemas nervosos e os comportamentos de cada animal começam a evoluir em resposta aos sentidos, sistemas nervosos e comportamentos de outros. As ações de um animal criaram oportunidades e exigências para outros. Se um *anomalocaridídeo* de um metro de comprimento investe em sua direção nadando velozmente, como uma gigantesca barata predadora com dois apêndices em forma de tenazes na cabeça prontos para agarrar, é muito bom *saber*, de algum modo, que isso está acontecendo, para tomar uma atitude evasiva.

Os sentidos podem de fato ter sido cruciais para o Cambriano: os organismos abriram-se para o mundo, em especial um para o outro. Os primeiros olhos sofisticados, capazes de formar uma imagem, parecem ter aparecido aí. O Cambriano testemunhou o aparecimento tanto dos olhos *compostos*, que vemos hoje nos insetos, quanto dos olhos *câmera*, como os nossos. Imagine as consequências comportamentais e evolucionárias de ser capaz de enxergar os objetos à sua volta pela primeira vez, especialmente a alguma distância e em movimento. O biólogo Andrew Parker afirmou que a invenção dos olhos foi *o* evento decisivo do Cambriano. Outros desenvolveram teses mais amplas, mas no mesmo espírito. Como afirmaram o paleontólogo Roy Plotnick e seus colegas, o resultado dessa abertura sensorial foi uma "revolução cambriana da informação". Com o influxo de informação sensorial vem a necessidade de um processamento interno complexo. Quando se sabe mais, as decisões ficam mais complicadas. (O anomalocarídeo terá mais chance de me pegar se eu escapar para esse buraco ou para aquele outro?) Um olho que forma imagens possibilita ações que seriam impensáveis sem ele.

Jim Gehling, meu guia no Ediacarano, e o paleontólogo britânico Graham Budd apresentaram cenários de como começou o processo de feedback que gerou essas mudanças. Gehling suspeita que, já perto do fim do Ediacarano, teria surgido a necrofagia, seguida da predação. Animais que se alimentavam de emaranhados microbianos passaram a se alimentar de corpos mortos, e então começaram a caçar os vivos. Na visão de Budd, o próprio comportamento animal mudou o modo como os recursos se distribuíam no Ediacarano.[26] Imagine um mundo em que emaranhados microbianos comestíveis estendiam-se à sua frente como um relvado pantanoso infindável. Herbívoros lentos vagueiam sobre esses emaranhados, consumindo o alimento uniforme. Outros animais alimentam-se sem se mover. Esses animais *tornam-se*, então, um novo tipo de recurso alimentar; eles são grandes concentrações de compostos de carbono nutritivos. Os nutrientes, agora, ficam menos espalhados do que antes. Eles passam a compor unidades maiores. Pode ser que, antes, esses animais só fossem consumidos por outros depois de mortos. Mas isso logo mudou. A necrofagia tornou-se predação.

A julgar pelo registro fóssil, um grupo parece ter determinado o ritmo: os *artrópodes*. Hoje, este grupo inclui insetos, caranguejos e aranhas. No início do Cambriano vemos o surgimento dos *trilobitas*, que são protótipos de artrópodes com conchas, pernas articuladas e olhos compostos. Na fotografia do fóssil de *Dickinsonia*, na página 37, você encontrará dois fósseis muito menores logo abaixo dele, acima das letras "A" e "B". Esses animais só têm alguns milímetros, e Gehlin acha que podem ser precursores dos trilobitas — ainda com corpo mole, mas já com indícios de uma estrutura trilobita. Nessa figura, o *Dickinsonia* aparece em sua forma ediacarana clássica, sem membros, cabeça ou proteção visíveis, enquanto dois insetinhos decididos o tocaiam por baixo. A imagem me lembra um desenho num livro sobre os dinossauros e seu declínio que eu tinha quando era criança. Um enorme dinossauro, parecendo um gigante, e uns poucos mamíferos de ar matreiro, criaturas semelhantes a musaranhos, a seus pés. Acho que eles estavam de olho num punhado de ovos de dinossauro. Os precursores dos trilobitas parecem ter intenção semelhante em relação ao *Dickinsonia*, o nenúfar-tapete de banheiro distraído lá de cima.

 Michael Trestman, outro filósofo, sugere um modo interessante de olhar para esses animais todos.[27] Vamos pensar, ele diz, na categoria dos animais que têm *corpos ativos complexos*. São animais capazes de se mover rapidamente e de agarrar e manipular objetos. Seus corpos têm apêndices que eles conseguem movimentar em muitas direções e órgãos de sentido, como olhos, capazes de rastrear objetos distantes. Trestman diz que apenas três dos grupos principais de animais produziram alguma espécie com corpos ativos complexos (CABs, na sigla em inglês). Esses grupos são os artrópodes, os *cordados* (animais como nós, com uma medula ao longo da espinha) e um grupo de moluscos, os cefalópodes. Pode parecer que este trio constitui uma categoria enorme, porque são os tipos de animal que nos vêm facilmente à cabeça, mas é, em muitos sentidos, um grupo pequeno. Há cerca de 34 *filos* animais — modelos básicos de corpos animais. Apenas três filos contêm alguns animais com CABs, e em um deles, o dos moluscos, os únicos animais que contam são os cefalópodes.

Apresentados esses antigos estágios do relato histórico, voltarei às duas visões divergentes do sistema nervoso e de sua evolução — as visões sensório-motora e modeladora da ação. Já mencionei antes a distinção, relacionando-a aos dois papéis que os sinais podem ter na vida social (o papel do sacristão e de Revere versus o papel do barco a remo) e observei que eles são diferentes, mas também compatíveis. Qual poderia ser a significância histórica dessa diferença? Podemos encaixar essa distinção, de algum modo natural, na marcha de milênios do Ediacarano até o Cambriano e épocas mais recentes? Parece realmente possível que tenha havido uma mudança nos papéis que os sistemas nervosos desempenhavam. Embora rastrear os eventos do mundo exterior seja algo que, em certa medida, sempre valeu a pena fazer, o Cambriano viu um grande aumento na importância desse aspecto da vida. Há mais coisas que vale a pena observar, e mais coisas que precisam ser feitas em resposta ao que se vê. Pela primeira vez, não prestar atenção significa ser comido pelo anomalocarídídeo que o ataca. Talvez, então, os primeiríssimos sistemas nervosos tenham servido, antes de tudo, para coordenar ações — primeiro animando os corpos dos antigos cnidários, depois modelando as ações dos ediacaranos. Mas se houve uma época assim, no Cambriano ela já tinha passado.

Esta é apenas uma possibilidade entre muitas outras, porém; e nossa imaginação, modelada em vidas vividas em corpos modernos, subestima a gama de opções. As possibilidades são abundantes. Eis aqui uma que foi desenvolvida pelo biólogo Detlev Arendt e seus colegas.[28] Na opinião deles, os sistemas nervosos surgiram duas vezes. Isso não quer dizer que eles evoluíram em dois tipos de animais, mas sim que se originaram duas vezes nos *mesmos* animais, em lugares diferentes de seu corpo. Imagine um animal como a medusa, com o formato de um domo e uma boca embaixo. Um sistema nervoso evolui no alto do corpo e rastreia a luz, mas não para se guiar na ação. Em vez disso, usa a luz para controlar ritmos corporais e regular hormônios. Outro sistema nervoso evolui para controlar o movimento, inicialmente só da boca. E, em algum momento, os dois sistemas nervosos começam a mover-se pelo corpo e a estabelecer novas relações um com o outro. Arendt considera esse evento crucial entre os que levaram ao avanço dos bilaterais no Cambriano. Uma parte do sistema de controle do corpo mudou para o topo do animal, onde estava o sistema sensível à luz. Esse sistema sensível à luz, repito, estava orientando apenas mudanças e ciclos químicos, e não o comportamento. Mas a união dos dois sistemas nervosos deu a eles um papel novo.

Que imagem incrível: num longo processo evolucionário, um cérebro que controla o movimento desloca-se, subindo através de sua cabeça para se encontrar com órgãos sensíveis à luz, que então se tornam olhos.

A bifurcação

O esquema de corpo bilateral surgiu antes do Cambriano, de alguma forma pequena e insignificante, mas tornou-se a plataforma corporal sobre a qual uma longa série de aumentos na complexidade comportamental ocorreria. Os primeiros bilaterais têm também um outro papel neste livro. Em algum momento, logo após terem surgido, provavelmente ainda no Ediacarano, houve uma ramificação, uma das incontáveis bifurcações evolucionárias que ocorreram ao longo dos milênios. Uma população deles dividiu-se em dois. Os animais que inicialmente vagaram pelos dois caminhos poderiam parecer pequenos vermes achatados. Tinham neurônios e, talvez, olhos muito simples, mas pouco da complexidade que ainda estava por vir. Sua escala se mediria, talvez, em milímetros.

Depois dessa divisão inócua, os animais de cada lado divergiram, e cada um tornou-se o ancestral de uma enorme e persistente ramificação da árvore da vida. Um lado levou a um grupo que inclui os vertebrados, além de alguns companheiros surpreendentes, como a estrela-do-mar, enquanto o outro originou uma imensa gama de animais invertebrados. O ponto exatamente anterior a essa divisão é o último no qual *compartilhamos* uma história evolucionária com o grande grupo de invertebrados que inclui besouros, lagostas, lesmas, formigas e mariposas.

Eis aqui um diagrama dessa parte da árvore da vida.[29] Omitimos do desenho muitos grupos, tanto fora quanto dentro dos ramos apresentados. O momento do qual estamos falando está indicado como "a bifurcação".

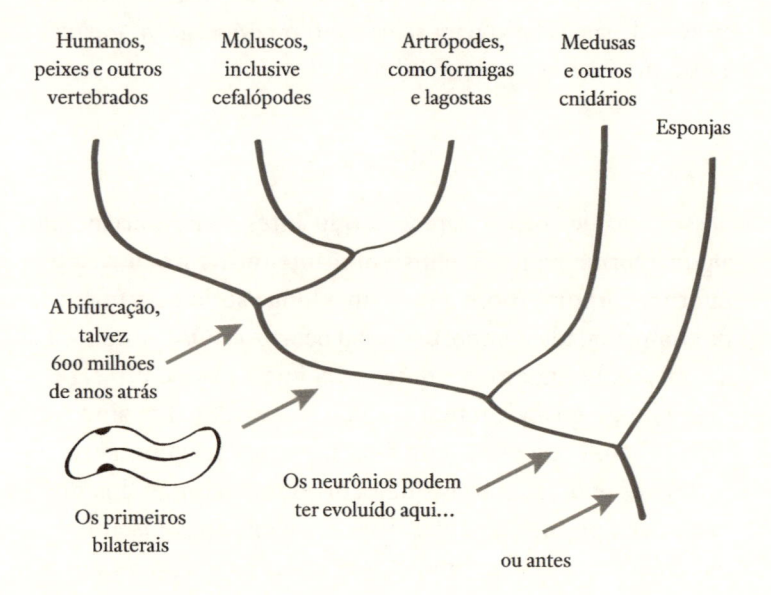

Em cada trajeto que se segue à bifurcação ocorreram mais ramificações. Em um dos lados apareceriam posteriormente os peixes, depois os dinossauros e os mamíferos. Este é o nosso lado. No outro, as ramificações fizeram surgir os artrópodes, os moluscos e outros. Em *ambos* os lados, na passagem do Ediacarano para o Cambriano e depois, as vidas ficam entrelaçadas, os sentidos se abrem e os sistemas nervosos se expandem. Até que, num pequeníssimo exemplo desse entrelaçamento sensorial e comportamental, um mamífero embalado em borracha e um cefalópode de cores mutantes se veem olhando um para o outro no oceano Pacífico.

3.
Traquinagem e astúcia

> *Traquinagem e astúcia são visivelmente as características dessa criatura.*
>
> Claudio Eliano, século III, escrevendo sobre o polvo[1]

Num jardim de esponjas

Alguém está observando você atentamente, mas você não consegue vê-lo. Então, atraído pelos olhos dele de algum modo, você percebe.

Você está no meio de um jardim de esponjas no fundo do mar, onde touceiras de esponjas de cor laranja-clara se espalham como arbustos. Enredado numa dessas esponjas, cercado de algas cinza-esverdeadas, há um animal do tamanho aproximado de um gato. Seu corpo, no entanto, parece estar por toda parte e em nenhum lugar. Boa parte dele não parece ter forma definida. As únicas partes nas quais você consegue fixar o olhar são uma pequena cabeça e os dois olhos. Conforme você circunda a esponja, os dois olhos fazem o mesmo, mantendo a distância e mantendo parte da esponja entre vocês dois. Sua cor corresponde — exatamente, perfeitamente — à cor das algas em volta dele, exceto pelo fato de parte de sua pele dobrar-se em minúsculos picos em forma de torre, e as pontas desses picos serem do mesmo laranja da esponja — quase tão exatamente quanto. Você continua tentando chegar do lado da esponja onde ele está, até que ele ergue a cabeça bem alto e sai da cena como um foguete com propulsão a jato.

Um segundo encontro com um polvo, agora numa toca. Há conchas espalhadas na frente, misturadas a cacos de um copo antigo. Você para diante da casa dele e os dois se olham. Este é pequeno, mais ou menos do tamanho de uma bola de tênis. Você estende a mão e estica um dedo em sua direção, e um braço do polvo lentamente se desenrola e vem tocar você. As ventosas se agarram à sua pele e a adesão é desconcertantemente forte. Após grudar as ventosas, ele reboca seu dedo, puxando você delicadamente para dentro. O braço é repleto de sensores, centenas deles em cada uma das dezenas de ventosas. Ele está *provando* seu dedo conforme o puxa para dentro. Seus neurônios dão vida própria ao braço, um reduto de atividade nervosa. Por trás dele, grandes olhos redondos observam você o tempo todo. Centenas de milhões de anos depois dos eventos do capítulo 2, este é um dos lugares onde a evolução dos animais veio dar.

Evolução dos cefalópodes

O polvo e outros cefalópodes são *moluscos* — pertencem a um grande grupo de animais que também inclui amêijoas, ostras e caracóis.[2] A história evolucionária dos moluscos é, portanto, parte da história do polvo. No capítulo anterior chegamos ao Cambriano, o período na história da vida em que surge, no registro de fósseis, uma gama grande de esquemas de corpos animais. Muitos desses grupos de animais, inclusive moluscos, devem datar de antes do Cambriano, mas foi no Cambriano que passaram a ser notados, devido a suas conchas.

As conchas são a resposta dos moluscos ao que parece ter sido uma mudança brusca na vida dos animais: a invenção da predação. Há várias maneiras de lidar com o fato de estar-se subitamente cercado de criaturas que são capazes de ver você e gostariam de comê-lo, e uma delas, especialidade dos moluscos, foi desenvolver uma concha dura e viver dentro ou debaixo dela. A linha cefalópode provavelmente remonta a um molusco primevo desse tipo, que se arrastava sobre o leito do mar debaixo de uma concha dura e pontuda, como uma carapuça.[3] Esse animal parecia um pouco com uma lapa, uma dessas conchas simples, em forma de taça, que hoje em dia se agarram a rochas em poças formadas pela maré alta. A carapuça cresceu, à moda de Pinóquio, no tempo evolucionário, tomando lentamente a forma de um chifre. Esses animais eram pequenos — o "chifre" não chegava a 2,5 centímetros de comprimento. Debaixo da concha, como em outros moluscos, um "pé" muscular ancorava o animal, permitindo que rastejasse pelo fundo do mar.

Depois, numa etapa mais tardia do Cambriano, alguns desses animais elevaram-se do leito do mar e entraram na coluna d'água. Em terra firme, nenhum animal consegue erguer-se no ar sem esforço; esse movimento requer asas ou algo semelhante.[4] No mar, é possível subir facilmente, ser carregado e ver aonde se vai parar.

Dá para transformar uma concha de proteção que aponta para cima num dispositivo de flutuação enchendo-a de gás. Parece que os cefalópodes primevos fizeram exatamente isso. Inicialmente, fazer a concha flutuar pode ter ajudado a facilitar o rastejamento, e é possível que muitos cefalópodes antigos se movessem meio rastejando e meio nadando no fundo do mar. Alguns, no entanto, subiram mais alto e descobriram lá em cima um mundo de oportunidades. Uma pequena quantidade de gás retida dentro da concha transformara uma lapa em zepelim.

Uma vez no alto, o "pé" usado no rastejar torna-se inútil, e assim os cefalópodes-zepelins inventaram a propulsão a jato, direcionando a água através de um *sifão* em forma de tubo que pode ser apontado em diversas direções. O pé ficou liberado para agarrar e manipular objetos, e uma parte dele floresceu em um conjunto de tentáculos. O termo "florescer", contudo, soaria bastante inadequado aos animais que estavam na outra ponta dos tentáculos — ou seja, sendo agarrados por eles —, já que dezenas de ganchos afiados brotavam de alguns. A oportunidade que os cefalópodes agarraram ao se erguer na água foi a oportunidade de alimentar-se de outros animais, de se tornarem, eles mesmos, predadores. Isso eles fizeram com grande entusiasmo evolucionário. Muitos formatos apareceram, com conchas lisas e espiraladas, e os maiores chegavam a cinco metros ou mais. Começando como lapas diminutas, os cefalópodes tornaram-se os mais temíveis predadores do mar.

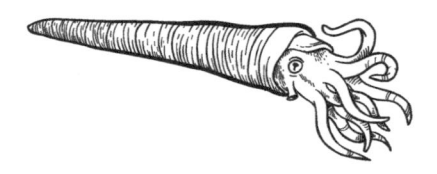

Além dos zepelins, cefalópodes aerobarcos e cefalópodes tanques provavelmente espreitavam no leito do mar — algumas conchas daquela época parecem ter sido desajeitadas demais para serem carregadas pela água. Esses animais já estão todos extintos, com uma exceção inofensiva, o náutilo. Muitas dessas perdas ocorreram como parte da extinção em massa que pontua a história da vida, mas também é provável que alguns cefalópodes predatórios tenham sido lentamente superados por peixes, à medida que esses peixes ficaram maiores e com armas melhores. Os zepelins foram desafiados e, enfim, vencidos — por aviões.

O náutilo, contudo, sobreviveu.[5] Ninguém sabe por quê. No começo deste livro citei um mito da criação havaiano que considera o polvo o "sobrevivente solitário" de um mundo mais antigo. O verdadeiro sobrevivente é, de fato, um cefalópode, mas o náutilo, e não o polvo. Ainda vivendo no Pacífico, os náutilos atuais mudaram pouco em relação a 200 milhões de anos atrás. Vivem em conchas espiraladas e agora são necrófagos. Têm olhos simples e um cacho de tentáculos, e movimentam-se para cima e para baixo, do mar profundo às águas mais rasas, num ritmo que ainda está sendo estudado. Parecem ficar em águas mais altas à noite, e mais fundas de dia.

Ainda aconteceria uma outra mudança na evolução dos corpos dos cefalópodes. Algum tempo antes da era dos dinossauros, aparentemente alguns cefalópodes começaram a abrir mão de suas conchas. Os invólucros de proteção que tinham se tornado dispositivos de flutuação foram abandonados, reduzidos ou internalizados. Isso permitiu mais liberdade de movimento, mas ao preço de uma vulnerabilidade muito maior. Parece uma aposta bem arriscada, mas foi um caminho tomado seguidamente. Não se sabe qual foi o último ancestral comum dos cefalópodes modernos mas, em algum estágio, a linhagem dividiu-se em duas ramificações principais: um grupo com oito braços, que incluía os polvos, e um grupo com dez braços, que incluía o choco e a lula. Esses animais reduziram suas conchas de várias maneiras. No caso do choco, manteve-se uma concha interna, que ainda ajuda o animal a flutuar. Na lula, uma estrutura interna em forma de espada, chamada de "pena", permanece. Os polvos perderam totalmente suas conchas. Muitos cefalópodes começaram a viver como animais de corpo mole, desprotegidos, em recifes de mares rasos.

O *possível* fóssil de polvo mais antigo data de 290 milhões de anos atrás.[6] Enfatizo a incerteza — é apenas um espécime, pouco mais que um borrão numa rocha. Depois disso há uma lacuna nos registros e, mais tarde, cerca de 164 milhões de anos atrás, um caso claro, um fóssil que parece inegavelmente de um polvo, com oito braços e pose de polvo. O registro fóssil de polvos permanece escasso, porque eles não se preservam bem. Mas em algum estágio eles se irradiaram; atualmente são conhecidas por volta de trezentos espécies, incluindo formas de mar profundo e outras que habitam recifes. Seu tamanho varia de pouco mais de dois centímetros de comprimento até o polvo gigante do Pacífico, que pesa 45 quilos e mede quase seis metros da ponta de um braço à ponta de outro.

Esta é a jornada corporal do cefalópode, um percurso que começa no *macaron* ediacarano e passa pelo marisco lapa e pelos aerobarcos e zepelins predatórios. O estorvo representado pela concha externa é, mais tarde, abandonado, quando ela é trazida para dentro do corpo ou, no caso do polvo, totalmente perdida. Com este passo, o polvo perde quase toda forma definida.

Abdicar completamente tanto de um esqueleto quanto de uma concha é uma mudança evolucionária incomum para uma criatura desse tamanho e dessa complexidade. Um polvo não tem quase nenhuma parte dura — os olhos e o bico são as maiores — e, consequentemente, consegue se espremer por um buraco do tamanho de seu globo ocular, e mudar a forma de seu corpo quase que indefinidamente. A evolução dos cefalópodes redundou, no polvo, num corpo que é pura possibilidade.

Quando eu estava escrevendo uma primeira versão deste capítulo, passei alguns dias observando um par de polvos numa rocha, em águas rasas. Eu os vi se acasalar uma vez e depois passar grande parte da tarde seguinte parados, aparentemente. A fêmea saiu para um pequeno percurso, mas voltou à sua toca quando o sol se pôs. O macho passara o dia num local mais exposto, a uns trinta centímetros da toca dela. Continuava lá quando ela voltou.

Passei duas tardes observando-os, a intervalos, e então vieram as tempestades. Ventos de quase cem quilômetros por hora fustigaram a costa, e chegaram ondas do sul. A baía onde os polvos viviam oferecia alguma proteção contra o ataque, mas não muita. As ondas estouravam em torno da entrada e faziam da água uma sopa branca borbulhante. A costa foi castigada por essas tempestades durante os quatro dias seguintes. Para onde vão os polvos quando as ondas golpeiam suas rochas? Era impossível entrar na água para ver. Os chocos não têm problema. Desaparecem por semanas quando o tempo está ruim. Disparam sua propulsão a jato e se mudam para algum lugar desconhecido, mais profundo. Talvez os polvos também busquem algum lugar mais afastado no mar, porém é mais provável que entrem numa fenda e fiquem lá por dias seguidos, lembrando seus ancestrais que se agarravam a rochas de dentro de suas conchas em forma de carapuça.

Náutilo Choco, lula Polvo

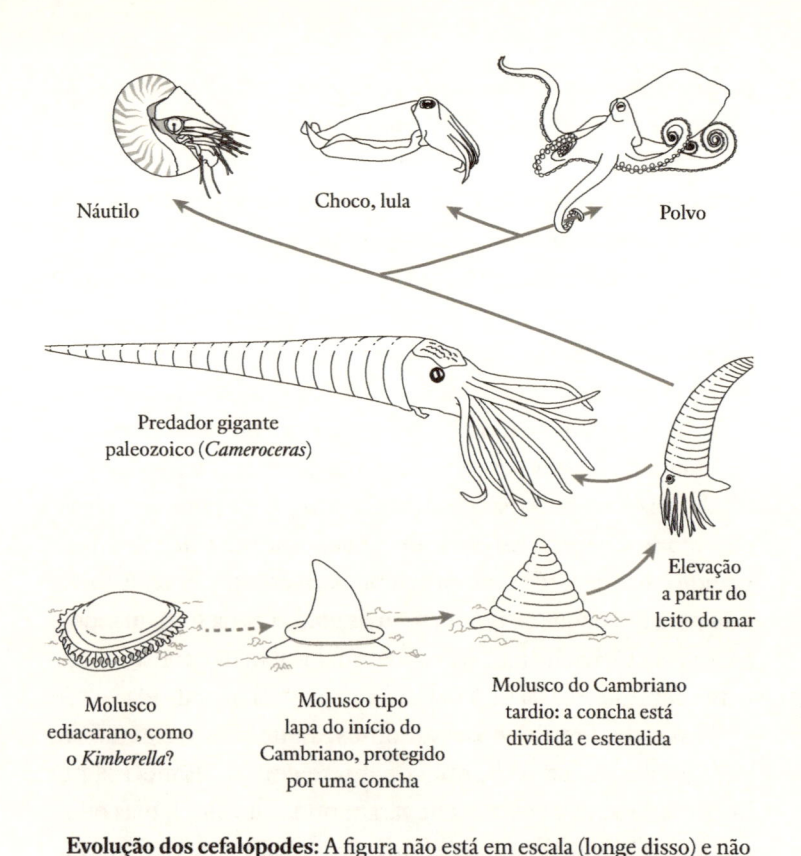

Predador gigante
paleozoico (*Cameroceras*)

Elevação
a partir do
leito do mar

Molusco
ediacarano, como
o *Kimberella*?

Molusco tipo
lapa do início do
Cambriano, protegido
por uma concha

Molusco do Cambriano
tardio: a concha está
dividida e estendida

Evolução dos cefalópodes: A figura não está em escala (longe disso) e não representa a relação real de descendência entre as espécies. Apresenta uma sequência cronológica de formas vistas na evolução cefalópode de meio bilhão de anos atrás até o presente, com algumas das ramificações mais importantes registradas ao longo do caminho. Incluí o controverso *Kimberella* como um possível estágio inicial. O marisco "de carapuça", parecido com a lapa, é um monoplacófaro. O animal seguinte, com a concha dividida em compartimentos, é algo como o *Tannuella*. As opiniões parecem se dividir quanto a se o animal seguinte na linhagem, o *Plectonóceras*, havia se elevado ou ainda vivia no fundo do mar, mas ele é considerado com frequência o primeiro cefalópode "verdadeiro", devido a várias características internas. O *Cameroceras* é o gigante entre os grandes cefalópodes predadores; segundo estimativas conservadoras, chegava a 5,5 metros. O polvo e a lula descendem de cefalópodes desconhecidos que abriram mão de suas conchas externas e hoje estão extintos, diferentemente do náutilo, que manteve sua concha e continuou a existir.

Os enigmas da inteligência do polvo

À medida que o corpo do cefalópode evoluía para suas formas atuais, ocorreu outra transformação: alguns dos cefalópodes ficaram inteligentes.[7]

Como o uso do termo "inteligente" é controverso, vamos com calma. Primeiro, esses animais desenvolveram sistemas nervosos grandes, incluindo cérebros grandes. Grandes em que sentido? Um polvo comum (*Octopus vulgaris*) tem cerca de 500 milhões de neurônios em seu corpo. É muita coisa, por quase qualquer padrão.[8] Os humanos têm muito mais — algo como 100 bilhões —, mas o polvo está na mesma ordem de grandeza de vários mamíferos pequenos, próximo dos cães, e tem um sistema nervoso muito maior do que qualquer outro invertebrado.

O tamanho absoluto é importante, mas em geral é considerado menos significativo que o tamanho relativo — o tamanho do cérebro como uma fração do tamanho do corpo. Isso nos diz o quanto o animal está "investindo" em seu cérebro. Essa comparação é feita tomando-se o peso como medida, e só leva em conta os neurônios do cérebro. Os polvos também marcam muitos pontos nessa medição, situando-se mais ou menos no mesmo espectro dos vertebrados, ainda que não dos mamíferos. Contudo, os biólogos consideram essas avaliações de tamanho um parâmetro muito impreciso do *poder* cerebral que o animal tem. Alguns cérebros se organizam de modo diferente de outros, com mais ou menos sinapses, e as sinapses também podem ser mais ou menos complexas. A descoberta mais surpreendente feita em trabalhos recentes sobre a inteligência animal diz respeito à inteligência de algumas aves, especialmente papagaios e corvos.[9] As aves têm cérebros bem pequenos, em termos absolutos, mas muito poderosos.

Quando tentamos comparar o poder cerebral de um animal com o de outro, também nos deparamos com o fato de que não há uma escala única pela qual seja possível medir a inteligência com sensatez. Animais diferentes são bons em coisas diferentes, o que faz sentido, considerando que levam vidas diferentes. Dá para fazer uma analogia com jogos de ferramentas: os cérebros são como jogos de ferramentas para controlar o comportamento. Assim como nos jogos de ferramentas dos humanos, há alguns elementos que muitos ofícios compartilham, mas também muita diversidade. Todos os jogos de ferramentas encontrados em animais incluem algum tipo de percepção, embora animais diferentes tenham meios muito diferentes de captar informações. Todos (ou quase todos) os animais bilaterais têm alguma forma de memória e meios de aprendizagem, o que permite que experiências passadas sejam evocadas e tenham relevância no presente. O jogo de ferramenta às vezes inclui capacidades para resolver problemas e de planejamento. Alguns jogos de ferramentas são mais elaborados e custosos que outros, mas podem ser sofisticados de maneiras diversas. Um animal pode ter sentidos melhores, enquanto outro tem um processo de aprendizado mais sofisticado. Jogos de ferramentas diferentes correspondem a maneiras diferentes de ganhar a vida.

Quando comparamos cefalópodes e mamíferos, encontramos dificuldades enormes. Os polvos e outros cefalópodes têm olhos excepcionalmente bons, e olhos construídos com a mesma configuração geral dos nossos. Dois experimentos na evolução dos sistemas nervosos grandes conduziram a modos semelhantes de enxergar. Mas os sistemas nervosos por trás desses olhos se organizam de maneiras muito diferentes. Quando os biólogos olham para uma ave, um mamífero ou até mesmo um peixe, são capazes de mapear várias partes do cérebro de um nos outros.[10] Os cérebros dos vertebrados têm, todos, uma arquitetura comum. Quando comparamos o cérebro dos vertebrados com o cérebro dos polvos, qualquer palpite — ou melhor, qualquer mapeamento — está fora de questão. Não há correspondência entre as partes do cérebro deles e do nosso. Na verdade, os polvos nem sequer reuniram a maioria de seus neurônios dentro do cérebro; a maior parte está nos braços. Considerando tudo isso, a melhor forma de medir a inteligência dos polvos é observar o que são capazes de *fazer*.

Nesse ponto, logo nos deparamos com enigmas. Talvez o âmago da questão seja um desencontro entre os resultados de experimentos realizados em laboratório sobre aprendizado e inteligência, de um lado, e uma série de anedotas e relatos de casos excepcionais, de outro. Desencontros como estes são comuns no mundo da psicologia animal, mas especialmente agudos no caso dos polvos.

Quando testados em laboratório, os polvos têm se saído razoavelmente bem, sem chegar a parecer Einsteins.[11] São capazes de aprender a percorrer labirintos simples. São capazes de se valer de pistas visuais para determinar em qual de dois entornos possíveis foram colocados, e depois tomar a rota correta para atingir um objetivo a partir daquele entorno. Conseguem aprender a desatarraxar a tampa de um frasco para obter o alimento que está dentro dele. Em todos esses contextos, porém, os polvos aprendem lentamente. Quando se leem as entrelinhas de um experimento "bem-sucedido", com frequência seu progresso parece ter sido excruciantemente lento. No entanto, contra um pano de fundo de experimentos de resultados contraditórios, há anedotas que sugerem haver aí muito mais do que isso. O que acho mais intrigante é a aptidão do polvo para se adaptar a circunstâncias novas e incomuns — o confinamento em um laboratório — e usar o aparato à sua volta para os seus próprios propósitos "octopodeanos".

Boa parte dos primeiros trabalhos de pesquisa com polvos foi feita na Itália, na Estação Zoológica de Nápoles, em meados do século XX. Peter Dews[12] foi um cientista de Harvard que estudou sobretudo as interações entre drogas e comportamento. No entanto, ele tinha um interesse geral em aprendizado, e seu experimento com polvos não envolvia drogas em absoluto. Dews foi influenciado por B. F. Skinner, seu colega de Harvard, cujos trabalhos sobre o "condicionamento operante" — o aprendizado de comportamentos mediante recompensa e punição — haviam revolucionado a psicologia. A ideia de que comportamentos bem-sucedidos são repetidos e aqueles que não tiverem sucesso, abandonados tivera como pioneiro Edward Thorndike, por volta de 1900; Skinner, porém, a desenvolveu muito mais detalhadamente. Dews, como muitos outros, foi inspirado pela maneira como Skinner transformara os experimentos com animais em algo rigoroso e preciso.

Em 1959, Dews realizou alguns experimentos padrão sobre aprendizado e reforço com polvos. Os polvos podem ter um parentesco longínquo com vertebrados como nós, mas será que aprendem de modo semelhante? Eles conseguem aprender, por exemplo, que puxar e soltar uma alavanca lhes trará uma recompensa — e adotar este comportamento quando quiserem?

Tomei conhecimento do trabalho de Dews pela primeira vez graças a uma breve menção de seu experimento no livro *Cephalopod Behaviour* [Comportamento de cefalópodes], de Roger Hanlon e John Messenger. Hanlon e Messenger comentam que puxar e soltar uma alavanca é algo que os polvos certamente nunca fariam no mar, e afirmam que o experimento de Dews não teve êxito. Contudo, fiquei curioso para saber o que tinha acontecido e voltei ao estudo de 1959. A primeira coisa que notei foi que o experimento *fora* bem-sucedido em relação a seus objetivos principais. Dews treinou três polvos e descobriu que todos os três conseguiam aprender a operar a alavanca para obter comida. Quando puxavam a alavanca, uma luz se acendia e um pequeno pedaço de sardinha era oferecido como recompensa. Dois dos polvos, chamados Albert e Bertram, faziam isso de modo "razoavelmente constante", disse Dews. O comportamento do terceiro polvo, chamado Charles, era diferente. Embora Charles tenha passado raspando no teste, o modo como lidou com a situação sintetiza muito da história do comportamento dos polvos. Dews escreveu:

1. Enquanto Albert e Bertram manejavam a alavanca com delicadeza, flutuando livremente, Charles ancorava vários tentáculos na lateral do tanque, outros em torno da alavanca, e fazia muita força. A alavanca encurvou-se várias vezes e, no 11º dia, quebrou, levando ao encerramento prematuro do experimento.
2. A luz, suspensa pouco acima do nível da água, não era objeto de grande "atenção" por parte Albert e Bertram; mas Charles repetidamente a envolvia com tentáculos e aplicava uma força considerável, na intenção de trazer a lâmpada para dentro do tanque. Esse comportamento é obviamente incompatível com o de puxar a alavanca.
3. Charles tinha forte tendência a lançar jatos d'água para fora do tanque; especificamente, na direção do cientista. O animal passava muito tempo com os olhos acima da superfície da água, lançando um jato d'água em qualquer indivíduo que se aproximasse do tanque. Esse comportamento interferia materialmente na condução tranquila dos experimentos e era, também ele, claramente incompatível com o ato de puxar a alavanca.

Dews comenta secamente: "Neste animal, as variáveis responsáveis pela manutenção e pelo fortalecimento dos comportamentos de puxar a lâmpada e esguichar não são aparentes". A linguagem que Dews usa aqui — "variáveis responsáveis" etc. — demonstra que seu pensamento (ou, pelo menos, seu texto) se alinha às suposições sobre comportamento animal dos experimentos de meados do século XX. Ele supõe que, se Charles está esguichando água em cientistas e se evadindo do aparato, deve ser porque alguma coisa na história de Charles reforça esse comportamento. Segundo essa visão, animais de uma determinada espécie farão, inicialmente, a mesma coisa e, se vierem a divergir no comportamento, isso tem de ser por causa de experiências recompensadas (ou não recompensadas). Esse é o contexto no qual Dews trabalhou. No entanto, uma das lições dos experimentos com polvos é que há entre eles uma grande medida de variação individual. Charles, muito provavelmente, não era um polvo que começara com as mesmas rotinas comportamentais dos outros e fora recompensado por esguichar em cientistas, e sim um polvo com um temperamento particularmente mal-humorado.

Este estudo de 1959 foi uma das primeiras vezes em que um estilo de trabalho científico rigorosamente controlado sobre comportamento animal se encontrou com as idiossincrasias do polvo. Em grande medida, os trabalhos com animais têm sido feitos na suposição de que todos os animais de uma determinada espécie (e, talvez, determinado sexo) serão muito semelhantes até que obtenham recompensas diferentes — e vão dar beijinhos, correr ou puxar uma alavanca todo dia para ganhar os mesmos pedacinhos de alimento. Dews, como muitos outros, queria trabalhar dessa maneira porque estava determinado a usar o que chamou de "métodos objetivos, quantitativos de estudo". Também sou a favor desses métodos. Mas os polvos, muito mais que ratos e pombos, têm ideias próprias: "traquinagem e astúcia", como disse Eliano, na epígrafe deste capítulo.

As anedotas de polvos mais famosas são casos de fuga e roubo, nos quais polvos confinados em aquários atacam tanques vizinhos à noite em busca de comida. Apesar de divertidas, essas histórias não são especialmente indicativas de grande inteligência. Tanques vizinhos não são tão diferentes assim de poças deixadas pela maré, mesmo que demande mais esforço entrar e sair deles. Mas eis um comportamento que considero mais intrigante. Polvos em pelo menos dois aquários aprenderam a apagar a luz esguichando jatos d'água nas lâmpadas quando ninguém está olhando, provocando um curto-circuito.[13] Na Universidade de Otago, na Nova Zelândia, o custo disso ficou tão alto que o polvo teve de ser libertado e devolvido a seu ambiente natural. Um laboratório na Alemanha teve o mesmo problema. Parece muito engenhoso, realmente. No entanto, também é possível esboçar uma explicação capaz de empanar parcialmente essa história. Os polvos não gostam de luzes brilhantes e esguicham jatos d'água em qualquer coisa que os incomode (como Peter Dews descobriu). Assim, esguichar água em lâmpadas pode não ser algo que exija muita explicação. Além disso, os polvos têm maior propensão de se afastar de sua toca o bastante para esguichar em determinado alvo quando não há humanos por perto. Por outro lado, as duas histórias desse tipo que vi dão a impressão de que os polvos aprenderam *muito rapidamente* que esse comportamento funciona — que vale a pena tomar posição e mirar direto na luz para apagá-la. Deveria haver um jeito de programar um experimento que testasse algumas das várias explicações possíveis para esse comportamento.

Esse caso ilustra um fato mais amplo: os polvos têm uma aptidão para se adaptar às circunstâncias especiais do cativeiro e a sua interação com seus guardiões humanos. Em seu ambiente natural, os polvos são animais bastante solitários. Sua vida social, na maioria das espécies, é tida como mínima (mais adiante, contudo, vou tratar de exceções a este padrão). No laboratório, no entanto, com frequência eles são rápidos para pegar o jeito de como a vida funciona nas novas circunstâncias. Por exemplo, há muito tempo se supõe que os polvos cativos sejam capazes de reconhecer seus guardiões individuais humanos e de se comportar de forma diferenciada em relação a eles. Faz anos que histórias do tipo chegam de diferentes laboratórios. No início, tudo isso parecia folclore. No mesmo laboratório da Nova Zelândia que teve o problema das "luzes apagadas", um polvo desenvolveu uma antipatia por um membro da equipe do laboratório sem qualquer razão aparente; sempre que essa pessoa passava atrás do tanque, recebia um jato de dois litros de água na nuca. Shelley Adamo, da Universidade de Dalhousie, tinha um choco que invariavelmente esguichava uma torrente de água em qualquer visitante *novo* do laboratório, o que não fazia com as pessoas que estavam sempre por lá.[14] Em 2010, um experimento confirmou que os polvos gigantes do Pacífico realmente são capazes de reconhecer indivíduos humanos, o que conseguiam fazer mesmo quando os humanos estavam vestindo uniformes idênticos.

Stefen Linquist, um filósofo que já estudou o comportamento de polvos em laboratório, colocou a coisa nos seguintes termos: "Quando você trabalha com peixes, eles não têm ideia de que estão num tanque, um lugar que não é natural. Com os polvos é totalmente diferente. Eles sabem que estão dentro de um lugar específico, e que você está fora. Todos os seus comportamentos são afetados por essa consciência do cativeiro". Os polvos de Linquist ficavam zanzando pelo tanque, manipulando-o e fazendo experiências. Linquist teve um problema quando os polvos taparam deliberadamente as válvulas de drenagem dos tanques, enfiando os braços nelas, talvez para elevar o nível da água. Claro que isso inundou o laboratório inteiro.

Outra história que ilustra a afirmação de Linquist eu ouvi de Jean Boal, da Universidade de Millersville, na Pensilvânia.[15] Boal tem a reputação de estar entre os pesquisadores de cefalópodes mais críticos e rigorosos. Ela é conhecida por seus projetos experimentais meticulosos e pela insistência em afirmar que só se poderá admitir a hipótese de esses animais terem "cognição" ou "pensamento" quando não houver nenhuma maneira mais simples de explicar os resultados dos experimentos. Como muitos pesquisadores, porém, ela tinha algumas histórias de comportamentos desconcertantes — naquilo que parecem mostrar da vida interior desses animais. Um desses incidentes ficou em sua mente por mais de uma década. Os polvos gostam de comer caranguejos, mas no laboratório frequentemente são alimentados com camarão ou lula congelados, descongelados. Os polvos levam algum tempo para se acostumar com esses alimentos de segunda, mas acabam aceitando. Um dia Boal estava caminhando ao longo de uma fileira de tanques, alimentando cada polvo com um pedaço de lula descongelada, ao passar. Quando chegou ao fim da fileira, ela caminhou de volta pelo mesmo percurso. O polvo no primeiro tanque parecia estar esperando por ela, porém. Não tinha comido sua lula e, em vez disso, segurava-a ostensivamente. Com Boal ali, parada, o polvo atravessou lentamente o tanque em direção ao tubo de drenagem, olhando para ela o tempo todo. Quando chegou ao tubo, sem parar de olhar para ela, despejou o farrapo de lula pelo dreno.

Essa história, junto às de polvos que esguicham em pesquisadores, fazem-me lembrar de algo que eu mesmo presenciei. Os polvos cativos frequentemente tentam fugir e, quando o fazem, parecem ser capazes de escolher, sem errar, o momento exato em que você não os esteja observando. Por exemplo, se você estiver com um polvo num balde d'água, ele em geral parecerá estar bem feliz lá; mas se você desviar sua atenção por um segundo, quando olhar de volta haverá um polvo rastejando calmamente pelo chão.

Pensei que talvez estivesse imaginando essa tendência, até ouvir, alguns anos atrás, uma palestra de David Scheel, que trabalha com polvos em tempo integral. Ele também diz que os polvos parecem ficar rastreando sutilmente se ele os está observando ou não, e entram em ação quando não está. Suponho que isso faz sentido como um comportamento natural dos polvos; você prefere fugir da barracuda quando ela não está te olhando, e não quando está. Mas o fato de os polvos serem capazes de fazer isso tão rapidamente com os humanos — com ou sem máscara de mergulho — é impressionante.

À medida que se acumulam histórias desse tipo, surge uma explicação para os resultados contraditórios dos experimentos padrão de aprendizado com polvos. Muitas vezes se afirma que eles não se saem especialmente bem nesses experimentos porque os comportamentos exigidos deles não são naturais. (Hanlon e Messenger disseram isso sobre o experimento de Dews, sobre puxar a alavanca, por exemplo.) Mas o comportamento dos polvos em contextos de laboratório indicam frequentemente que o "não natural" não é um problema para eles. Os polvos conseguem desatarraxar tampas de frascos para obter comida — e um deles até foi filmado abrindo um desses frascos de dentro. Não há comportamento menos natural do que esse. Creio que os problemas com o velho experimento de Peter Dews, da forma como aconteceram, vieram em parte da suposição de que os polvos estariam *interessados* em ficar puxando uma alavanca repetidamente para obter pedaços de sardinha, recolhendo bocados e mais bocados de comida de segunda. Os ratos e os pombos fazem esse tipo de coisa, mas os polvos levam algum tempo para lidar com cada item de alimento, provavelmente não podem se empanzinar, e tendem a perder o interesse. Para alguns deles, ao menos, baixar a lâmpada que está acima do tanque e arrastá-la para a toca — *isso sim* é interessante. Assim como esguichar nos pesquisadores.

Em resposta à dificuldade de motivar os polvos, alguns pesquisadores, lamentavelmente, usaram um estímulo negativo — choques elétricos — com mais liberdade do que fariam com outros animais. Boa parte do trabalho inicial realizado na Estação Zoológica de Nápoles maltratou os polvos. Não só se usaram choques elétricos, como também muitos experimentos incluíam a remoção de partes do cérebro, ou a secção de nervos importantes, só para saber o que o polvo faria quando despertasse. Até recentemente, também era permitido operar polvos sem anestesia. Como invertebrados, eles não estavam protegidos por nenhuma regra contra maus-tratos a animais. Muitos desses primeiros estudos constituem uma leitura angustiante para quem considera os polvos animais sencientes.[16] Na última década, contudo, eles foram frequentemente listados como uma espécie de "vertebrados honorários" em regulamentações que determinam como devem ser tratados em experimentos, especialmente na União Europeia. Foi um passo adiante.

Outro comportamento dos polvos que passou de anedota a alvo de investigação experimental é o de *brincar* — interagindo com objetos pela mera interação em si mesma. Jennifer Mather, uma inovadora da pesquisa com cefalópodes, realizou com Roland Anderson, do Aquário de Seattle, os primeiros estudos deste comportamento, que agora está sendo investigado em detalhe.[17] Alguns polvos, individualmente — e apenas alguns —, passam um bom tempo empurrando frascos de remédio pelo tanque com seu jato e fazendo-os "quicar" na corrente que vem da válvula de entrada de água. Em geral, o interesse inicial de um polvo por qualquer objeto novo é gustatório — será que posso comê-lo? Mas quando um objeto se revela não comestível, isso nem sempre significa que seja desinteressante. Um experimento de laboratório recente de Michael Kuba confirmou que os polvos conseguem descobrir rapidamente que alguns itens não são alimento e, com frequência, continuam interessados em explorá-los e manipulá-los.

Visitando polvópolis

No primeiro capítulo, descrevi a descoberta, por Matthew Lawrence, de um reduto de polvos na costa leste da Austrália. Matt explorou a baía jogando na água a âncora de seu barquinho, mergulhando para pegá-la e deixando o barco à deriva guiar seu passeio pelo fundo do mar. (Eu deveria acrescentar que mergulhar sozinho não é uma boa ideia. Matt leva consigo para o fundo um segundo suprimento de ar que é completamente independente do primeiro, caso algo dê errado. Mesmo assim, não é recomendável.) Em 2009, ele se deparou com um leito de conchas onde vivia cerca de uma dúzia de polvos. Eles pareceram não estar preocupados com sua presença, vagueando e lutando uns com os outros enquanto ele assistia.

Matt marcou as coordenadas do lugar no GPS e começou a visitá-lo regularmente. Observava os polvos e interagia com eles. Não pareciam ligar nem um pouco para sua presença, e alguns foram curiosos o bastante para brincar com ele e explorar seu equipamento. Logo havia polvos pairando sobre sua câmera e suas mangueiras de ar. Outros estavam ocupados interagindo uns com os outros. Às vezes ele via um comportamento que parecia ser um "bullying". Um polvo podia estar bem calmo em sua toca e um polvo maior ia até lá, saltava para o topo da toca e lutava furiosamente com o que estava embaixo. Depois de uma grande convulsão multicolorida, o polvo de baixo vinha voando como um foguete, o corpo pálido, e pousava a alguns metros de distância, já fora do leito de conchas. O polvo agressor então voltava para sua toca.

Com o passar do tempo, Matt foi se acostumando cada vez mais a lidar com os animais, e até hoje me parece que os polvos o tratam de forma diferente do que tratam outra pessoa qualquer. Uma vez, num lugar próximo dali, um polvo agarrou sua mão e saiu com ele a reboque. Matt o seguiu, como se estivesse sendo levado pelo fundo do mar por uma criança bem pequena de oito pernas. O passeio durou dez minutos e acabou na toca do polvo.[18]

Embora não seja biólogo, Matt teve a sensação de que talvez seu lugar de mergulho fosse fora do comum. Ele postou algumas fotos num site que funciona como centro de informação para cientistas e pessoas que têm nos polvos uma espécie de hobby.[19] As fotos foram vistas pela bióloga Christine Huffard, que me perguntou se eu conhecia o lugar. Fiquei perplexo quando li sobre o que ele tinha descoberto, sendo que o lugar de Matt fica a poucas horas de Sydney. Entrei em contato com ele assim que estive de novo na cidade e fui encontrá-lo.

Matt, descobri, é um mergulhador fanático. Ele mantém um compressor de ar próprio na garagem e cria misturas personalizadas de ar enriquecido para encher os tanques. Logo estávamos em seu barquinho, o motor pipocando, indo para um ponto no meio da baía, onde ele lançou a âncora e nós nadamos ao longo da corda, observados apenas por alguns peixes pequenos.

O lugar, que agora chamamos de Polvópolis [*Octopolis*, no original em inglês], fica a cerca de quinze metros de profundidade.[20] É quase invisível até que se chegue bem perto, e o solo do mar em volta é inclassificável. Vieiras se espalham em pequenos grupos, ou isoladas, e vários tipos de algas flutuam sobre a areia. Minha primeira viagem a esse local, na água fria do inverno, foi tranquila. Encontramos apenas quatro polvos, que não estavam fazendo muita coisa. Mas pude notar que era um lugar fora do comum. Havia um leito de conchas de vieiras, como Matt tinha descrito, de uns dois metros de diâmetro. As conchas pareciam ter idades variadas. Incrustado no centro havia um objeto parecido com uma rocha, de cerca de trinta centímetros de altura, e o maior polvo do lugar o usava como toca. Tirei medidas e fotografias e comecei a voltar ao lugar sempre que podia. Logo estava vendo as altas concentrações de polvos e os comportamentos complexos que Matt encontrou em seus primeiros mergulhos por ali.

Se tivéssemos ar e tempo suficientes, não sei o quanto ficaríamos lá embaixo. Quando o lugar está em atividade, é empolgante. Os polvos se entreolham de suas tocas entre as conchas. De tempos em tempos saem das tocas e se movimentam pela área do leito de conchas, ou se afastam para a areia. Alguns passam por outros sem maiores incidentes, mas pode acontecer de um polvo estender um braço para cutucar ou sondar algum outro. Um ou dois braços podem voltar, em resposta; isso às vezes resulta em um acordo e cada polvo segue seu caminho, mas em outros casos pode provocar uma luta entre os dois.

A foto abaixo foi feita fora do sítio, mas bem junto à sua margem, e dá uma noção da aparência desses animais. A espécie é *Octopus tetricus*, um polvo de tamanho médio que só é encontrado na Austrália e na Nova Zelândia. Este indivíduo é razoavelmente grande; do leito do mar até o ponto mais alto de suas costas, deve medir quase sessenta centímetros. Ele segue apressado em direção a outro polvo, à direita, fora da foto.

A cena seguinte é no próprio leito de conchas.[21] O polvo à esquerda salta em direção a outro, que está à direita, todo distendido e começando a fugir.

E esta é uma luta mais séria, na areia, bem junto à borda do sítio:

Para conseguir estudar mudanças no leito de conchas, uma vez eu trouxe estacas e cravei-as no leito do mar, demarcando as fronteiras aproximadas do sítio. Como as estacas, com cerca de dezoito centímetros de comprimento, eram de plástico, preguei um parafuso pesado de metal em cada uma para aumentar seu peso. Enfiei-as até que apenas uns 2,5 centímetros ficassem acima da areia, e fixei-as nos quatro principais pontos da bússola. Elas são discretas, difíceis de enxergar — a menos que se saiba exatamente onde olhar. Alguns meses depois, fui até o sítio novamente e descobri que uma das estacas havia sido retirada e acrescentada à pilha de detritos ao redor da toca de um dos polvos, a alguma distância. Logo, pensei, descobriu-se que a estaca não era comestível, e provavelmente nem muito útil como barricada. Mas assim como fitas métricas, câmeras e muitas outras coisas que levávamos para o sítio, o fato de serem novidade parecia ter tornado as estacas interessantes para algum polvo.

Outras manipulações de objetos estranhos pelos polvos tiveram razões mais práticas. Em 2009, um grupo de pesquisadores na Indonésia ficou surpreso ao ver polvos em ambiente natural carregando metades de cascas de cocos vazias para usar como abrigos portáteis.[22] As cascas, divididas ao meio com exatidão, deviam ter sido cortadas por humanos e jogadas fora. Os polvos fizeram bom uso delas. Eles aninhavam uma metade dentro de outra e carregavam os pares debaixo de seus corpos, como se andassem sobre pernas de pau pelo leito do mar. Depois, cada um juntava suas metades numa esfera, escondendo-se dentro. Uma grande variedade de animais usa objetos encontrados como abrigo (os caranguejos-ermitões são um exemplo), e alguns usam ferramentas para coletar alimento (inclusive chimpanzés e alguns corvos). Porém, o ato de montar e desmontar um objeto "composto" como este é muito raro. Na verdade, não está claro ao que podemos comparar este comportamento. Muitos animais combinam materiais diversos quando fazem seus ninhos — muitos ninhos são objetos "compostos". Mas eles não são desmontados, carregados por aí e remontados.

O comportamento da casa de coco ilustra o que considero uma característica distintiva da inteligência do polvo: ele esclarece a forma *como* eles se tornaram animais inteligentes. São inteligentes no sentido de serem curiosos e adaptáveis; são aventureiros, oportunistas. Posta essa ideia, posso acrescentar novos elementos em meu cenário de como os polvos se encaixam no reino dos animais e na história da vida.

No capítulo anterior, usando ideias de Michael Trestman, eu disse que, de todo o amplo espectro dos esquemas corporais dos animais, apenas três grupos contêm espécies com "corpos ativos complexos". São os cordados (como nós), os artrópodes (insetos e caranguejos) e um pequeno grupo de moluscos, os cefalópodes. Os artrópodes percorreram esse caminho primeiro, no início do Cambriano, mais de 500 milhões de anos atrás. O modo como fizeram isso pode ter dado início ao processo de feedback evolucionário que logo abarcaria todos os outros. Os artrópodes foram primeiro e os cordados e cefalópodes os seguiram.

Deixando nosso caso de lado, podemos ver uma diferença entre os caminhos que os dois outros grupos tomaram. Muitos artrópodes especializaram-se na vida social e na coordenação. Nem todos fazem isso — na verdade, a maioria das espécies de artrópodes não o faz. No que diz respeito ao comportamento, porém, muitas das maiores conquistas dos artrópodes são sociais. Isso é visível sobretudo nas colônias de formigas e abelhas melíferas, e nas cidades com ar condicionado construídas pelos cupins.

Os cefalópodes são diferentes. Eles nunca foram viver na terra (ainda que alguns outros moluscos tenham ido) e, apesar de provavelmente terem tomado a estrada para um comportamento mais complexo numa data posterior à dos artrópodes, acabaram por desenvolver cérebros maiores. (Aqui, penso em uma colônia de formigas como muitos organismos com muitos cérebros, e não um único.) Os artrópodes tendem a produzir comportamentos muito complexos pela coordenação de muitos indivíduos.[23] Algumas lulas são sociais, mas nada que se compare à organização das formigas e abelhas. Os cefalópodes, com exceção parcial da lula, adquiriram uma forma de inteligência não social. Mais do que todos, o polvo seguiria o caminho da complexidade idiossincrática e solitária.

Evolução nervosa

Observemos mais de perto agora o que há dentro de um polvo e como o sistema nervoso que está por trás desses comportamentos evoluiu.

A história dos cérebros grandes tem, grosso modo, a forma da letra Y. Na bifurcação central desse Y está o último ancestral comum aos vertebrados e aos moluscos. Dali, partem muitos caminhos; mas, destacando dois deles, um leva a nós e outro, aos cefalópodes. Quais características estão presentes nesse estágio inicial, disponíveis para serem levadas adiante pelos dois caminhos? O ancestral no centro do Y certamente tinha neurônios.[24] É provável que fosse uma criatura vermiforme, mas dotada de um sistema nervoso simples. Talvez tivesse olhos simples. Seus neurônios podiam estar parcialmente agrupados na extremidade frontal, mas não deviam chegar a ser um cérebro. A partir desse estágio, os sistemas nervosos continuaram evoluindo de forma independente, por muitas linhas, inclusive duas que foram dar em cérebros grandes com desenhos diferentes.

Em nossa linhagem, surge o design dos cordados, com um cordão de nervos descendo pelo meio das costas do animal e um cérebro numa das extremidades. Esse desenho é encontrado em peixes, répteis, aves e mamíferos. No outro lado, o dos cefalópodes, outro esquema de corpo evoluiu, com um tipo de sistema nervoso diferente.[25] São sistemas nervosos mais *distribuídos*, menos centralizados, que os nossos. Os neurônios dos invertebrados frequentemente estão contidos em muitos *gânglios*, pequenos nódulos espalhados pelo corpo e interconectados. Os gânglios podem estar dispostos aos pares, ligados por conectores que se estendem ao longo e na largura do corpo, como meridianos e paralelos. Às vezes, chama-se a isso de sistema nervoso "tipo escada", porque parece mesmo uma escada inserida dentro do corpo. Os cefalópodes ancestrais provavelmente tinham sistemas nervosos parecidos com este; assim, quando a evolução multiplicou seus neurônios, essa multiplicação aconteceu dentro desse desenho.

Nessa expansão, alguns gânglios tornaram-se maiores e complexos, e outros foram adicionados. Os neurônios concentraram-se na parte frontal do animal, formando algo que se pareceria cada vez mais com o cérebro definitivo. O desenho antigo, em forma de escada, ficou parcialmente submerso, mas só parcialmente — a arquitetura subjacente dos sistemas nervosos dos cefalópodes permanece bem diferente da nossa.

O mais estranho, talvez, é que o esôfago, o tubo que leva o alimento da boca para o interior do corpo, passa no meio do cérebro central. Parece completamente errado: com certeza não deveria haver um cérebro *ali* nunca. Se um polvo comer uma coisa afiada, que perfure um lado de sua "garganta", a coisa vai direto para dentro de seu cérebro. Descobriram-se polvos que tiveram exatamente este problema.

Além disso, grande parte do sistema nervoso do cefalópode nem está no cérebro, mas espalhada pelo corpo. A maioria dos neurônios do polvo está nos braços — aproximadamente o dobro dos que compõem o cérebro central. Os braços têm seus próprios sensores e mecanismos de controle. Não têm apenas o sentido do tato, mas também a capacidade de sentir substâncias químicas — por olfato ou paladar. Cada ventosa do braço de um polvo pode ter até 10 mil neurônios que lidam com o paladar e o tato. Até mesmo um braço de polvo que tenha sido removido cirurgicamente pode executar vários movimentos básicos, como alcançar e agarrar.

Como o cérebro de um polvo se relaciona com seus braços? Estudos iniciais, que consideravam tanto o comportamento quanto a anatomia, sugeriam que os braços gozam de uma independência considerável.[26] O canal de nervos que liga cada braço ao cérebro central parecia muito delgado. Alguns estudos comportamentais davam a impressão de que os polvos nem sequer sabiam onde seus próprios braços poderiam estar. Como Roger Hanlon e John Messenger afirmam, em seu livro *Cephalopod Behaviour* [Comportamento dos cefalópodes], os braços parecem "curiosamente divorciados" do cérebro, ao menos no que toca ao controle dos movimentos básicos.

A coordenação interna de cada braço também pode ser muito elegante. Quando um polvo puxa um pedaço de comida, agarrando-o com a pontinha do braço, isso cria duas ondas de ativação muscular, uma direcionada para dentro, a partir da ponta, a outra para fora, a partir da base.[27] No ponto onde as duas ondas se encontram, forma-se uma articulação parecida com um cotovelo temporário. Os sistemas nervosos de cada braço também têm loops neuronais (no jargão, conexões *recorrentes*) capazes de dar ao membro uma forma simples de memória de curto prazo, embora não se saiba o que este sistema faz pelo polvo.[28]

Os polvos podem se organizar em grupos em alguns contextos, especialmente quando isso fizer diferença. Como vimos no início deste capítulo, quando você encontra um polvo em um ambiente natural, se aproxima dele e para à sua frente, pelo menos em algumas espécies o polvo estenderá *um* braço para inspecionar você. Frequentemente, um segundo braço virá em seguida, mas sempre é um único que vem primeiro, enquanto o animal o observa. Isso sugere um tipo de intencionalidade, uma ação guiada pelo cérebro. Na página ao lado, um *frame* de um vídeo feito em Polvópolis que também sugere essa ideia. No centro da cena, um polvo salta sobre outro, à direita, com um único braço armado para agarrar o inimigo.

Algum tipo de mistura entre um controle local e outro que vem de cima para baixo pode estar operando aqui. O melhor estudo experimental sobre este tema que conheço veio do laboratório de Binyamin Hochner, na Universidade Hebraica de Jerusalém. No trabalho, de 2011, Tamar Gutnick, Ruth Byrne e Michael Kuba, juntamente com Hochner, descrevem um experimento muito inteligente.[29] Eles perguntam se um polvo poderia aprender a guiar um único braço por um caminho labiríntico até um lugar específico, para obter alimento. Montaram a experiência de forma que os sensores químicos do braço não fossem suficientes para guiá-lo até o alimento; em certo ponto, o braço teria de deixar a água para alcançar a localização do alvo. Mas, como as paredes do labirinto eram transparentes, o alvo ficava visível. O polvo teria de guiar o braço pelo labirinto com os olhos.

Os polvos levaram muito tempo para aprender a fazer isso mas, no fim, quase todos os que foram testados conseguiram.

Os olhos *são capazes* de guiar os braços. Ao mesmo tempo, o estudo também observou que, enquanto os polvos davam conta da tarefa, o braço que procurava o alimento parecia estar fazendo uma exploração local particular enquanto avançava, arrastando-se e tateando à sua volta. Assim, parece que há duas formas de controle funcionando em conjunto: o controle central, pelos olhos, na condução geral do braço, combinado com uma sintonia fina da busca, realizada pelo próprio braço.

Corpo e controle

Meio bilhão de neurônios — por que tantos? O que eles fazem pelo animal? No capítulo anterior, sublinhei o custo dessa maquinaria. Por que os cefalópodes seguiram esse caminho evolucionário incomum? Ninguém sabe a resposta, mas vou esboçar algumas possibilidades. A questão se apresenta, em alguma medida, para quase todos os cefalópodes, mas vou focar os polvos.

Os polvos são predadores que se movimentam para caçar, em vez de esperar a presa numa emboscada. Ficam perambulando, em geral perto de recifes ou pelo leito de águas marinhas rasas.[30] Quando os psicólogos de animais tentam explicar a evolução dos cérebros grandes, muitas vezes começam observando a vida social dos animais.[31] Frequentemente, as complexidades da vida social parecem propiciar o surgimento de inteligências maiores. Os polvos não são muito sociáveis. No capítulo final vou abordar exceções, mas a vida social não é grande parte da história de um polvo. Um fator que parece mais importante é essa perambulação para caçar. Para aguçar mais esta ideia, vou adaptar algumas noções desenvolvidas na década de 1980 pela primatóloga Katherine Gibson.[32] Ela buscava uma explicação para o fato de alguns mamíferos terem desenvolvido cérebros grandes, e não considerou aplicá-la a nada parecido com polvos, mas creio que suas ideias podem ser relevantes também aqui.

Gibson distinguiu dois modos diferentes de provisionar alimento. Um é se especializar em um alimento que exige pouca manipulação e pode ser manejado sempre da mesma maneira. Seu exemplo era um sapo que pega insetos voadores. A isso ela opõe o provisionamento "extrativo", aquele que envolve adaptar as escolhas às circunstâncias, retirando alimento de cascas e invólucros protetores, e isso de uma forma adaptável, sensível ao contexto. Compare o sapo com um chimpanzé que perambula em busca de uma variedade de coisas para comer, muitas das quais, depois de achadas, exigem manipulação e extração — nozes, sementes, cupins em seus ninhos. A descrição que Gibson faz desse estilo de busca por alimento — adaptável e desafiador — se encaixa bem no caso dos polvos. Para muitos polvos, os caranguejos estão no topo da lista dos alimentos preferidos, mas vários outros animais, de vieiras a peixes (e outros polvos) também contam como alimento, e lidar com conchas e outras defesas é muitas vezes uma tarefa considerável.

David Scheel, que trabalha sobretudo com polvos gigantes do Pacífico, dá mariscos inteiros a seus animais; mas, como os polvos locais da Enseada do Príncipe Guilherme não comem mariscos normalmente, ele precisa ensinar-lhes sobre essa nova fonte de alimento. Para isso, esmaga um marisco parcialmente e dá para o polvo. Mais tarde, quando der ao polvo um marisco inteiro, o polvo saberá que aquilo é comida, mas não como abordá-la. Então tentará métodos de todo tipo, perfurando a concha e lascando as bordas com o bico, manipulando-a de todos os jeitos possíveis... e afinal aprenderá que sua força pura é suficiente: se tentar o bastante, conseguirá abrir a concha.

Esse estilo de caça e coleta dá uma boa ideia desse curioso lado exploratório da psique do polvo, em especial seu envolvimento com objetos novos. Este fator se aplica mais aos polvos do que aos chocos e lulas, que se dispõem a manipulações menos complicadas de seu alimento. Alguns chocos têm cérebros muito grandes — talvez até maiores que os polvos, considerando a fração do corpo que representam. Ainda é um fato bem misterioso, pois pouco se sabe sobre o que o choco consegue fazer.

Embora os polvos não sejam muito sociáveis, no sentido comum do termo — aquele que envolve passar muito tempo com outros polvos —, seu envolvimento com outros animais, como predador ou como presa, não deixa de ser social. Essas situações exigem frequentemente que as ações do animal estejam sintonizadas com as ações e perspectivas de outro, inclusive com aquilo que o outro pode ver e o que é provável que faça. As exigências de uma "vida social" entre seres da mesma espécie têm similaridades com as demandas de alguns tipos de caça — e de evitar ser caçado.[33]

Essas características do estilo de vida do polvo são, provavelmente, parte da história que está por trás de seu sistema nervoso grande. Quero apresentar agora outra ideia a ser considerada também. No capítulo 2, comparei as visões sensório-motora e modeladora de ação da evolução dos sistemas nervosos. A abordagem modeladora de ação é menos familiar, e, historicamente, desenvolvê-la exigiu bastante esforço. A ideia central é que, em vez de uma mediação entre o input sensorial e o output comportamental, o primeiro sistema nervoso surgiu para solucionar o problema exclusivo da coordenação dentro do organismo — a questão de como transformar as microações das partes do corpo nas macroações do todo.

O corpo do cefalópode, e o corpo do polvo em especial, é um objeto único, no que diz respeito a essas demandas. Quando parte do "pé" do molusco diferenciou-se em uma massa de tentáculos, sem articulações e sem concha, o resultado foi um órgão muito desajeitado de controlar. Mas, também, algo que poderia ser imensamente *útil*, caso fosse controlado. A perda quase total das partes duras do polvo trouxe tanto desafios quanto oportunidades. Uma vasta gama de movimentos tornou-se possível, mas isso tinha de ser organizado, tinha de se tornar coerente. Os polvos não lidaram com esse desafio impondo uma governança centralizada ao corpo; em vez disso, desenvolveram uma mistura de controle local e central. Pode-se dizer que o polvo transformou cada braço em um ator em escala intermediária. Mas ele também impõe uma ordem, de cima para baixo, ao enorme e complexo sistema que é seu corpo.

As exigências da coordenação pura, que devem ter sido importantes no início da evolução dos sistemas nervosos, também assumem um papel ulterior. Podem ter sido responsáveis por boa parte da multiplicação dos neurônios no polvo; esses neurônios foram necessários só para tornar o corpo controlável.

Embora o *tamanho* do sistema nervoso possa ser explicado pela necessidade de resolver o problema da coordenação, ele não explica o comportamento inteligente e adaptável do polvo. Um animal coordenado poderia ser também bem pouco inventivo. Para chegar a uma abordagem mais completa do polvo, poderíamos, então, combinar as ideias sobre a modelação da ação com as ideias sobre coleta e caça que tomei emprestadas de Gibson há pouco; essas ideias explicariam a inventividade, a curiosidade e a acuidade sensorial do animal. Ou a história poderia, mais tendenciosamente, ser assim: um sistema nervoso grande evolui para lidar com a coordenação do corpo, mas o resultado é de tal complexidade neurológica que, posteriormente, outras aptidões surgem como subprodutos — ou acréscimos relativamente fáceis — daquilo que as demandas da modelação de ação construíram. Eu disse "ou" — subprodutos *ou* acréscimos —, mas, decididamente, é um caso de "e/ou". Algumas capacidades — reconhecer um indivíduo, por exemplo — podem ser subprodutos, enquanto outras — resolver problemas — resultam da modificação evolucionária do cérebro em resposta ao estilo oportunista de vida do polvo.

Neste cenário, os neurônios começam a se multiplicar para atender às exigências do corpo; então, algum tempo depois, um polvo acorda com um cérebro que tem capacidade de fazer mais coisas. Certamente, *alguns* de seus comportamentos impressionantes parecem ser fortuitos, de um ponto de vista evolucionário. Lembre-se de novo daqueles comportamentos surpreendentes no cativeiro, a traquinagem e a astúcia, o envolvimento com os humanos. O polvo é dotado, aparentemente, de uma espécie de excedente mental.

Convergência e divergência

Já descrevi como a história primeva dos animais, até onde a conhecemos, levou a uma bifurcação, com um caminho avançando até os cordados, como nós, o outro levando aos cefalópodes, inclusive o polvo. Vamos fazer um balanço e comparar o que surgiu ao longo das duas linhas evolucionárias.

A semelhança mais dramática são os olhos. Nosso ancestral comum pode ter tido um par de ocelos, mas não eram nada parecidos com os nossos olhos. Os vertebrados e os cefalópodes desenvolveram, separadamente, olhos "câmera", com uma lente que projeta uma imagem na retina.[34] Também se veem nos dois lados capacidades de aprendizagem de vários tipos. Um aprendizado baseado em recompensa e punição, que registra o que funciona e não funciona, parece ter sido inventado várias vezes, de forma independente, ao longo da evolução.[35] Se ele já estava presente no ancestral comum a humanos e polvos, foi muito aprimorado ao longo das duas linhas. Há também semelhanças psicológicas mais sutis. Nos polvos, como nós, parece haver uma distinção entre memória de curto e de longo prazo. Eles brincam com objetos novos que não são alimento e, aparentemente, não têm utilidade. Parecem ter algo parecido com o sono. Os chocos parecem ter uma forma de sono com movimento rápido dos olhos (REM, na sigla em inglês), a fase do sono na qual nós sonhamos.[36] (Ainda não está claro se os polvos têm sono REM.)

Outras semelhanças são mais abstratas, como o envolvimento com indivíduos, inclusive a aptidão de reconhecer determinados humanos. Nosso ancestral comum com certeza não conseguia fazer nada parecido. (É difícil imaginar o que aquela criatura pequena e simples achava que seu mundo continha.) Essa aptidão faz sentido em animais que são sociais ou monógamos, mas os polvos não são monógamos, têm vidas sexuais aleatórias e não parecem ser muito sociáveis. Há aqui uma lição sobre as formas como os animais inteligentes lidam com as coisas de seu mundo. Eles marcam os objetos para poder reidentificá-los apesar das mudanças contínuas na forma como esses objetos se apresentam. Considero isso uma característica impressionante da mente do polvo — impressionante no que tem de familiar, de semelhante à nossa.

Algumas características mostram uma mistura de semelhança e diferença, convergência e divergência. Temos corações, os polvos também. Mas o polvo tem *três* corações, e não um. Seus corações bombeiam um sangue azul-esverdeado, pois eles usam a molécula de cobre para transportar oxigênio, em vez do ferro, que faz nosso sangue ser vermelho. E há, é claro, o sistema nervoso — grande como o nosso, mas construído de acordo com um projeto diferente, com um conjunto diferente de relações entre corpo e cérebro.

O polvo às vezes é citado como uma boa ilustração da importância de um movimento teórico na psicologia conhecido como *cognição incorporada*. Essas ideias não foram desenvolvidas para serem aplicadas aos polvos, mas aos animais em geral, inclusive nós mesmos; e essa visão também foi influenciada pela robótica. Uma ideia central é a de que nosso próprio corpo, e não nosso cérebro, é responsável por parte da "inteligência" com que lidamos com o mundo.[37] A própria estrutura de nosso corpo codifica informações sobre o entorno e como temos de lidar com ele; assim, nem toda informação precisa ser armazenada no cérebro. As juntas e os ângulos de nossos membros, por exemplo, é que fazem surgir, naturalmente, movimentos como caminhar. Saber como andar é, em parte, uma questão de ter o corpo certo. Como dizem Hillel Chiel e Randall Beer, a estrutura do corpo de um animal cria tanto *restrições* quanto *oportunidades*, que orientam sua ação.

Alguns pesquisadores de polvos têm sido influenciados por esta maneira de pensar, especialmente Benny Hochner. Hochner acredita que essas ideias podem nos ajudar a captar e compreender as diferenças entre polvos e humanos. Os polvos têm uma *corporificação*, ou estrutura corporal, *diferente*, e isso se reflete em seu tipo diferente de psicologia.

Concordo com este último argumento. Mas as doutrinas do movimento de cognição incorporada não se encaixam bem no estranho modo de ser dos polvos. Os defensores da cognição incorporada dizem com frequência que a forma e a organização do corpo codificam a informação. Mas isso exige que o corpo *tenha* uma forma, e o polvo tem menos forma fixa do que outros animais.[38] O mesmo indivíduo pode ficar ereto, apoiado nos braços, espremer-se por um orifício pouco maior que seu olho, tornar-se um míssil em linha reta ou se dobrar e encolher para caber num frasco. Quando defensores da cognição incorporada como Chiel e Beer dão exemplos de como os corpos oferecem recursos para a ação inteligente, eles mencionam as distâncias entre partes de um corpo (que ajudam na percepção) e as localizações e os ângulos das articulações. O corpo do polvo não tem nada disso — nem distâncias fixas entre as partes, nem articulações, nem ângulos naturais. Além disso, a diferença relevante, no caso do polvo, não é entre corpo e cérebro — o contraste que costuma ser enfatizado nas discussões da cognição incorporada. No polvo, o sistema nervoso como um todo é um objeto mais relevante do que o cérebro: não está claro onde o cérebro começa e onde acaba, e o sistema nervoso percorre o corpo todo.[39] O polvo está impregnado de nervosidade; seu corpo não é algo *separado* que é controlado pelo cérebro ou pelo sistema nervoso.

Na verdade, o polvo tem uma corporificação diferente, mas tão inusual que não é compatível com qualquer conceito padrão sobre esse aspecto. O debate mais comum é entre aqueles que consideram o cérebro um CEO todo-poderoso e aqueles que enfatizam a inteligência armazenada no próprio corpo. Ambos os conceitos apoiam-se na distinção entre conhecimento baseado no cérebro e conhecimento baseado no corpo. O polvo está fora dessas duas visões costumeiras. Sua estrutura corporal *o impede* de fazer o tipo de coisa que comumente é enfatizado nas teorias da cognição incorporada. O polvo, em certo sentido, é *desincorporado*. Esta palavra faz com que ele pareça imaterial, o que, obviamente, não é minha intenção. Ele tem um corpo e é um objeto material. Mas o corpo, em si, é multiforme, todo possibilidade; não tem nenhum dos custos e dos ganhos de um corpo que impõe limites e que leva à ação. O polvo vive fora da divisão usual entre corpo e cérebro.

4.
Do ruído branco à consciência

Como é isso

Como é ser polvo? Ser água-viva? Será que há alguma sensação disso? Quais foram os *primeiros* animais que tiveram alguma sensação de sua própria vida?

No começo deste livro citei o argumento de William James em defesa da "continuidade" em nossa compreensão da mente. As formas elaboradas de experiência encontradas em nós derivam de formas mais simples, de outros organismos. A consciência, diz James, certamente não *irrompeu* no universo de repente, totalmente formada. A história da vida é uma história de zonas intermediárias, cheias de sombra, cinzentas. Muito do que diz respeito à mente presta-se a esse tipo de tratamento. Percepção, ação, memória — tudo isso se arrasta para a existência a partir de precursores e de casos parciais. Suponha que alguém pergunte: as bactérias *realmente* percebem seu entorno? As abelhas realmente *lembram-se* do que aconteceu? Não são perguntas que tenham respostas boas, do tipo sim ou não. Há uma transição suave de tipos mínimos de sensibilidade em relação ao mundo para tipos mais elaborados, e não temos razão para pensar em termos de mudanças abruptas.

Em relação à memória, à percepção etc., essa atitude gradualista faz muito sentido. Mas o outro lado da moeda é a experiência subjetiva, a sensação que temos de nossa vida. Muitos anos atrás, Thomas Nagel usou a frase "como seria isso?"

na tentativa de chamar nossa atenção para o mistério apresentado pela experiência subjetiva.[1] Ele perguntou: Como seria ser um morcego? Provavelmente seria como *alguma coisa*, mas muito diferente de como é ser humano. O termo "como" é enganoso aqui, por sugerir que o problema refere-se a questões de comparação e semelhança — *esta* sensação é como *aquela* sensação. A questão não é de semelhança. É, sim, que *há uma sensação* para boa parte do que acontece na vida humana. Despertar, olhar para o céu, comer — cada uma dessas coisas tem sua sensação. É isso que precisamos compreender. Mas quando adotamos uma perspectiva evolucionária e gradualista, somos levados a lugares estranhos. Como é que o fato de sentir a vida como alguma coisa começa, lentamente, a se manifestar? Como um animal pode estar a meio caminho de ter a sensação de ser aquele animal?

Evolução da experiência

Meu objetivo, aqui, é avançar na abordagem desses problemas. Não tenho a pretensão de resolvê-los totalmente, mas de chegar mais perto da meta que James estabeleceu.[2] Vou configurar o tema da seguinte maneira. A *experiência subjetiva* — o fato de sentirmos a vida como alguma coisa — é o fenômeno mais básico que precisamos explicar.[3] Hoje em dia, às vezes as pessoas referem-se a isso como se fosse uma questão de explicar a *consciência*; tratam experiência subjetiva e consciência como a mesma coisa. Em vez disso, considero a consciência uma das formas de experiência subjetiva, mas não a única. Para ter um exemplo do que cria essa distinção, veja o caso da dor. Eu me pergunto se uma lula sente dor, se as lagostas e as abelhas sentem dor. Para mim, essa pergunta significa: a perda causa alguma sensação à lula? Ela se sente *mal* por isso? Hoje em dia, essa pergunta seria frequentemente expressa como uma questão de as lulas serem conscientes ou não. Isso sempre me soou enganoso, como se estivéssemos pedindo demais à lula. Para usar um termo mais antigo, se ser lula ou polvo é uma sensação, eles são seres *sencientes*. A senciência vem antes da consciência. De onde vem a senciência?

Não é uma substância etérea que, de algum modo, é acrescentada ao mundo físico, como pensam os *dualistas*. Tampouco é algo onipresente em toda a natureza, como acreditam os *panpsíquicos*.[4] A senciência passa a existir, de algum modo, a partir da evolução do sentir e do agir; ela implica ser um sistema vivo com um ponto de vista sobre o mundo em volta. Quando adotamos essa abordagem, porém, nos assalta imediatamente uma perplexidade: o fato de essa capacidade estar tão disseminada, sendo encontrada até muito longe dos organismos que supomos usualmente ter algum tipo de experiência. Até mesmo a bactéria sente o mundo e age, como vimos no capítulo 2. Podemos admitir como fato que respostas a estímulos, e o fluxo controlado de substâncias químicas através de fronteiras, sejam uma parte elementar da própria vida. A menos que se conclua que todas as coisas vivas têm um mínimo de experiência subjetiva — uma visão que não considero insana, mas que certamente precisaria de muita defesa —, tem de haver alguma coisa no modo como os *animais* lidam com o mundo que faz uma diferença crucial.

Um modo de tratar dessa questão seria simplesmente falando da complexidade dos diferentes tipos de organismos e de suas interações com o mundo. Mas há muitos tipos de complexidade, e queremos algo mais específico. Examinarei agora um desses fatores — algo que tenho certeza que é parte da história, embora não seja fácil ver onde se encaixa, exatamente. Na evolução animal, em paralelo à elaboração específica do sentir e do agir, acontece a evolução de novos tipos de conexão entre essas atividades, em especial conexões que formam ciclos, que envolvem feedback.

Para um organismo como você e eu, aqui vão alguns fatos familiares. O que você fará a seguir é influenciado por aquilo que está sentindo agora; além disso, o que você *sentirá* a seguir será afetado pelo que você *está fazendo* agora. Você está lendo, vira a página, e a ação de virar a página afeta o que você vê. Sentir e agir, um afeta o outro. Sabemos disso explicitamente, e podemos falar disso, mas esse entrelaçamento também afeta, de maneiras mais fundamentais, a sensação que temos das coisas, num sentido muito rudimentar de "sentir".

Considere o caso dos sistemas táteis de substituição da visão (TVSS, na sigla em inglês), uma tecnologia para cegos.[5] Uma câmera de vídeo é acoplada a uma almofada disposta sobre a pele da pessoa cega (em suas costas, por exemplo). As imagens ópticas captadas pela câmera são transformadas numa forma de energia (vibrações ou estímulos elétricos) que pode ser sentida na pele. Depois de algum treinamento com esse dispositivo, os usários começam a relatar que a câmera lhes proporciona a experiência de *objetos situados no espaço*, e não apenas um padrão de toques na pele. Se você estiver usando esse sistema e um cão passar na sua frente, por exemplo, o sistema de vídeo vai produzir um padrão de movimento em forma de pressões e vibrações em suas costas. Em certas circunstâncias, porém, isso não será sentido como vibrações em suas costas; em vez disso, você terá a experiência de um objeto que se move à sua frente. Isso só acontece, no entanto, quando o usuário pode *controlar a câmera*, agindo e influenciando o fluxo de estímulos que está recebendo. Quem está usando o dispositivo deve poder aproximar a câmera, mudar seu ângulo etc. Uma maneira simples de fazer isso é acoplar a câmera ao corpo da pessoa. Então, ela será capaz de fazer objetos aparecerem, entrarem e saírem do campo visual. Aqui, a experiência subjetiva está intimamente ligada à interação entre input sensorial e comportamento. O feedback momento a momento entre sentir e agir afeta a sensação do próprio input sensorial.

Embora a ideia de que nossas ações afetam aquilo que percebemos pareça rotineira e familiar, por muitos séculos os filósofos não a trataram como algo especialmente importante. Na filosofia, este é o território das heterodoxias, dos trabalhos que correm em paralelo, e não em meio às principais ideias em desenvolvimento. Isso vale até mesmo para anos recentes. Em lugar disso, uma enorme quantidade de trabalhos tratou de um *segmento* pequeno do quadro total; tratou da conexão entre o que os sentidos captam e os pensamentos e crenças que resultam disso. Em geral, pouco se falou sobre a conexão com a ação, e menos ainda sobre o modo como a ação afeta o que sentimos a seguir.

Alguns filósofos sempre desgostaram dessa obsessão pelo input sensorial, pela receptividade, que vemos em teorias sobre a mente. Sua reação, porém, foi rejeitar completamente a importância do input e tentar contar uma história sobre o organismo autodeterminante, sobre o sujeito como *fonte* que se impõe ao mundo.[6] É um exagero na direção oposta, como se os filósofos só fossem capazes de se concentrar em um aspecto por vez. É uma grande conquista, aparentemente não muito fácil, aceitar que existe um *trânsito*, um ir e vir.

Na experiência cotidiana há dois arcos causais. Existe o arco sensório-motor, que conecta nossos sentidos a nossas ações, e também um arco *motor-sensorial*. Por que virar a página? Porque fazer isso influencia o que você verá em seguida. O segundo arco não é tão rigorosamente controlado quanto o primeiro, porque ele se estende ao espaço público, externo, e não permanece no interior, dentro da pele. Quando você vira a página, talvez alguém venha e agarre o livro, ou você. Os percursos de sensorial a motor e de motor a sensorial não estão pareados. Mas o parceiro júnior negligenciado, o efeito da ação no que sentimos a seguir, é certamente importante. Ele é, afinal, o *porquê* de fazermos grande parte do que fazemos: controlar o que nossos sentidos encontrarão.

Os filósofos frequentemente usam a metáfora de um *fluxo* de experiência. A experiência, eles dizem, é algo como um rio no qual estamos imersos. Essa imagem, no entanto, é bastante enganosa, já que o fluir de um rio está quase completamente fora de nosso controle. Podemos mudar nossa localização no rio nadando de um ponto para outro, e isso nos propicia algum controle sobre o que vamos encontrar. Mas, na vida real, geralmente podemos fazer muito mais do que isso; podemos reconfigurar as próprias coisas com as quais interagimos. Já os rios resistem a esses esforços quando estamos sozinhos dentro deles.

O que você sentirá a seguir tem duas fontes: o que você acabou de fazer e ao que o mundo maior por trás de você está propenso. O formato completo dessas relações de causa e efeito[7] tem o seguinte aspecto:

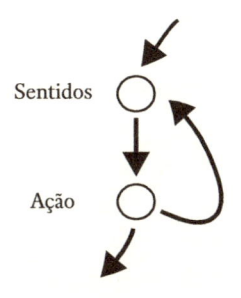

Duas setas apontam para os sentidos. Elas desempenham papéis diferentes em contextos diferentes e, às vezes, uma é mais importante que a outra, mas quase sempre as duas estão presentes.

Os loops que conectam as ações de volta aos sentidos não ocorrem apenas em nós. Estão presentes também em formas de vida muito simples. Mas tornam-se mais marcantes nos animais, especialmente porque eles são capazes de *fazer* mais coisas. A evolução do músculo, a partir de elementos fibrosos minúsculos no interior das células, criou um novo meio pelo qual a vida põe sua marca no mundo. Todas as coisas vivas afetam seu entorno, fazendo e transformando substâncias químicas, e também crescendo e, às vezes, se movimentando, mas é seu músculo que dá origem à ação rápida, coerente, em grande escala espacial. Ele torna possível *manipular* os objetos, transformar, de forma deliberada e rápida, aquilo que está à nossa volta.

A evolução dos animais é afetada de várias maneiras por esses percursos causais em forma de loop. Frequentemente os loops criam um *problema* quando o animal tenta entender o que está acontecendo em volta dele. Alguns peixes, por exemplo, emitem impulsos elétricos para se comunicar com outros peixes, e também percebem sinais elétricos da presença de outras coisas à sua volta.[8] Contudo, os impulsos que produzem afetam seus próprios sentidos, e pode ser difícil para o peixe distinguir os impulsos que ele mesmo criou de distúrbios elétricos causados por fatores externos. Para lidar com esse problema, sempre que um peixe emite um impulso ele também envia uma *cópia* do comando ao seu sistema sensorial, o que permite ao sistema anular o efeito do impulso que ele produziu. O peixe está rastreando e registrando a diferença entre "próprio" e "alheio", entre os efeitos de suas próprias ações em seus sentidos e os efeitos de eventos que ocorrem à sua volta.

Os animais nem precisam enviar impulsos elétricos para ter este problema. Como observa o neurocientista sueco Björn Merker, ele decorre do mero fato de conseguirem se movimentar.[9] Uma minhoca recua quando algo a toca — o toque pode ser uma ameaça. Porém, toda vez que a minhoca rasteja para avançar, partes de seu corpo são tocadas da mesma maneira. Se ela recuasse a cada toque, jamais poderia mover-se. Para conseguir seguir em frente, o verme cancela os efeitos desses toques autoproduzidos.

Em todos os organismos há uma distinção entre o mundo próprio e o exterior, mesmo quando somente espectadores externos conseguem ver isso. Todos os organismos afetam também o mundo exterior a eles, quer tenham registro desse fato ou não. Muitos animais, no entanto, adquirem seu próprio vislumbre, seu próprio registro disso, porque, caso contrário, seria muito difícil agir. As plantas, por sua vez, têm sentidos muito ricos, mas não se movimentam. As bactérias movimentam-se, mas seus sentidos simples não ameaçam confundi-las, como no caso da minhoca de Merker.

Também podemos ver essa interação entre percepção e ação naquilo que os psicólogos chamam de *constâncias perceptuais*.[10] Para nós, um objeto pode continuar a ser reconhecível como aquele mesmo objeto quando nosso ponto de vista em relação a ele muda. Quando você se aproxima ou se afasta de uma cadeira, ela em geral não parece crescer, encolher ou se mover, porque você compensa tacitamente as mudanças na aparência dela que decorrem da sua ação, além de algumas que não se devem a você, como alterações nas condições de iluminação, e assim por diante. As constâncias perceptuais são vistas num espectro razoavelmente grande de animais, inclusive polvos e algumas aranhas, assim como em vertebrados. Essa aptidão provavelmente evoluiu de maneira independente em vários grupos diferentes.

Outro percurso na evolução da experiência levou à *integração*. À medida que os fluxos de informação chegam pelos diferentes sentidos, eles são reunidos num quadro único. Isso ocorre vividamente em nosso próprio caso; percebemos o mundo de um modo que liga o que vemos ao que ouvimos e tocamos. Nossa experiência é, normalmente, a de uma cena unificada.

Isso parece ser inevitável, uma consequência de ter olhos e ouvidos conectados ao mesmo cérebro, mas não é. É só uma forma de estar conectado ao mundo, e alguns animais não chegam nem perto de integrar sua experiência como nós. Em muitos animais, por exemplo, os olhos estão cada um de um lado da cabeça, e não na parte frontal. Os olhos têm, então, campos visuais separados, em grande parte ou totalmente, e cada um se liga a apenas um lado do cérebro. Num animal assim, é fácil para os cientistas controlar o que está exposto de cada lado, tapando um dos olhos. Pode-se então fazer uma pergunta que aparentemente poderia ter uma resposta óbvia: se mostrarmos algo a apenas uma metade do cérebro, o outro lado também obterá a informação? Não estamos falando de animais lesionados ou alterados e, assim, os dois lados do cérebro têm todas as suas conexões naturais. Poderíamos achar que a informação deve chegar ao outro lado. Por que a evolução organizaria a coisa de modo que só metade do animal saiba o que viu? Mas quando essa questão foi estudada em pombos, constatou-se que a informação *não* era passada para o outro lado.[11] Os pombos foram treinados para realizar uma tarefa simples com um olho tapado, e depois cada pombo foi testado na mesma tarefa, mas forçado a usar o outro olho. Num estudo com nove pombos, oito não demonstraram ter havido qualquer "transferência interocular". O que parecia ser uma aptidão aprendida pela ave inteira, na verdade, só estava disponível para metade dela; a outra não tinha a menor ideia.

Esses experimentos também foram feitos com polvos. Um polvo treinado para realizar uma tarefa visual usando só um olho no início apenas se lembrava de como realizá-la quando era testado com o mesmo olho. Com mais treinamento, os polvos eram capazes de realizar a tarefa usando o outro olho. Os polvos diferiam dos pombos pelo fato de que alguma informação passava para o outro lado; e diferiam de nós porque ela não passava com facilidade. Em anos mais recentes, pesquisadores de animais como Giorgio Vallortigara, da Universidade de Trieste, revelaram umas tantas "fissuras" similares no processamento de informações relacionadas à separação entre as duas metades do cérebro.[12] Diversas espécies parecem ser mais reativas a predadores que são vistos no lado esquerdo de seu campo visual. Vários tipos de peixe, e até mesmo de girinos, parecem preferir posicionar-se de modo que a imagem de outro indivíduo da mesma espécie esteja em seu lado esquerdo.

Por outro lado, quando o objetivo é detectar alimento, vários animais têm percepção melhor no lado direito.

Essa especialização parece ter desvantagens claras, deixando o animal vulnerável a ataques por um dos lados, ou menos apto a achar alimento com o outro. Vallortigara e outros acreditam, no entanto, que isso pode ser bom. Se tarefas diferentes exigem tipos diferentes de processamento, talvez seja melhor ter um cérebro com lados especializados em tarefas distintas, e não unidos muito estreitamente.

Essas descobertas lembram experimentos com humanos com "cérebro dividido".[13] Em casos graves de epilepsia, às vezes é possível ajudar o paciente cortando o *corpus callosum*, que conecta os hemisférios esquerdo e direito da parte superior do cérebro humano. Após essas operações, as pessoas tendem a se comportar de forma razoavelmente normal, e levou algum tempo até que os pesquisadores notassem qualquer anomalia. Mas se as duas metades do cérebro de um paciente assim são expostas separadamente a estímulos diferentes, muitas vezes surge uma cisão dramática. A operação parece ter feito surgir dois "eus" inteligentes, com experiências e aptidões diferentes, num único crânio. O lado esquerdo do cérebro em geral controla a linguagem (embora nem sempre) e, quando se conversa com um paciente com o cérebro dividido, é o lado esquerdo que responde. Embora normalmente o lado direito não seja capaz de falar, ele controla a mão esquerda. Assim, consegue escolher objetos pelo tato e desenhar figuras. Em vários experimentos, imagens diferentes são apresentadas a cada lado do cérebro. Ao se perguntar à pessoa o que ela viu, sua resposta verbal corresponderá ao que foi mostrado ao lado esquerdo do cérebro, mas o lado direito — controlando a mão esquerda — pode discordar. O tipo específico de fragmentação mental que se observa em humanos com o cérebro dividido parece ser parte rotineira da vida de muitos animais.

Parece que os animais têm uma diversidade de maneiras de lidar com essa situação. No caso das aves, a informação visual que chega pode ser ainda mais fragmentada do que nos experimentos em que um olho é tapado, como descrevi antes. Em aves como os pombos, cada retina tem dois "campos" diferentes, o campo amarelo e o campo vermelho. O campo vermelho enxerga uma pequena área à frente da ave, na qual tem visão binocular, e o campo amarelo enxerga uma área maior, que o outro olho não consegue acessar. Os pombos não fracassaram apenas em transmitir informação entre os olhos; eles também saem-se muito mal ao transferi-la entre regiões diferentes do *mesmo* olho. Isso pode explicar alguns comportamentos característicos das aves. Marian Dawkins realizou um experimento simples mostrando um objeto novo (um martelo vermelho de brinquedo) a galinhas, que foram liberadas para se aproximar e inspecioná-lo.[14] Ela descobriu que as galinhas se aproximavam em zigue-zague, o que parecia ser uma forma de garantir que partes diferentes de cada olho tivessem acesso ao objeto. Aparentemente, é uma forma de fazer com que o cérebro inteiro tenha acesso ao objeto. O olhar em zigue-zague da ave é uma técnica que se destina a distribuir a informação que chega.

Até certo ponto, a unidade é inevitável em um agente vivo: um animal é um todo, um objeto físico que se mantém vivo. Em outros aspectos, porém, a unidade é opcional, uma conquista, uma invenção. Reunir a experiência em um dado único — mesmo as visões de dois olhos — é algo que a evolução pode fazer ou não.

Retardatário versus transformação

A história que estou desfiando é a história de uma mudança gradual: à medida que, ao longo do caminho, sentir, agir e lembrar tornam-se mais elaborados, o sentido da experiência ganha complexidade. Nosso próprio caso demonstra que a experiência subjetiva não é uma questão de tudo ou nada. Conhecemos estados de semiconsciência de vários tipos, como o despertar do sono. A evolução envolve um despertar em uma escala de tempo diferente.[15]

Mas talvez tudo isso seja um erro. Um desenvolvimento gradual da subjetividade a partir de formas simples e primevas é uma possibilidade, mas talvez as melhores evidências que tenhamos deponham contra isso — evidências que vêm de nosso próprio cérebro.

Um caminho que leva a essa visão começa com um acidente, um caso de envenenamento por monóxido de carbono causado por um aquecedor de chuveiro defeituoso em 1988, e que levou uma mulher conhecida apenas como "DF" a sofrer danos cerebrais. Em consequência do acidente, DF ficou quase cega. Perdeu toda a percepção de formas e da disposição dos objetos em seu campo de visão. Restaram apenas manchas vagas de cor. Apesar disso, constatou-se que ela ainda era capaz de *interagir* de modo bastante eficiente com os objetos no espaço à sua volta. Por exemplo, era capaz de inserir uma carta em uma fenda que era posicionada em vários ângulos diferentes. Mas não conseguia descrever esses ângulos nem indicar a fenda apontando para ela. Até onde vai a experiência subjetiva, ela era totalmente incapaz de enxergar a fenda, mas continuava inserindo as cartas nela infalivelmente.

DF foi estudada em profundidade pelos cientistas da visão David Milner e Melvyn Goodale.[16] Ligando seu caso com outros tipos de dano cerebral e com um trabalho mais antigo sobre anatomia, Milner e Goodale conceberam uma teoria sobre o que acontece — conosco, assim como em casos especiais como o de DF. Alegaram que existem dois "fluxos" pelos quais a informação visual se move pelo cérebro. O *fluxo ventral*, que atravessa a porção inferior do cérebro, diz respeito a categorização, reconhecimento e descrição de objetos. O *curso ventral*, mais alto, próximo do topo da cabeça, se relaciona à navegação pelo espaço em tempo real (evitar obstáculos ao caminhar, enfiar a carta na abertura). Milner e Goodale alegam que nossa experiência subjetiva da visão, nossa percepção do mundo visual, vem apenas do fluxo ventral. O curso dorsal opera de forma inconsciente, tanto em DF quanto em nós. Depois do acidente, DF perdeu seu fluxo ventral, e por isso sentia-se quase cega — mesmo sendo capaz de contornar os obstáculos à sua frente.

Uma interpretação simples desses casos sustenta que o fluxo ventral é requisito para termos qualquer experiência do que nos chega pelos olhos. Talvez isso seja simplificar demais. É provável que essa visão de fluxo dorsal produza em nós alguma sensação, embora não exatamente a de enxergar. Os detalhes desses dois "fluxos" importam menos do que a surpresa maior que deriva desse trabalho. E que é o fato de que o complexo processamento da informação visual — que percorre todo o trajeto dos olhos, pelo cérebro, até as pernas e mãos — pode ocorrer sem que o sujeito experimente a sensação de *estar enxergando*. Milner e Goodale relacionam este achado àquilo que descrevi há pouco como a integração da informação sensorial. Para eles, a atividade cerebral que leva à experiência visual é a construção de um "modelo interior" coerente de mundo. Decerto é razoável supor que a construção de um modelo integrado desse tipo tenha efeitos na experiência subjetiva. Mas então não existiria experiência subjetiva alguma sem esse modelo?

Milner e Goodale mencionam vários animais que têm uma percepção de mundo menos integrada do que a nossa. Na década de 1960, David Ingle reconectou o sistema nervoso de alguns sapos de forma cirúrgica (ajudado pelo fato de que o sistema nervoso dos sapos em geral se regenera bem).[17] Cruzando algumas conexões no cérebro, ele conseguiu produzir um sapo que tentava capturar uma presa à sua esquerda quando, na verdade, ela estava à sua direita, e vice-versa. A reconexão de parte do sistema visual, porém, não afetou todo o comportamento visual dos sapos. Eles se comportavam normalmente quando estavam utilizando a visão para contornar uma barreira. Comportavam-se como se algumas partes do mundo visual estivessem invertidas e outras, normais. Eis o comentário de Milner e Goodale:

> O que esses sapos reconectados "veem", então? Não existe uma resposta sensata para isso. A pergunta só faz sentido se você acredita que o cérebro tem uma única representação visual do mundo exterior, e que ela governa a totalidade do comportamento animal. Os experimentos de Ingle revelam que isso não pode ser verdade.

Se você aceita que o sapo não tem uma representação unificada do mundo mas, em vez disso, alguns fluxos separados, que lidam com tipos diferentes de percepção e de sensação, não é preciso perguntar o que o sapo vê: nas palavras de Milner e Goodale, "o enigma desaparece".

Talvez um enigma desapareça, mas surge outro. Como é se sentir um sapo que percebe o mundo nessa situação? Creio que Milner e Goodale estão sugerindo que não há sensação *nenhuma*. Não há experiência aqui, porque o maquinário da visão não está fazendo, no sapo, o mesmo tipo de coisa que faz em nós, e que dá origem à experiência subjetiva.

Os comentários de Milner e Goodale ilustram, de certa forma, uma ideia aceita hoje por muita gente que trabalha nessa área. Os sentidos podem fazer seu trabalho básico, e ações podem ser produzidas, com tudo isso acontecendo "em silêncio", no que toca à experiência vivida pelo organismo. Então, em algum estágio na evolução, surgem capacidades extras que dão origem à experiência subjetiva; os fluxos sensoriais se reúnem, surge um "modelo interior" do mundo e há o reconhecimento do tempo e do "eu".

Segundo essa visão, o que experimentamos *é* este modelo interior do mundo produzido e sustentado por atividades complexas em nós. As sensações começam *aí* — ou, pelo menos, começam a se infiltrar na existência quando essas capacidades se infiltram na existência — no cérebro de macacos e primatas, golfinhos, talvez outros mamíferos e algumas aves. Quando achamos que animais mais simples têm experiência subjetiva, de acordo com essa visão, estamos projetando neles uma versão mais vaga do *nosso* tipo de experiência. Isso é um erro, porque nossa experiência depende de características que eles simplesmente não têm.

Uma visão similar foi defendida também pelo neurocientista Stanislas Dehaene, cujo laboratório, nas proximidades de Paris, realizou nos últimos vinte anos um dos trabalhos mais profundos sobre esse tema.[18] Dehaene e seus colaboradores passaram anos examinando um tipo de percepção que está bem no limite da consciência — imagens que surgem e desaparecem um pouco rapidamente demais para os sujeitos se darem conta de estar vendo algo, ou que são mostradas a eles quando sua atenção está desviada, e que, mesmo assim, afetam o que eles pensam e fazem. O que acontece é que com frequência processamos a informação não experimentada de formas bastante sofisticadas. Por exemplo, sequências de palavras podem ser mostradas em *flashes* tão rápidos que a pessoa não tem ideia sequer de que algo foi mostrado a ela. Sequências com significados incongruentes, porém — como "guerra muito feliz" —, são registradas pelo cérebro, diferentemente de combinações com significados mais razoáveis, como "guerra não feliz". Poderíamos achar que distinguir entre esses significados exige um pensamento consciente, mas não é assim.

Podemos fazer muita coisa sem consciência, pensa Dehaene, mas algumas coisas, não. Não conseguimos realizar inconscientemente uma tarefa nova, que não é rotineira e que exige uma série de ações, passo a passo. Podemos aprender inconscientemente a associar experiências — aprender a esperar A ao ver B —, mas somente se B e A vierem bem juntos. Se houver uma lacuna significativa entre eles, só captaremos a associação de forma consciente. Você pode aprender a piscar ao ver uma luz seguida por uma lufada de ar irritante, mas somente se a luz e a lufada vierem quase juntas. Se houver um intervalo de um segundo, ou coisa parecida, entre a luz e a lufada, a associação não será aprendida inconscientemente. O que aprendemos nos últimos trinta anos, mais ou menos, pensa Dehaene, é que existe um *estilo* específico de processamento — que usamos para lidar sobretudo com o *tempo*, as *sequências* e a *novidade* — que traz consigo a percepção consciente, diferentemente de muitas outras atividades complexas.

Voltando à década de 1980, em uma das primeiras tentativas modernas de explicar a consciência, o neurocientista Bernard Baars introduziu a teoria do *espaço de trabalho global*. Baars sugeriu que temos consciência da informação que é trazida a um "espaço de trabalho" centralizado no cérebro.[19] Dehaene adotou e desenvolveu esse conceito. Uma família de teorias relacionadas alega que temos consciência de qualquer informação que é fornecida à *memória operacional*, um tipo especial de memória que mantém um estoque imediato de imagens, palavras e sons que devemos usar para raciocinar e acionar para resolver problemas. Jesse Prinz, meu colega na City University de Nova York, defendeu uma ideia semelhante.[20] Se você acha que, para haver experiência subjetiva, é preciso que exista um espaço de trabalho global, um tipo especial de memória ou algum outro mecanismo nessa linha, o que você está afirmando é que somente cérebros complexos, que sejam razoavelmente semelhantes ao nosso, serão capazes de gerar experiências que possam ser sentidas de alguma maneira. É provável que não se encontrem cérebros só nas pessoas, mas, talvez, apenas em mamíferos e aves. O resultado é o que chamarei de ideias de uma experiência subjetiva *retardatária*.²¹ Essas ideias não sustentam que as luzes tenham se acendido num lampejo súbito, mas, sim, que esse "despertar" aconteceu em um momento tardio da história da vida, devido a características que só são claramente visíveis em animais como nós.

Quando descrevi antes algumas dessas teorias, inclusive as teorias de Baars, Dehaene e Prinz, disse que eram teorias sobre o "estado da consciência" ou "conscienciosidade". Empreguei este termo porque é o termo que eles usam. Às vezes é difícil entender como essas teorias se relacionam com o que é o meu assunto, aqui: a experiência subjetiva em um sentido muito amplo. Trato a experiência subjetiva como uma categoria ampla e a consciência, como uma categoria mais restrita dentro dela — nem tudo que um animal pode *sentir* tem de ser *consciente*. Alguém poderia argumentar, portanto, que o "espaço de trabalho global" que a consciência exige não é necessário aos tipos mais básicos de experiência subjetiva. Isso não só é possível, como também me parece aproximadamente correto. Na literatura que estou descrevendo aqui, às vezes é difícil entender o que as pessoas pensam disso. Mas algumas acham que não há distinção entre consciência e experiência subjetiva; elas dizem estar oferecendo uma teoria sobre uma atividade mental que *é sentida como algo*.²²

O trabalho que inspirou a ideia da experiência retardatária levou a um grande progresso. Pessoas como Dehaene descobriram um caminho *de entrada* para o estudo da consciência humana, um tipo de trilha que parecia uma fantasia há até poucos anos. Não devemos nos apegar a um cenário alternativo só porque ele é mais generoso ou parece certo. Mas penso que é possível argumentar contra a visão retardatária, e com certeza há uma alternativa a considerar. Vou chamá-la de ideia de *transformação*. Ela supõe que alguma forma de experiência subjetiva precedeu traços mais tardios, como a memória operacional, os espaços de trabalho, a integração dos sentidos etc. Essas complexidades, quando apareceram, transformaram a sensação de ser um animal. A experiência foi reconfigurada por essas capacidades, mas não foi gerada por elas.

O melhor argumento que posso oferecer a favor dessa alternativa baseia-se no papel, em nossa vida, do que parecem ser formas antigas de experiência subjetiva, e que surgem como *intrusões* em processos mentais mais organizados e complexos. Pense na intrusão de uma dor súbita, ou do que o fisiologista Derek Denton chama de *emoções primordiais* — sentimentos que registram estados e deficiências corporais importantes, como a sede ou a sensação de falta de ar.[23] Como diz Denton, esses sentimentos têm um papel "imperioso" quando estão presentes: eles se impõem como experiência e não são fáceis de ignorar. Você acha que coisas assim (dor, falta de ar etc.) *só são sentidas como algo* por causa de um processamento cognitivo sofisticado que surgiu nos mamíferos num momento tardio da evolução? Eu duvido. Em vez disso, parece plausível que um animal possa sentir dor ou sede sem ter um "modelo interior" do mundo ou formas sofisticadas de memória.

Consideremos o caso da dor. Inicialmente, pode parecer óbvio que até os animais mais simples reagem à dor de um modo que indica o que estão sentindo, contraindo-se e contorcendo-se de mal-estar. Mas as coisas não são tão simples ou diretas. Muitas reações a danos corporais que parecem envolver dor provavelmente não a envolvem. Por exemplo, ratos com a medula espinhal seccionada e, portanto, sem canal de comunicação entre a região lesionada do corpo e o cérebro podem exibir algo do que parece ser um comportamento de dor, e até mesmo demonstrar uma forma de aprendizado em resposta ao dano. Vários atos reflexos de animais podem nos parecer ser de dor por causa da empatia que sentimos por eles. Precisamos ir além dessas meras aparências.

Felizmente, somos capazes disso. A evidência mais reveladora baseia-se em comportamentos relacionados à dor que são adaptativos demais para serem descartados como reflexos, mesmo que os animais em questão tenham cérebros diferentes do nosso e, provavelmente, não preencham os requisitos da visão "retardatária". Eis um exemplo com peixes. Primeiro, peixes-zebras foram testados para ver qual ambiente preferiam, entre dois. Depois injetou-se neles uma substância química que se supunha que causasse dor e, em alguns casos, dissolveu-se um analgésico no ambiente que não era o preferido. Os peixes passaram a preferir esse ambiente, mas apenas quando ele continha o analgésico dissolvido. Faziam uma escolha que normalmente não fariam, e a faziam numa situação em que a ideia de um *ambiente* mais doloroso ou menos doloroso seria uma novidade para eles: a evolução não poderia tê-los dotado de uma reação reflexa a essa situação.

Em um estudo similar com galinhas, aves com pés lesionados escolhiam um alimento que normalmente seria o menos preferido, desde que contivesse analgésico. Robert Elwood realizou experimentos semelhantes com caranguejos-ermitões, caranguejinhos que ocupam conchas feitas por moluscos. Os caranguejos-ermitões são artrópodes, parentes dos insetos. Elwood ministrou aos caranguejos pequenos choques elétricos e descobriu que eles podiam ser induzidos a deixar sua concha pelo choque. Mas nem sempre: ficavam mais relutantes em sair das conchas melhores do que daquelas de qualidade baixa, e precisavam levar mais choques. Também ficavam mais propensos a suportar o choque quando o odor de um predador pairava em volta e a proteção da concha tornava-se mais importante.

Testes desse tipo não sugerem que *todos* os animais sentem dor. Os insetos estão no mesmo grande grupo de animais que o caranguejo (artrópodes). Eles parecem comportar-se normalmente, na medida do que podem fisicamente, mesmo após sofrer lesões graves. Não procuram tratar ou proteger partes lesionadas do corpo, e sim continuam a fazer o que estavam fazendo. Já os caranguejos e alguns tipos de camarão tratam de suas partes lesionadas. Sim, você pode continuar duvidando que esses animais sintam alguma coisa. Mas você também pode duvidar disso sobre o seu vizinho do lado. O ceticismo sempre é possível, mas estamos realmente construindo um caso, aqui. Esses resultados de fato dão suporte à ideia de que a dor é uma forma de experiência subjetiva básica e disseminada, presente em animais com cérebros muito diferentes do nosso.

Neste cenário, existem formas de experiência subjetiva primevas e simples que mais tarde se transformam, à medida que a evolução torna os sistemas nervosos mais complexos. Com essa transformação, acrescentam-se novas capacidades — como tipos sofisticados de memória — que têm um lado subjetivo, enquanto outras, que antes contribuíam para a experiência, são empurradas para o segundo plano. Como poderíamos imaginar essas formas mais primárias? Talvez seja impossível, já que nossa imaginação está atada às nossas complicadas mentes atuais. Mas vamos tentar.

O título deste capítulo toma de empréstimo uma expressão usada em um trabalho de Simona Ginsburg e Eva Jablonka.[24] Duas cientistas israelenses trabalhando em campos diferentes dentro da biologia, elas apresentaram há algum tempo um estudo em que tentam esboçar as origens evolucionárias da experiência subjetiva. A certa altura do trabalho, elas arriscam uma descrição da experiência de um animal mais simples e distante: o *ruído branco*. Imagine isso como um zumbido parcamente diferenciável no começo de tudo.

Fico voltando a essa metáfora quando tento focar minha mente neste assunto. Isso *é* uma metáfora, e muito. É a metáfora de um som aplicada a organismos que, ao menos na maioria dos casos, provavelmente não ouviam absolutamente nada. Não sei ao certo por que essa imagem ficou comigo de forma tão persistente. De algum jeito, ela parece apontar na direção certa, com sua evocação de estalos de eletricidade metabólica, e também pelo *formato* de história que sugere. Um formato no qual a experiência começa com um zumbido incipiente e vai ficando mais organizada.

Em nosso próprio caso, olhando para dentro descobrimos que a experiência subjetiva está estreitamente associada à percepção e ao controle — usamos o que sentimos para descobrir o que fazer. Por que tem de ser assim? Por que a experiência subjetiva não pode estar associada a outras coisas? Por que não está repleta de ritmos corporais básicos, da divisão de células, da própria vida? Alguns poderiam dizer que ela *está* cheia dessas coisas — mais do que nos damos conta, ao menos. Não penso assim, e suspeito que haja uma pista aqui. A experiência subjetiva não surge do mero funcionamento do sistema, mas da modulação de seu estado, do registro das coisas que importam. Não precisam ser eventos externos; podem surgir internamente. Mas são rastreados porque importam e exigem resposta. A senciência tem uma razão de ser. Ela não é apenas uma imersão na atividade de viver.

Ginsberg e Jablonka imaginaram seu "ruído branco" como a primeira forma de experiência subjetiva. Talvez, no entanto, o ruído branco corresponda à *ausência* de experiência; ele é o que havia antes de a experiência subjetiva surgir. Talvez esta distinção leve a metáfora longe demais. Seja como for, de algum desses estados surgiram as formas mais antigas de experiência subjetiva — formas ligadas às emoções primordiais, dor e prazer, sensações que suscitam ações.

Se isso está correto, podemos tentar tirar algumas conclusões sobre os primeiros animais dotados de sistemas nervosos, que mencionamos no capítulo 2. Vamos supor que seja verdade que boa parte do trabalho realizado pelos sistemas nervosos muito incipientes era simplesmente fazer do animal uma coisa única, possibilitando a ação coordenada. As contrações padronizadas de uma medusa que nada são uma ilustração atual, e as vidas autocontroladas que podem ter sido vividas por animais ediacaranos também entram nessa categoria. Aqui, o sistema nervoso atua sobretudo para gerar e manter uma atividade, e a modulação dessa atividade é um fator de importância menor. Se for assim, talvez estas sejam formas de vida animal que não se sentiam como alguma coisa. O Cambriano — com todas as suas formas mais ricas de envolvimento com o mundo — seria então o ponto em que a experiência simples começou.[25]

Este começo não teria sido um evento único, ou mesmo um processo único e estendido que ocorreu no caminho evolucionário. Em vez disso, teria havido vários desses processos, ocorrendo paralelamente. Na época do Cambriano, muitos dos diferentes tipos de animais que tenho mencionado neste capítulo já haviam se separado uns dos outros — as ramificações provavelmente aconteceram no Ediacarano, quando tudo era mais tranquilo. No Cambriano, os vertebrados já estavam em seu caminho próprio (ou em seu próprio conjunto de caminhos), enquanto os artrópodes e os moluscos estavam em outros. Suponha que de fato os caranguejos, os polvos e os gatos tenham, todos, algum tipo de experiência subjetiva. Esse atributo teria tido, então, pelo menos três origens separadas, e talvez muito mais que três.[26]

Mais tarde, quando a maquinaria descrita por Dehaene, Baars, Milner e Goodale entrou em ação, surge uma perspectiva integrada sobre o mundo e um senso mais definido de "eu". Chegamos, então, a algo mais próximo de uma "consciência da consciência". Não vejo isso como um passo único e definido. Em vez disso, entendo "consciência" como um termo confuso e gasto, porém útil, para formas de experiência subjetiva que são unificadas e coerentes de várias maneiras. Aqui, também, é provável que experiências desse tipo surjam várias vezes, em caminhos evolucionários diferentes: do ruído branco, passando pelas antigas formas de experiência simples, até a consciência.

O caso do polvo

Voltemos agora ao polvo, nosso animal incomum e de importância histórica.[27] Como ele se encaixa nisso? Como poderia ser a *sua* experiência?

O polvo é, antes de tudo, um organismo com um sistema nervoso grande e um corpo complexo e ativo. Ele tem capacidades sensoriais ricas e capacidades de comportamento extraordinárias. Se há uma forma de experiência subjetiva que vem junto com o sentir e o agir em um sistema vivo, o polvo deve ser pródigo nela. Mas isso não é tudo. De uma forma elusiva e estranha, o polvo tem algumas das sofisticações, alguns dos passos além do básico que descrevemos neste capítulo.

Os polvos, ao menos algumas espécies deles, têm um estilo oportunista, exploratório, de interagir com o mundo. São curiosos, gostam de novidade, são versáteis no comportamento e no corpo. Essas características lembram aquilo que Stanislas Dehaene associa à consciência na vida mental humana. Como ele diz, as demandas da novidade nos ejetam da rotina inconsciente para a reflexão consciente. As explorações de um polvo às vezes se misturam com cautela e, às vezes, com uma imprudência intrigante. Observei no capítulo anterior como meu colaborador Matt Lawrence, mergulhando perto de Polvópolis, deparou com um polvo que pegou sua mão e o conduziu pelo fundo do mar, rebocando-o. Não temos ideia do que teria levado o polvo a fazer isso. Por outro lado, uma vez, quando eu estava mergulhando em outro lugar, pairava acima do leito do mar, ancorado em alguns dedos de uma mão, fotografando lesmas marinhas minúsculas. Senti que havia algo embaixo de mim, e vi que um braço solitário e esguio de polvo estendia-se lentamente em direção aos meus dedos, no fundo, a partir de uma moita de algas próxima. O polvo estava entre as algas, todo enrodilhado, a maior parte do corpo oculta, mas com um olho visível por uma abertura, estendendo um braço para fora cautelosamente enquanto observava. Era um ato de exploração, acompanhado pelo que parecia ser uma atenção muito concentrada, mantendo-me à vista enquanto o braço se estendia. Eu era um objeto novo e de importância incerta. As algas ofereciam cobertura e uma brecha para observação. Desse abrigo, um braço era enviado para inspecionar, talvez provar.

Um pouco antes, mencionei as *constâncias perceptuais*. São aptidões que um animal tem para reidentificar objetos, a despeito de mudanças nas condições de observação — distância, luz etc. O animal tem de descontar o efeito da sua posição e da sua perspectiva para identificar o objeto em si mesmo. Psicólogos e filósofos frequentemente associam essa aptidão com formas de percepção sofisticadas (em oposição a rudimentares). As constâncias perceptuais demonstram que um animal percebe objetos externos *como* objetos externos — objetos que podem permanecer iguais quando o ponto de vista do animal muda. Num antigo experimento de 1956, alguns polvos foram ensinados a se aproximar de determinadas formas e a evitar outras.[28] Em alguns experimentos, a diferença relevante era entre formas quadradas grandes e pequenas. O polvo ficava num tanque, na outra extremidade eram inseridos quadrados, e o polvo tinha de se aproximar de alguns (para ter uma recompensa) e não se aproximar de outros (ou seria punido com um choque elétrico). Essa era a rotina, e os polvos conseguiram fazer isso. Os pesquisadores comentam então, quase de passagem, que em "várias" ocasiões apresentou-se ao polvo um quadrado pequeno à metade da distância usual até seu corpo. O quadrado pequeno inicialmente pareceria maior — ou, ao menos, a imagem do quadrado em sua retina seria maior. Em todos esses testes, dizem os experimentadores, o polvo realizou a ação correta correspondente ao tamanho real do quadrado. O polvo foi capaz de descontar a mudança na distância.

O que surpreende nesse relato é que é uma observação importante e, ainda assim, não passa de uma breve nota complementar no trabalho. Não são apresentados números para os experimentos que testaram a constância perceptual e parece que ninguém foi atrás dessa ideia. Se essa descoberta for aceita, ela demonstra que os polvos têm, sim, ao menos algumas constâncias perceptuais. Assim como, aparentemente, outros invertebrados, abelhas melíferas e algumas aranhas; esta não é uma das conquistas dos invertebrados que são exclusividade dos polvos.

Os polvos também são bons de navegação. Sempre que vejo um polvo sair de sua toca, se puder, o sigo, e já fui levado a muitas excursões dessas. Se não me aproximo demais quando eles vagueiam e exploram, os polvos geralmente não me dão atenção alguma. Em geral eles estão à procura de alimento, e isso os leva por caminhos longos e errantes que posteriormente os trazem de volta a suas tocas. Frequentemente fico surpreso com o fato de fazerem isso tão bem, já que essas excursões podem durar uns bons quinze minutos, ou algo assim, e atravessar águas bastante turvas. Se saem de sua toca em uma certa direção, é bem capaz que voltem por outra. O trajeto tem formato de círculo, e não de um percurso de ida e volta. Alguns anos atrás, Jennifer Mather realizou um estudo cuidadoso desse tipo de comportamento, observando um polvo no Caribe quando ele saía em viagens de caça, e mapeou percursos em círculo do mesmo tipo.[29] Não sabemos como os polvos fazem isso — que tipo de marcos, guias e lembranças usam. Mas algumas espécies de polvos são, com certeza, bons navegadores.

Lembremos de novo que nosso ancestral comum mais recente — uma criatura parecida com um verme do Ediacarano — quase certamente não tinha nenhuma dessas aptidões. Aparentemente, uma vez que o animal tenha começado a levar uma vida ativa e móvel, cheia de movimento controlado, direcionado a um objetivo e rápido, alguns meios de ver o mundo e lidar com ele fazem mais sentido do que outros. Animais diferentes têm constâncias perceptuais que evoluíam de forma independente. Ainda que, em alguns aspectos, eles devam ver o mundo de uma forma muito diferente da nossa, os polvos parecem lidar com o mundo identificando e reidentificando objetos, e ter algum domínio da diferença entre o "eu" e o outro. Quando você está perto de um polvo é impossível não achar que eles também conseguem dirigir uma atenção considerável a objetos, especialmente novos.

Na seção anterior mencionei um trabalho sobre o comportamento de peixes, galinhas e caranguejos em situação de dor. Não é fácil entender como os polvos se relacionam com a dor. Em Polvópolis, nosso sítio na Austrália, uma vez conseguimos fazer longas imagens em vídeo de um polvo macho grande envolvido em uma série de interações agressivas, vagando e lutando com outros. Frequentemente ele ficava "de pé" sobre as pernas estendidas e às vezes erguia o traseiro bem alto na água, acima da cabeça. Achamos que estivesse fazendo isso para parecer o maior possível; essas exibições frequentemente antecediam um ataque a outro polvo. Uma das vezes em que estava com o corpo posicionado dessa maneira, um peixe pequeno, porém feroz (um goivira ou tábua), veio como uma flecha e mordeu o polvo bem no traseiro. Eis a mordida enquanto ela estava acontecendo, com o peixe no alto e no centro:

O polvo reagiu de um modo muito parecido com o humano, com um salto assustado e jogando os braços para todos os lados.

Em seguida ele voltou imediatamente a espancar outros polvos. A mordida foi uma sorte para nós, porque deixou uma marca perceptível que pudemos usar para identificar este indivíduo a alguma distância pelo resto daquela viagem.

Como vimos, alguns animais protegem e cuidam de uma área ferida de seu corpo. Nosso polvo mordido no traseiro não fez isso. Sua reação inicial sugere que ele certamente sentiu a mordida, mas não houve efeitos ulteriores perceptíveis. Suspeitamos que isso foi porque a lesão era muito pequena e ele estava ocupado retomando suas atividades pugilísticas. Um trabalho recente escrito por Jean Alupay e colegas examina minuciosamente comportamentos relacionados com a dor, inclusive o de cuidar de feridas, em outras espécies de polvos.[30] Havia motivos para esperar coisas estranhas, porque alguns polvos, inclusive as espécies de Alupay, decepam seus próprios braços, quando necessário, para escapar de predadores. O estudo descobriu que os polvos que tiveram seus braços esmagados (mas não *totalmente*) em um experimento os amputaram em alguns casos, mas não em todos, e todos cuidaram do lugar ferido e o protegeram por algum tempo. Esse cuidado e essa proteção são, como mencionei, tidos comumente como indicador de dor.

No caso do polvo, tudo que diz respeito à experiência fica muito mais complicado por causa das relações incomuns entre cérebro e corpo. Suponhamos que o polvo tenha uma espécie de controle misto do que os braços fazem, uma interpretação apoiada pelos experimentos comportamentais discutidos no capítulo 3. Ao desenvolverem suas complexas aptidões comportamentais, os polvos optaram por delegar a seus braços uma autonomia parcial. Como resultado, esses braços transbordam de neurônios e parecem ser capazes de controlar algumas ações locais. Sendo assim, como seria a experiência de um polvo?

Talvez o polvo esteja em uma espécie de situação híbrida. Para ele, os braços são em parte seu "eu" — podem ser dirigidos e usados para manipular coisas. Da perspectiva do cérebro central, porém, os braços são em parte "não eu" também, agentes de si mesmos.

Consideremos algumas analogias com nosso caso, a começar por ações como piscar e respirar.[31] São atividades que normalmente acontecem de forma involuntária, mas sobre as quais você pode adquirir controle, se prestar atenção. O movimento do braço do polvo tem algo parecido com esta combinação. A analogia é imperfeita, já que a respiração, normalmente involuntária, pode ser submetida a um controle de sintonia muito fina quando você de fato intervém e respira voluntariamente. A atenção é usada para assumir controle do que normalmente é um processo automático. No polvo, se a ideia do controle misto estiver correta, a orientação central dos movimentos nunca é completa, e o sistema periférico sempre tem seu mando. Para dizer isso de uma forma antropomórfica demais: você estende um braço deliberadamente e *espera* que a sintonia fina local funcione.

A ação do polvo, portanto, combinaria elementos que em geral são diferentes, ou ao menos parecem ser, em animais como nós. Quando agimos, a fronteira entre o "eu" e o entorno é em geral bastante clara. Se você movimenta um braço, por exemplo, está controlando tanto o trajeto geral do braço quanto muitos detalhes finos de seus movimentos. Há vários outros objetos no entorno que não estão absolutamente sob seu controle direto, embora você possa movê-los indiretamente ao manipulá-los com seus membros. Quando um objeto de seu entorno se movimenta de forma independente, isso em geral é um sinal de que ele não faz parte de você (com exceções parciais, como o reflexo do joelho, que faz a perna se mover sozinha, e afins). Se você fosse um polvo, essas distinções seriam menos claras. Em certa medida você estaria guiando seus braços e, em certa medida, apenas observando eles se moverem.

Contar a história desta maneira é contá-la do ponto de vista de um "polvo central". Isso pode ser um erro. Além disso, posso estar partindo de uma comparação simples demais com o caso dos humanos. Quando uma pessoa aprende a tocar um instrumento musical muito bem, várias ações — inclusive ajustes na execução — tornam-se rápidas demais para serem controladas conscientemente. Bence Nanay, um filósofo baseado na Antuérpia, também me enviou interpretações bem diferentes dessa comparação polvo/humano. Bence acha que alguns relacionamentos que parecem esquisitos e novos, no caso do polvo, estão presentes em nosso caso também, se olharmos com bastante rigor. Em geral eles são invisíveis para nós, mas estão lá.[32] Suponha que você esteja tentando alcançar um objeto com a mão. Se a localização ou o tamanho do alvo que você persegue mudar subitamente, seu movimento de busca muda com extrema rapidez, em menos de um décimo de segundo. Isso é tão rápido que é inconsciente. Sujeitos de experimentos não percebem essa mudança — não percebem que *elas* alteraram seu próprio movimento e não percebem a mudança no objeto alvo. Quando digo "sujeitos" de experimentos estou dizendo que, se você perguntar a essas pessoas se houve alguma mudança, elas vão dizer que não. A pessoa não percebe a mudança, mas seu braço muda o trajeto.

Como no polvo, há uma decisão de estender a mão que vem de cima para baixo, mas também uma sintonia fina que é rápida e inconsciente. No caso do polvo, a sintonia fina é maior — é mais do que apenas uma sintonia fina —, e não acontece só quando é rápida. O polvo consegue observar alguns percursos de seu braço como se fosse um espectador. Em nós, esses ajustes são rápidos demais para serem vistos.

No caso dos humanos, esses ajustes rápidos do braço vêm do cérebro e são guiados visualmente. No polvo, os movimentos são guiados pelas próprias substâncias químicas e os próprios sentidos táteis do braço, e não pela visão (ainda que eu relativize esta afirmação no próximo capítulo; a questão não é tão clara assim). Seja como for, a interpretação de Nanay é que o polvo apresenta um caso extremo de algo que também está presente na ação humana, embora de uma forma mais amena, menos perceptível. No caso dos humanos, há um comando que vem de cima para baixo e, depois, acrescenta-se qualquer sintonia fina que seja necessária. No caso do polvo, provavelmente há uma interação permanente entre comandos do centro e decisões da periferia. O braço é estendido, vagueia, e o polvo pode reagir se ajustando — talvez usando a atenção, exercendo alguma força de vontade de polvo — para redirecionar o braço e mantê-lo no rumo certo.

No trabalho sobre cognição incorporada que citei lá atrás, Hillel Chiel e Randy Beer contrapõem uma visão antiga de como a ação funciona a uma visão nova.[33] Na visão antiga, o sistema nervoso é o "maestro do corpo, escolhendo o programa para os intérpretes e orientando-os exatamente sobre como tocar". Em vez disso, eles dizem, "o sistema nervoso integra um grupo de instrumentistas que estão envolvidos numa improvisação jazzística, e o resultado final surge de uma troca contínua entre eles". Isso não me convence como afirmação genérica; creio que subestima o papel do sistema nervoso na maioria dos animais, ao vê-lo como um fator entre muitos. No caso do polvo, porém, a metáfora até que se aplica bem. A oposição, aqui, não é entre o sistema nervoso e o corpo, mas entre o cérebro central e o resto do organismo, que tem sua própria organização nervosa.

No caso do polvo há um maestro, o cérebro central. Mas os músicos que ele rege são músicos de jazz, inclinados à improvisação, que só aceitam ser dirigidos até certo ponto. Ou, talvez, sejam intérpretes que só recebem instruções vagas e genéricas do regente, que confia a eles a tarefa de tocar algo que funcione.

5.
Produzindo cores

O choco gigante

No primeiro capítulo, conhecemos um animal que pairava sob a saliência de uma rocha, no oceano. Enquanto pairava, ia mudando de cor, de segundo em segundo. De um vermelho-escuro inicial revelavam-se manchas cinzentas e veios prateados. Azuis e verdes iam se derramando, para a frente e para trás, pelos braços. Neste capítulo, voltamos à água com esse animal e suas transformações incessantes.

    Um choco gigante parece um polvo acoplado a um aerobarco. Tem as costas no formato aproximado de uma carapaça de tartaruga, uma cabeça proeminente e oito braços que saem diretamente da cabeça. Os braços são mais ou menos como os do polvo — flexíveis, sem articulações e com ventosas. Quando se olha de frente para um choco, os braços podem parecer estar num arranjo mais ou menos horizontal, mas estão dispostos em torno da boca e, assim como os braços de um polvo, podem ser imaginados como oito lábios enormes e destros. Escondidos perto da boca, há dois longos "tentáculos alimentadores", que podem ser acionados rapidamente para capturar uma presa. A boca propriamente dita tem um bico duro. O choco não tem no corpo espinha dorsal nem ossos de verdade, mas tem um "osso de choco", que parece a parte inferior de uma prancha de surfe, por dentro de suas costas-escudo. O escudo é guarnecido por barbatanas em forma de saia, com alguns centímetros de largura, uma de cada lado. O choco ondula essas barbatanas para se mover lentamente. Quando quer se mover rápido, usa propulsão a jato, com o "sifão" que tem debaixo do corpo e pode apontar em qualquer direção. A maioria dos chocos é pequena, medindo centímetros. Mas um choco gigante pode chegar a um metro de comprimento.

O animal em questão tem um metro e uma pele que pode parecer ser de qualquer cor e que pode mudar em segundos, às vezes em muito menos que um segundo. Linhas prateadas finas percorrem sua cabeça, como se o animal estivesse visivelmente eletrificado. As linhas elétricas fazem o choco parecer uma nave pairando no espaço. Mas essas impressões, e qualquer tentativa de entender esse animal, são rompidas continuamente. Enquanto você olha, rastros de um vermelho brilhante escorrem de seus olhos. Seria uma espaçonave chorando lágrimas de sangue?

Os cefalópodes (não todos, mas boa parte) são geralmente talentosos para mudar de cor. Neste grupo prodigioso, o choco gigante talvez seja o pináculo ou, pelo menos, o mais colorido. Algum grau de mudança de cor não é uma coisa rara na natureza; muitos animais são capazes de modular a cor de sua superfície em alguma medida. Os camaleões são o exemplo mais conhecido. Mas os cefalópodes são mais rápidos e produzem uma variedade maior de cores. No caso do choco gigante, o corpo inteiro é uma tela sobre a qual padrões de cores são apresentados. Os padrões não são apenas uma série de instantâneos, mas formas, como listras e nuvens, em movimento. Os chocos parecem ser animais imensamente *expressivos*, que têm muito a dizer. Se for assim, o que estão dizendo e a quem?

O choco gigante também é notável em outro aspecto: como é desconcertante encontrar amizade em um animal grande e selvagem. Não me refiro a uma mera tolerância à presença humana, mas a um envolvimento ativo, no qual o animal faz contato com um ser estranho. Isso não é rotineiro para um choco gigante, mas tampouco é raro. Muito frequentemente você encontra neles uma curiosidade amigável. O animal se adianta, com a pele exibindo um padrão de cores e formas tranquilo, "em repouso". O choco vem pairar bem perto, aparentemente tentando entender quem é você.

São animais pouco estudados. Não foram mantidos em cativeiro com muita frequência. Alexandra Schnell, uma das poucas pessoas a estudá-los de perto no laboratório, diz que eles mostram indícios das mesmas reações complexas ao cativeiro vistas nos polvos.[1] Eles armam emboscadas para os visitantes com borrifos certeiros de seus jatos. Até onde sei, eles não mostraram os sinais de inteligência mais marcantes observados em alguns polvos — solução de problemas, uso de ferramentas, exploração de objetos. Mas nem de perto foram estudados tanto quanto aqueles, e o tipo de vida que levam parece tornar esses comportamentos menos úteis do que são para os polvos. Os chocos não são exploradores-escaladores, mas nadadores.

Ainda que o choco gigante não tenha a inventividade versátil do polvo, ele tem características que continuam nos impressionando muito tempo depois de termos estado perto de um deles, no mar: sua curiosidade amigável, ao menos em alguns casos, ou o envolvimento cauteloso, quando se aproximam e se afastam de você. E aquelas mudanças infindáveis e espantosas de cor.

Fabricando cores

A pele de um cefalópode é uma tela em camadas, controlada diretamente pelo cérebro. Os neurônios se espalham do cérebro pelo corpo e chegam à pele, onde controlam os músculos. Os músculos, por sua vez, controlam milhões de bolsas de cor, parecendo pixels. Quando o choco sente ou decide algo, sua cor muda instantaneamente.

Eis como a coisa funciona.² A pele tem uma camada exterior, uma derme, que atua como cobertura. A camada imediatamente abaixo contém os *cromatóforos*, o mais importante dispositivo de controle de cor. Uma única unidade de cromatóforo contém vários tipos diferentes de células. Uma das células contém um saco químico de cor. Em volta dela, há uma ou duas dúzias de células de tecido muscular, que dão diferentes formatos aos sacos de cor. Esses músculos são controlados pelo cérebro. Eles esticam o saco para tornar sua cor visível, ou o relaxam, para obter o efeito oposto.

Cada cromatóforo contém apenas uma cor. Espécies diferentes de cefalópodes se utilizam de cores diferentes, e normalmente um animal tem três delas. No choco gigante, os cromatóforos são vermelhos, amarelos e pretos/marrons. Cada um deles tem menos de um milímetro de diâmetro.

Esse dispositivo explica como os cefalópodes produzem algumas de suas cores, mas não todas. O choco gigante pode produzir vermelho ou amarelo ativando cromatóforos de uma ou da outra cor, mas também pode produzir laranja com uma combinação dos dois. Mas esse mecanismo não tem como produzir muitas outras cores que o choco pode exibir. Não há como produzir azul, verde, violeta ou branco-prateado. Essas cores são produzidas por mecanismos nas camadas seguintes da pele. Nelas, encontramos *células refletoras* de vários tipos. Essas células não apresentam pigmentos fixos, como os cromatóforos, e sim refletem a luz incidente. Esse reflexo não é, necessariamente, um simples espelhamento. Nos *iridóforos*, a luz bate e é filtrada por minúsculas pilhas de placas. Essas placas separam e direcionam os diferentes comprimentos de onda da luz, devolvendo brilhos de cores que podem ser diferentes daquelas que incidiram. Os resultados incluem os verdes e azuis que os cromatóforos não conseguem produzir. Essas células não estão conectadas diretamente ao cérebro, mas parece que algumas delas são controladas, de forma mais lenta, por outros sinais químicos. Situados logo abaixo dos *iridóforos*, os *leucóforos* são outro tipo de célula refletora; elas não manipulam a luz, mas a refletem diretamente. Em consequência, frequentemente parecem brancas, embora possam refletir qualquer cor à sua volta. Como os cromatóforos estão em uma camada acima das células refletoras, todas essas células refletoras têm seus efeitos modulados por aquilo que os cromatóforos estão fazendo. Quando cromatóforos se expandem, isso afeta a luz que desce para as células refletoras e, portanto, a luz que brilha de volta.

Imagine ver a pele de um choco lateralmente, em um corte transversal. Veríamos uma camada no topo, depois uma camada com milhões de minúsculas bolsas de cor, cada uma delas sendo constantemente formatada para expor ou ocultar seus pigmentos. Isso acontece em alta velocidade, graças à atividade de muitos músculos. Alguma luz vai passar por essa camada e atingir a camada seguinte, onde será refletida e filtrada por pilhas de espelhos. Essas células podem estar mudando de formato mais lentamente, conforme recebem substâncias químicas vindas de outros lugares. Mais abaixo, uma camada de células refletoras mais simples espelham qualquer luz que chegar até elas.

Aqui está um esboço dessas camadas:

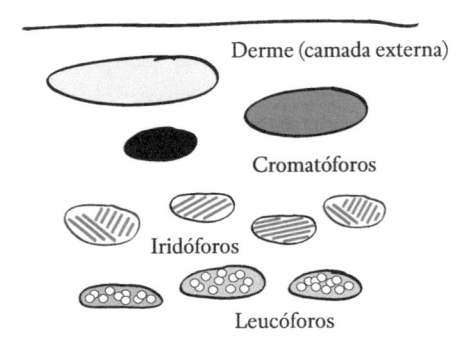

Suponha que um choco gigante tenha cerca de 10 milhões de cromatóforos. Muito grosso modo, então, imaginemos essa camada da pele do animal como uma tela de dez megapixels. Grosso modo, eu disse, porque parece que os pixels não são controlados de forma totalmente independente um do outro, e sim em agrupamentos locais, e também porque cada cromatóforo tem apenas uma cor. Alguns pixels estão em cima de outros, e assim o mesmo trecho de pele pode produzir muitas cores diferentes. As camadas abaixo dos cromatóforos acrescentam uma complexidade maior.

As camadas de cores dos cefalópodes são finas e frágeis. O choco tem um aspecto totalmente diferente quando perde pele, com a idade ou por algum dano. Veem-se então manchas brancas e mortiças. A pele mágica é uma folha fina por cima de um corpo branco e liso.

Nos animais que observo, os vermelhos são, em certo sentido, as cores "básicas", vistas mais comumente. Eles variam do castanho-avermelhado ao vermelho "corpo de bombeiros". Um ornamento comum sobre a base vermelha é de um branco-prateado, como parece debaixo d'água. Os brancos formam veios e pontos, compondo pequenos lampejos serrilhados ou uma fileira de pérolas. Outras cores surgem em manchas — amarelos, laranjas, verdes-oliva. Podem ter padrões estáticos, mas as cores raramente ficam fixas por muito tempo. Seus padrões "dinâmicos" são como filmes projetados na tela da pele do choco. Um exemplo é a aparição da *nuvem passageira*. Ondas alternadas de manchas escuras e claras movem-se constantemente ao longo do corpo, da frente para trás e de trás para a frente. Certa vez observei, do alto, um choco grande e vi o lado esquerdo de seu corpo exibindo uma nuvem passageira para outro choco, que estava debaixo de uma rocha, enquanto o lado direito, voltado para o mar, continuava estático e camuflado.

Frequentemente as mudanças de cor do choco ocorrem em combinação com mudanças na forma de seu corpo e de sua pele. Às vezes eles ficam nadando com dezenas de "papilas", ou dobras de pele, saltando diretamente de suas costas. Parecem versões minúsculas, entre dois e três centímetros de altura, das placas das costas do estegossauro. Essas papilas não têm nada duro dentro delas, e podem ser produzidas em um segundo. Os olhos são cenário de modificações finamente detalhadas na forma da pele. Muitos chocos produzem tufos e dobras de pele acima de cada olho. Parecem ser prolongamentos cuidadosamente esculpidos das sobrancelhas.

Quando estão em repouso, os oito braços do choco ficam pendendo à frente e se parecem bastante um com o outro. Foram atribuídos números aos braços de um cefalópode, de 1 a 4, à esquerda, e de 1 a 4, à direita. Começando do centro, temos os braços esquerda-1 e direita-1. Vistos de frente, parecem ser braços "interiores". A partir deles, no sentido externo, estão os braços esquerda-2 e direita-2, depois o terceiro par e, finalmente, o quarto. Nos chocos gigantes, os braços 4 são maiores nos machos do que nas fêmeas. Quando demonstram agressividade, os machos frequentemente achatam seus braços 4, dando-lhe a forma de lâminas largas.

Outro gesto agressivo é manter os dois braços 1 erguidos, como se fossem chifres. Alguns chocos fazem esses "chifres" ondular elegantemente. Outros dão a eles o formato de um braço de violino — com uma voluta na extremidade —, gancho ou clava. Nos casos mais elaborados, o choco dispõe os braços em camadas de três ou quatro níveis. Os braços 1 são mantidos no alto, retos; os braços 2 ficam em forma de chifres, em um nível mais baixo, talvez com as extremidades enroladas; o par 3 fica logo abaixo e, finalmente, os braços 4 são achatados para parecer o mais maciço possível. Alguns peixes, apesar de inofensivos, parecem decididamente ser desprezados pelo choco gigante, que em geral saúda sua aproximação com braços erguidos em chifres e ganchos.

Todos esses comportamentos variam conforme o indivíduo. Algumas vezes consegui reconhecer um indivíduo por muitos dias, ocasionalmente uma semana. Não é fácil reidentificar animais que são capazes de mudar de cor e formato livremente, mas às vezes uma cicatriz torna isso possível. Posteriormente aprendi também a ver as marcas brancas na barbatana-saia, que me parecem permanentes, como uma espécie de impressão digital. Indivíduos diferentes reagem a mim de modo diferente mesmo que sejam do mesmo sexo e tamanho, e estejamos no mesmo lugar e na mesma época do ano. O estilo de interação mais cordial é a afetuosidade curiosa que mencionei antes. Alguns indivíduos tendem a se adiantar, com o padrão de cores em repouso, para observar de perto. O mais amistoso deles estendeu um braço para me tocar. Isso é bastante raro. O choco fica pairando na água, movimentando-se levemente com suas barbatanas e seu jato invisível. Enquanto nós dois pairamos, ele mantém uma distância específica, movendo-se para trás quando eu me movo para a frente e, às vezes, para a frente, quando me movo para trás. Mas ocasionalmente ele diminui a distância até que nossos corpos estejam a cerca de um metro um do outro. Eu levo a mão para perto de seus braços, mas não toco neles. O choco estende a ponta de um ou dois braços para tocar o meu.

Quase todas as vezes em que isso aconteceu, foi apenas uma vez. Após um breve toque, o choco volta a se manter a um ou dois metros de distância. Ele ficou interessado o bastante para tocar, mas tendo tocado uma vez, retorna para onde estava. Uma possível interpretação dessa ação é que o choco está verificando se eu seria comestível. Mas uma pessoa é muito maior que um choco, cujo alimento costumeiro são caranguejos e peixes apanhados inteiros. Não creio que se interessem por mim como almoço.

Alguns indivíduos, amistosos ou não, têm estilos diferentes de mudança de cor. Ocasionalmente encontrei chocos que pareciam produzir cores nas quais os demais não tinham nem pensado, ou padrões de brilho particular. Chamei o primeiro que encontrei de Matisse. Era um choco amistoso, que visitei por vários dias, alguns anos atrás. Todas as suas cores tinham um detalhe particular, mas havia uma outra coisa que o distinguia. Ele ficava pairando sem espalhafato, em uma mistura de vermelhos e brancos e, subitamente, explodia em um amarelo brilhante. Essa inundação de amarelo cobria todo o seu corpo, sem outras marcas visíveis, e era acionada em menos de um segundo. Em um momento ele era vermelho-escuro, com veios e listras, e em menos de um segundo, parecia um sol em forma de choco. Depois, esse clarão se esvaía, mais lentamente. Apareciam tons de laranja em meio ao amarelo e iam escurecendo. Os padrões reapareciam. Em dez segundos, se tanto, ele estava vermelho-escuro de novo.

Essa mudança para o amarelo não era acompanhada por uma elevação dos braços ou outras demonstrações; não havia outros sinais de alvoroço. Já vi o "amarelo total" ser descrito como sinal de alarme em outros cefalópodes. Suponho ser possível que Matisse estivesse alarmado, mas por que ele parecia tão calmo, de resto? Ocasionalmente ele produzia padrões amarelos em reação a peixes intrusivos, mas eram amarelos mais profundos, que vinham combinados com arranjos dos braços. Os clarões uniformes de amarelo-canário que vi pareciam ser parte de um comportamento diferente. Ele simplesmente parecia gostar dessas explosões cromáticas.

Nos anos que se passaram desde então, vi alguns outros chocos produzirem esses "clarões amarelos", embora nenhum deles tenha iluminado a água tanto quanto Matisse. Considerando o que eu disse sobre o mecanismo de troca de cor, é fácil imaginar como isso é feito. Um choco gigante tem alguns cromatóforos amarelos, então os clarões são quase certamente produzidos pela expansão súbita desses cromatóforos, e a redução de escala de todos os outros.

Bem depois de Matisse ter aparecido e sumido, chegou um choco cujas exibições estavam além de tudo que eu tinha encontrado antes. O único nome compatível com ele era Kandinsky.

Kandinsky tinha hábitos fixos e um lar definitivo. Diferentemente de Matisse, não tinha uma cor única mais notável. Produzia o mesmo tipo de padrões e cores que os outros, mas de forma mais extravagante. Por cerca de uma semana, em 2009, enquanto tentava fazer uma fotografia perfeita dele, eu o visitei em sua casa. Chegava todo dia no fim da tarde e esperava na superfície, exatamente acima de sua toca, que ficava a 3,5 metros de profundidade. Ele afinal emergia e ia ocupar o topo de sua rocha, voltado para o lado do oceano. Mantinha dois braços no alto e os outros vagando abaixo deles. Eu nadava para encontrá-lo.

Quando eu chegava, ele estava com os braços jogados para todos os lados, como se fossem uma coleção de lanças cerimoniais. Às vezes ele fazia um nó com um par de braços acima de sua cabeça. Braços erguidos frequentemente são sinal de agitação, e às vezes de hostilidade, mas não creio que isso fosse verdade no caso de Kandinsky, pois ele tinha a tendência de produzir esses formatos elaborados continuamente, mesmo quando eu estava a uma boa distância. Na pele, Kandinsky preferia misturas coruscantes de vermelho e laranja, inclusive um tipo de verde-alaranjado-claro, e frequentemente combinava essas cores exibindo a "nuvem passageira", na qual ondas de formas escuras fluem sobre a pele. Padrões em forma de lágrima desciam pelo par de braços internos. Depois de pairar por algum tempo na água perto de sua rocha favorita, ele saía para percorrer as águas rasas. Não era um dos chocos amistosos, mas permitia que eu o seguisse de perto enquanto ele vagava em círculos pelos recifes em volta de sua toca.

Octopus tetricus, ou o "polvo sombrio", com tentáculos passeando por sua cabeça. Neste livro, todas as fotografias de polvo são dessa mesma espécie, que pode ser encontrada na Austrália e na Nova Zelândia.

O polvo abaixo produziu uma combinação de cores muito parecida com as algas atrás dele.

As imagens desta e da próxima página são *frames* de vídeo de uma briga entre dois polvos em Polvópolis, na Austrália.

O polvo derrotado escapa e foge para longe.

Um polvo movendo-se por propulsão a jato, da direita para a esquerda. Este é o mesmo animal que ganhou a luta descrita nas páginas anteriores.

Abaixo, um choco gigante australiano, *Sepia apama*.
Este é Kandinsky, descrito no capítulo 5.

O choco gigante da imagem de cima já mostra sinais de envelhecimento em torno de seu rosto e de seus tentáculos.

Na segunda imagem, Rodin, um choco gigante que passou um longo tempo fazendo poses com os tentáculos levantados.

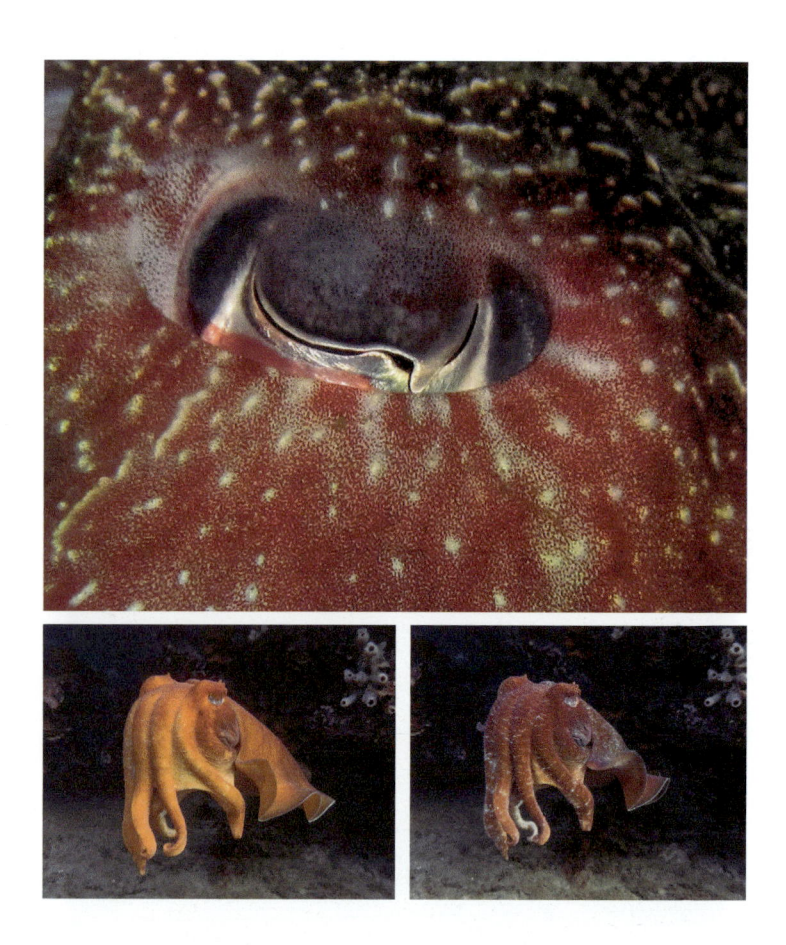

O olho de um choco gigante tem uma pupila em forma de "w". Cromatóforos — minúsculos sacos de pigmento controlados pelos músculos da pele — são visíveis ao redor dos olhos. (A fotografia de cima é a única do livro tirada com luz adicional.)

As duas fotografias de baixo, feitas com quatro segundos de intervalo, mostram uma mudança de cor de amarelo-escuro para vermelho.

Dois chocos gigantes em um prelúdio ao acasalamento em Whyalla, no sul da Austrália (o macho está à esquerda). Tem havido alguma discussão científica sobre esses animais serem da mesma espécie que os mostrados em minhas outras fotos de choco, tiradas nos arredores de Sydney. Pelo menos por enquanto, apenas uma espécie é oficialmente reconhecida: a *Sepia apama*.

Abaixo, esta fotografia, em Whyalla, mostra a grande variedade de cores produzidas por chocos gigantes usando mecanismos dispostos em camadas na pele.

Um grande e amigável choco gigante nada ao lado de Karina Hall, que estuda esses animais e me ensinou muito sobre eles.

Um choco gigante produzindo uma complexa variedade de vermelhos, laranjas e marcas branco-prateadas. Os dois animais desta página estão moldando dobras de pele acima de seus olhos em formas temporárias.

Embora alguns chocos pareçam ser amistosos e curiosos, um segundo estilo de reação às explorações de um mergulhador é uma intensa hostilidade. Felizmente, isso é mais raro que a afetuosidade. O caso mais espetacular de que me lembro foi um encontro com um choco macho grande em um local onde viviam alguns outros muito amistosos. Toda vez que chego àquela saliência rochosa lembro-me desses encontros amigáveis. Desta vez, encontrei uma expressão da mais perfeita animosidade, coreografada em cor e forma.

Cheguei e vi, antes de tudo, um redemoinho de braços debaixo da saliência na rocha. Os braços eram amarelo-laranja-marrom. O animal estava voltado para fora, cercado de algas ondulantes, os braços espalhados por todo lado. Pensei inicialmente que esse comportamento era de camuflagem, a ondulação dos braços imitando a das algas. Cheguei mais perto e o vi produzindo mais cores, orlas de um branco-prateado. Não eram as pulsações prateadas relaxadas em torno do rosto e dos braços que são comuns, mas manchas maiores que acendiam e apagavam. Seus braços inferiores estavam abertos em leque abaixo dele e os outros eram uma floresta de chifres. Ele ficou imediatamente vigilante, e de repente estava vindo rápido em minha direção. Nadei apressadamente para trás. Ele continuou vindo por alguma distância, depois abandonou a perseguição e voltou para sua toca. Esperei e então me aproximei de novo, cautelosamente. Ele tornou a sair, como um aríete medieval movido a jato.

Nessas perseguições ele produzia as exibições de aspecto mais mortífero que já vi: cores de um laranja ardente, braços em chifre e foice e dobras na pele que pareciam armaduras de ferro dobrado. Às vezes mantinha seus braços interiores no alto, contorcidos. À certa altura, ele manteve quase todos os braços no alto e trançados, com uma única dupla de braços embaixo e o rosto no meio. Pensei: ele parece as mandíbulas do inferno. Era como se, do seu modo de molusco, ele tivesse noção real do que é assustador para um humano, e estivesse tentando produzir uma visão de maldição, algo destinado a golpear nosso coração.

Eu insisti com ele, e continuei voltando cautelosamente. Ele continuou a correr atrás de mim, mas logo notei que esses ataques nunca chegavam a me alcançar, e continuou assim quando comecei a recuar mais lentamente. Eu me perguntei quanto havia de blefe em seus avanços e quanta intenção real de violência. Depois, tentei outro método. Se ele está agitando seus braços ameaçadoramente para mim, por que não agitar os meus em resposta? Quando ele voltou a sair, recuei bem menos e ergui os braços à minha frente, com o equipamento de mergulho espalhando-se por todos os lados. Isso chamou a atenção dele. Continuou agindo *como se fosse* avançar, mas na verdade não se moveu muito, e a agitação dos braços começou a diminuir. Ele reduziu suas exibições cada vez mais, e logo seus braços estavam em repouso e as dobras espinhosas na pele retrocederam. Finalmente consegui chegar mais perto dele. Ele parou de olhar diretamente para mim e pareceu estar olhando enviesado, por cima de meu ombro, muito mais relaxado. Quando me movimentei diretamente à sua frente, ele veio de súbito em minha direção novamente, no início com a cabeça abaixada e depois agitando e turvando a água com os braços. Decidi que não ficaríamos mais amigos do que aquilo.

Há outra forma notável de interação humano-choco, embora "interação" não seja exatamente a palavra. Alguns chocos comportam-se com um grau de indiferença tão intenso que é até difícil descrevê-la. De algum modo, este é seu comportamento mais intrigante. A impressão é que esses chocos nem sequer nos registram como seres vivos. Quando estão imóveis, tendem a não encarar o humano diretamente (como outros fazem com muita frequência), e sim a olhar por cima de seu ombro. Se você se mover um pouco, eles se ajustam também. Há uma manutenção do não contato.

Essa profunda indiferença é vista em alguns chocos quando eles saem em excursões circulares em torno de seus recifes. Nessas jornadas, podem futucar debaixo das rochas ou ficar vagando. Boa parte do tempo, estão provavelmente procurando comida ou parceiros para acasalar, mas muitas vezes parecem não estar buscando nada com muito afinco. Às vezes, quando passeiam, os chocos podem parecer amistosos, ou pelo menos curiosos, parando para perscrutar você antes de continuar nadando. Mas alguns conseguem ignorar você mesmo se estiver nadando muito perto deles, bem ao lado de seu olho. Uma vez eu estava sendo tão completamente ignorado que me plantei diretamente no caminho do animal só para ver o que ele faria. O que se seguiu parecia um "jogo do maricas" existencialista. Ele chegou cada vez mais perto, recusando-se a tomar conhecimento de minha presença, até estar a uns trinta centímetros de mim. Então ergueu o olhar para mim, com uma expressão que sou absolutamente incapaz de descrever, a não ser para dizer que ele parecia profundamente não impressionado, passou por mim e continuou nadando.

Qual é, então, nosso papel? O que somos para eles? Com certeza eles nos percebem como criaturas grandes e móveis. É certo, então, que podemos ser potencialmente perigosos ou, ao menos, objeto de interesse? Outros chocos nos veem dessa maneira — como visitantes a serem estudados ou afugentados com uma exibição selvagem. Mas, às vezes, parece que eles não nos percebem como seres vivos em absoluto. Ser tão profundamente ignorado faz você se perguntar se tem existência real no mundo aquático deles; é como se você fosse um desses fantasmas que não percebem que são fantasmas.

Vendo cores

Com nosso quadro de cores de cefalópodes quase completo, chegamos agora a um fato que não faz absolutamente nenhum sentido. Os cefalópodes, em quase todos os casos, são tidos como daltônicos.

Esta conclusão impossível baseia-se em evidências tanto fisiológicas quanto comportamentais.[3] Primeiro, qualquer sistema para detectar diferenças de cor exige que haja no olho algo capaz de distinguir as diferenças na *intensidade* da luz das diferenças em sua *cor*. O modo de fazer isso normalmente é com vários tipos diferentes de *fotorreceptores*. As células fotorreceptoras contêm moléculas que mudam de forma quando são atingidas por luz. A mudança de forma desencadeia outros eventos químicos na célula; os fotorreceptores são a interface entre o mundo da luz e a rede de sinalização do cérebro. Todo olho tem que ter algo desse tipo. Para ter visão de cores, você tem de ter uma gama de fotorreceptores que reagem de forma diferente aos diversos comprimentos de onda da luz que incide neles. A maioria dos humanos tem três tipos de fotorreceptores. A visão de cores, que usa esse sistema, requer pelo menos dois. A maioria dos cefalópodes tem apenas um.

Também foram realizados testes comportamentais com algumas espécies. Um cefalópode poderia aprender a distinguir dois estímulos que diferem apenas na cor, e em nada mais? Aparentemente, os que foram testados, não.

Isso é desconcertante. Esses animais *fazem* tanta coisa com as cores. São também exímios em fazer sua cor coincidir com a do entorno para se camuflar. Como casar cores com cores que você não enxerga? Os biólogos às vezes oferecem explicações nestas linhas: primeiro, os cefalópodes podem usar diferenças sutis na luminosidade como indicadores das prováveis cores (matizes) dos objetos à sua volta, dadas as cores típicas de seu entorno. Segundo, as células refletoras, os espelhos em sua pele, poderiam ajudar. Você pode produzir uma cor que não consegue ver refletindo-a para o exterior.

Isso explica parte do que os cefalópodes são capazes de fazer. A camuflagem pode ser conseguida com a reflexão — *se* a cor de fundo que você quer imitar estiver chegando até você de outras direções também. A simples reflexão não pode explicar o fato de um animal imitar a cor atrás dele, porque a luz que lhe chega pela frente é diferente. Neste caso, o cefalópode teria de produzir ativamente a cor certa — mediante alguma combinação de cromatóforos e células refletoras — e teria de saber qual cor produzir. Os cefalópodes parecem capazes de fazer isso; frequentemente, parecem imitar uma cor que está atrás deles, quando há cores diferentes à sua frente.

No período em que eu estava escrevendo este livro, algumas peças deste quebra-cabeça começaram a se encaixar. As primeiras foram colocadas em seu lugar em 2010, quando Lydia Mäthger, Steven Roberts e Roger Hanlon publicaram um trabalho no qual relatam que as moléculas fotorreceptoras dos olhos de um tipo de choco provavelmente estão presentes também na *pele* do animal.[4] Isso, por si só, não demonstra grande coisa, por várias razões. Primeiro, é possível que essas moléculas estejam fazendo algo que não tem relação com a visão quando encontradas fora dos olhos.[5] Segundo, mesmo que as moléculas da pele que são sensíveis à luz estejam de fato reagindo à luz, isso não resolveria o problema da visão de cores: continua existindo apenas um tipo de molécula fotorreceptora no animal, mesmo que ela apareça em lugares estranhos. Não se enxerga cor, acredita-se, com um fotorreceptor apenas.

Por alguns anos após a publicação dos resultados obtidos por Mäthger-Roberts-Hanlon, pouco progresso foi feito. Na internet, encontrei apenas uma pessoa que parecia estar trabalhando neles: Desmond Ramirez, um estudante de pós-graduação na

Califórnia. Quando fiz contato, ele confirmou que estava trabalhando no problema, mas manteve suas cartas fechadas. Passaram-se mais alguns anos. Eu tinha acabado de entregar uma resenha de livro na qual perguntava por que essa velha pista não estava sendo seguida, e poucos dias depois Ramirez publicou seu trabalho.[6] O trabalho, escrito com Todd Oakley, mostrava primeiramente que há genes fotorreceptores ativos na pele de uma espécie específica de polvo (*Octopus bimaculoides*).[7] Crucialmente, mostrava também que a pele desse polvo é sensível à luz e capaz de mudar a forma dos cromatóforos até mesmo quando destacada do corpo. A própria pele do polvo é capaz tanto de *sentir* a luz como também de produzir uma *resposta* que afeta a sua cor. Lá atrás, no capítulo 3, falei de como o sistema nervoso do polvo se espraia por grande parte de seu corpo. A imagem que tentei desenvolver naquele capítulo foi a de um corpo que *é*, em certa medida, seu próprio controlador, e não a um corpo guiado pelo cérebro. Agora aprendemos que um polvo pode enxergar com sua pele. A pele não só é afetada pela luz — o que vale para um bom número de animais — como também responde mudando sua própria e delicada maquinaria de controle da cor, semelhante a pixels.

Como seria enxergar com a pele? Não seria possível focar em uma imagem. Talvez só seja possível detectar mudanças genéricas e reverberações de luz. Não sabemos ainda se o que a pele sente é comunicado ao cérebro, ou se a informação permanece local. Ambas as possibilidades dão asas à imaginação. Se aquilo que a pele sente é transmitido ao cérebro, a sensibilidade visual do animal estende-se em todas as direções, além de onde os olhos são capazes de alcançar. Se aquilo que a pele sente não chega ao cérebro, então cada braço pode enxergar por si mesmo e guardar o que vê para si.

A descoberta de Ramirez e Oakley é um desenvolvimento importante, mas ainda não resolve o problema que enfatizei antes, a questão da percepção de cor. O fotorreceptor na pele dos polvos de Ramirez e Oakley é sensível aos mesmos comprimentos de onda que o fotorreceptor do olho. Mesmo que o corpo inteiro seja capaz de ver, tem de ser uma visão monocromática. O problema da imitação da cor de fundo permanece. Suspeito, no entanto, que o trabalho de Ramirez levará a uma solução desse problema. Havia um indício no trabalho anterior, de Mäthger e colegas. Eles observaram que, mesmo que os fotorreceptores na pele sejam quimicamente iguais aos que estão no olho, sua percepção da luz poderia ser modulada pelos cromatóforos, ou outras células, à sua volta. Isso poderia permitir que um tipo de fotorreceptor se comportasse como se fossem dois. Algumas borboletas valem-se de um truque semelhante.

Isso poderia funcionar de várias maneiras. Uma possibilidade é que um cromatóforo se assente sobre uma célula sensível à luz, atuando como um filtro. Esse fotorreceptor reagiria então a uma luz colorida diferentemente de um fotorreceptor pareado com um cromatóforo de uma cor diferente do primeiro. Outra possibilidade me foi sugerida por Lou Jost, ecologista, especialista em orquídeas e artista.[8] Ele sugeriu que talvez o ato de mudar as cores faça o truque. Suponha que algumas células fotossensitivas estejam debaixo de uma camada de muitos cromatóforos. Conforme cromatóforos de cores diferentes se expandem e se contraem, a luz que passa por eles seria afetada de diversas maneiras.[9] Se o animal soubesse quais cromatóforos se expandiram, assim como quanta luz atingiu seus sensores, ele poderia saber algo sobre a cor da luz incidente. O animal seria como um cinegrafista trocando um filtro por outro, acompanhando a mudança de cores. Um sensor monocromático pode detectar cor se o organismo tiver filtros de cores diferentes e souber qual deles está operando a cada momento.

Todas essas possibilidades dependem da localização das células fotossensitivas em relação aos cromatóforos, além de fatores desconhecidos. Porém, sob vários aspectos, seria surpreendente se um desses mecanismos *não* estivesse operando. Se houver algumas estruturas fotossensitivas debaixo dos cromatóforos coloridos, quando o animal realizar suas mudanças de cromatóforos, isso inevitavelmente terá efeitos na estrutura fotossensitiva abaixo, e esses efeitos estarão correlacionados com a cor da luz incidente. A informação está disponível. Fazer uso dessa informação não pareceria uma transição evolucionária difícil para o animal.

Ser visto

Em matéria de camuflagem, os polvos são insuperáveis. Eles podem ficar totalmente invisíveis a um observador — um observador que esteja procurando polvos — a um ou dois metros de distância. São ajudados pelo fato de que, diferentemente dos chocos, os polvos quase não têm partes duras em seu corpo, podendo assumir qualquer forma. Os chocos gigantes não conseguem enganar os observadores tão completamente quanto os polvos, mas alguns chegam perto. A melhor camuflagem de choco que já vi foi obra de um "choco ceifador". São espécimes menores, que atingem quinze centímetros de comprimento. O nome sinistro é bastante enganoso, já que são animais com a aparência mais meiga imaginável. Normalmente são de um vermelho suave, com uma linha amarela delineando os olhos. Eu achei este em meio a algumas algas. Assim que nos vimos ele ficou muito desconfiado. Fugiu de mim, nadando entre as algas e em torno de rochas, e mantendo obstáculos entre nós. A certa altura, desapareceu em um canal achatado, com algumas rochas espalhadas em volta. Em um instante eu já não podia vê-lo.

Sabia que esses chocos podem assumir a aparência mosqueada de uma rocha, e assim eu decididamente esperava encontrá-lo em algum lugar se fingindo de rocha. Havia uma rocha pequena no meio do canal. Olhei e pensei: bem, é só uma rocha. Fui até a outra extremidade do canal, por onde ele deveria ter saído, e não havia sinal dele. Dei a volta e retornei para olhar o canal novamente. E aquela rocha. Olhando mais de perto, era o choco. Quando ficou aparente que eu o olhava fixamente, ele abandonou a camuflagem de rocha e voltou a seu cor-de-rosa escuro. Assim, lá estava eu, procurando um choco pequeno que se fazia de rocha, no lugar certo e, mesmo assim, ele me enganou.

Então, subitamente, enquanto eu o observava mudando de cor, uma moreia-verde precipitou-se, de mandíbulas abertas, e o atacou. Houve uma irrupção de tinta vinda do choco — eles têm o mesmo tipo de tinta que o polvo e a lula. Parecia uma nuvem de fumaça negra, como se ele tivesse pegado fogo. Tentei enxergar o interior do canal, que agora estava negro, e captei apenas um breve relance do choco sendo impiedosamente sacudido e varrido pela enguia. Eu me senti muito mal, pois parecia provável que eu tivesse distraído o choco, dando à enguia sua oportunidade.

A tinta continuava a sair. Dada a violência do ataque da enguia, logo eu havia desistido do choco. Mas então ele se projetou para fora da nuvem negra, desvairadamente colorido e estranhamente achatado, as barbatanas abertas em leque. Parecia aturdido, avariado, mas ainda assim capaz de nadar. Tinha apenas uma grande marca de mordida na parte de trás do corpo, e ainda estava com seu delineador amarelo. Primeiro ele nadou em meandros caóticos e desorientados. Depois se aprumou e mergulhou em direção a outra saliência na rocha.

Fiquei espantado ao vê-lo. Achava que a moreia seria um predador consumado, especialmente naquele contexto de curta distância, entre rochas e algas. Elas são cheias de dentes e músculos, e têm a força de uma cobra. Quando a moreia agarrou o choco, parecia que não ia haver contenda. Ele não tinha dentes, nem ossos, nem armadura. Em vez de uma serpente achatada, parecia um aerobarco de brinquedo. Mas o choco escapou.[10]

Acredita-se que a função original da mudança de cor do cefalópode — o motivo de ter sido desenvolvida — é de camuflagem.[11] Quando os cefalópodes abriram mão de suas conchas e começaram a rondar águas cheias de peixes de dentes afiados, a camuflagem foi uma das maneiras de evitarem ser comidos. A camuflagem é o oposto da sinalização; é produzir cores para *não* ser visto ou reconhecido. Em algumas espécies, surgiu então a sinalização — a maquinaria da camuflagem foi compelida a operar como forma de comunicação e transmissão. Cores e padrões passaram a ser produzidos para serem vistos e notados por observadores, como rivais ou parceiros potenciais para reprodução.

No meio do caminho entre os casos claros de camuflagem e de sinalização estão as exibições *deimáticas*. São padrões dramáticos, frequentemente produzidos quando se foge de um predador. A hipótese é de que são uma tentativa de surpreender ou confundir o inimigo — assumindo subitamente uma aparência diferente, e bizarra, de uma forma que possa fazer o predador parar ou perder suas referências. Essa exibição é feita para ser vista, mas ela não manda informação a um receptor. Supõe-se que seja apenas um meio de criar confusão ou uma interrupção.

Durante seu período de acasalamento, os chocos gigantes machos se empenham em exibições ritualizadas que incluem uma mistura elaborada de exibições de pele e contorções corporais. Isso pode ser visto, com grande dramaticidade, em um ponto da costa meridional da Austrália, nas proximidades de uma cidade industrial chamada Whyalla.[12] Ali, milhares de chocos gigantes reúnem-se junto à costa, todos os invernos, para acasalar e pôr ovos nas águas rasas. Ninguém sabe por que escolheram esse lugar específico, mas é um ótimo local para observar a mais espetacular de todas as sinalizações dos cefalópodes.

Um macho grande tenta agir como "consorte" de uma fêmea, monopolizando-a e mantendo outros machos afastados. Quando um macho rival se aproxima, o consorte e o intruso dão início a uma competição de exibições. Os dois ficam lado a lado na água, próximos um do outro. Cada um se estica o máximo que puder, fazendo constantemente uma curva suave com o corpo. Eles flamejam em mudanças de cor e de padrão. Depois de ter se espichado em uma direção, com frequência o choco gira 180 graus e se estica na direção oposta. Esse giro, calmo e deliberado, parece uma dança na corte de algum rei francês civilizado. O ato de se esticar, por outro lado, parece uma postura de ioga competitiva.

A mistura de ioga e dança palaciana basta para determinar qual dos chocos é o maior, e o maior sempre prevalece. O menor retrocede. A fêmea fica tranquilamente à deriva na água, às vezes se aproximando de seu vibrante companheiro, às vezes se afastando. O sexo entre chocos, se acontecer, é um caso pacífico para os padrões do reino animal. Eles acasalam-se cabeça com cabeça. O macho tenta agarrar a fêmea de frente. Se ela o aceitar, ele envolve a cabeça da fêmea com seus braços. Chegando a essa posição, há alguns minutos de imobilidade. Durante esse período ele está, aparentemente, soprando água nela com seu sifão. O macho utiliza então seu braço esquerdo 4 para pegar um pacote de esperma e colocá-lo em um receptáculo especial abaixo do bico da fêmea, e, com movimentos mais rápidos, ele quebra o pacote, abrindo-o. Os dois se separam.

As lulas também se envolvem em um número considerável de sinalizações, muitas delas complicadas e intrigantes, no que diz respeito ao papel que teriam. Alguns sinais são claros e comuns a várias espécies. Quando um macho se aproxima de uma fêmea, ela às vezes exibe uma listra branca bem definida, que quer dizer "Não, obrigada". Daqui a pouco falarei mais sobre alguns desses sistemas de sinalização, mas primeiro quero destacar outra coisa sobre as cores dos chocos na qual acabei acreditando.

Aceitemos a ideia de que camuflagem e sinalização são as duas *funções* da mudança de cor nos cefalópodes — foi por causa delas que a mudança de cor evoluiu e se manteve. O fato de serem estas as funções da mudança de cor não significa que toda cor que você vê é produzida como sinal ou camuflagem. Penso que alguns cefalópodes, especialmente os chocos, têm uma expressividade que vai além de qualquer coisa com função biológica. Muitos padrões parecem ser tudo menos camuflagem, e também são produzidos quando não há por perto nenhum "receptor" óbvio para o sinal. Alguns chocos, e uns poucos polvos, passam por um processo caleidoscópico e quase contínuo de mudança de cor, que parece desconectado de tudo o que acontece fora deles, e sugere, em vez disso, ser uma expressão inadvertida do tumulto eletroquímico *interno* do animal. Uma vez que a maquinaria que produz cor na pele esteja conectada à rede elétrica do cérebro, podem ser produzidos cores e padrões de toda sorte, que sejam, simplesmente, efeitos colaterais do que está acontecendo lá dentro.

É assim que interpreto as cores de muitos chocos gigantes: são uma expressão inadvertida dos processos internos do animal. Esses padrões incluem lampejos e surtos de atividade, além de mudanças mais sutis. Se você olhar atentamente para o "rosto" de um choco gigante — a área entre seus olhos, descendo para o primeiro segmento de seus braços —, frequentemente peceberá o murmúrio contínuo de mudanças minúsculas de cor. Talvez a maquinaria de mudança de cor esteja em estado "ocioso". Passei vários dias visitando um choco que chamei de Brancusi. Ele raramente produzia cores claras. Às vezes fixava alguns de seus braços numa postura de padrão incomum, e mantinha-se naquele formato, totalmente imóvel, como uma escultura, o tempo todo que eu conseguia ficar com ele. Erguia um par de braços interiores como se fossem chifres, mas angulando o topo para baixo, em direção ao leito do mar. Brancusi preferia a forma à cor, mas quando eu o olhava atentamente, via uma inquietude constante em todas as cores de seu rosto. Em outros animais, muitas vezes vi um pulsar contínuo de mudanças bem debaixo dos olhos, como se fossem sombras de olho animadas.

Entendo que os chocos são capazes de controlar sua pele rigorosamente quando querem. Podem se camuflar ou adquirir um aspecto agressivo muito rápido, num estalo. Quaisquer mudanças de cor que não contribuam para a sinalização ou a camuflagem são, do ponto de vista evolucionário, efeitos colaterais. Se causarem algum dano, provavelmente serão suprimidos. Mas talvez não causem grande dano. Mais exatamente, talvez causem dano — atraindo atenção indesejada — a cefalópodes pequenos, mas não a um choco gigante, animal de porte suficiente para que muitos predadores o evitem.

Outra possibilidade se relaciona às ideias especulativas sobre percepção de cor que descrevi anteriormente.[13] Suponha que, ao mudar suas cores, um cefalópode afete a luz que incide nos sensores de sua pele. Algumas dessas mudanças de cor pequenas e contínuas poderiam ser, então, uma forma de investigar as cores do entorno.

Constato também que muitas das mudanças de cor que me intrigaram podem ter sido desencadeadas pela minha própria presença. Em geral, quando observo essas exibições, tento manter distância e me posicionar de lado. Também instalei câmeras de vídeo em tocas de polvos e me afastei por algumas horas, para ver o que eles fazem quando não há ninguém por perto. Frequentemente os animais exibem sequências de cores inexplicáveis, mesmo quando, até onde sei, não há outros polvos por perto. Talvez a câmera seja o público a que se dirigem, nesses casos. É uma possibilidade. Mas há outra, que toma as coisas mais por aquilo que de fato são. O que acho é que esses animais têm um sistema sofisticado, destinado à camuflagem e à sinalização, mas que se conecta ao cérebro de um modo que leva a toda sorte de idiossincrasias estranhas e expressivas — uma espécie de conversa cromática continuada.

Babuíno e lula

Os sinais são enviados e recebidos; são feitos para serem vistos ou ouvidos. Para examinar mais detidamente as relações emissor-receptor nos animais, vamos sair da água e passar a um caso muito diferente. Os babuínos selvagens do Delta do Okavango, em Botsuana, África, foram estudados durante anos por Dorothy Cheney e Robert Seyfarth, dois dos mais influentes pesquisadores do comportamento animal.[14]

A vida de um babuíno é atormentada. Há riscos constantes por parte dos grandes predadores africanos, e também um cenário social intenso e mutante para enfrentar. Os babuínos vivem em tropas. A tropa que Cheney e Seyfarth estudaram tinha cerca de oitenta indivíduos, com uma complicada hierarquia de dominação. As fêmeas ficam na tropa em que nasceram e formam uma hierarquia de famílias (matrilineares), com relações adicionais de poder dentro de cada linha matriarcal. A maioria dos machos deixa o grupo em que nasceram e migra para outro quando são jovens adultos. Eles vivem uma vida mais curta e mais dura, com mais violência e muitas caçadas e exibições exaustivas. Frequentemente são expulsos, ou expulsam outros. Mesmo quando a composição de um grupo é estável, ambos os sexos enfrentam desafios e mudanças, formam alianças e amizades, e passam muito tempo tratando de si mesmos e de outros.

Tudo isso é meticulosamente documentado por Cheney e Seyfarth no livro *Baboon Metaphysics* [Metafísica do babuíno]. Considerando sua complexa vida social, não é de surpreender que haja comunicação. Mas os babuínos só são capazes de emitir sons bem simples — chamados de três ou quatro tipos, especialmente ameaças, grunhidos de amizade e gritos de submissão. A comunicação em si mesma é simples, mas, como demonstram Cheney e Seyfarth, suscita comportamentos sofisticados. Cada indivíduo faz seus chamados de uma forma diferente, e os babuínos conseguem reconhecer quem acabou de gritar — eles sabem *quem* ameaçou e quem recuou. Cheney, Seyfarth e outros concluíram, mediante engenhosos experimentos com reproduções de gravações, que um babuíno, ao ouvir uma série desses chamados, é capaz de processá-los de maneiras muito ricas.

Suponha que um babuíno ouça esta sequência, vinda de um local que ele não pode ver: A ameaça e B recua. O que significa isso? Depende de quem são A e B. Se A é superior a B na hierarquia, isso não é surpreendente nem digno de nota. Mas se A está abaixo de B, a sequência na qual A ameaça e B recua é surpreendente e importante. Indica uma mudança na hierarquia, algo que vai afetar muitos membros da tropa. Nos experimentos com reprodução sonora, o babuíno se comporta de modo diferente, ficando muito mais atento, quando uma série de chamados indica um evento importante desse tipo. Como dizem Cheney e Seyfarth, parece que os babuínos constroem uma "narrativa" a partir da série de sons que ouvem. É uma ferramenta que eles usam para o propósito da navegação social.

Compare os babuínos com os cefalópodes. No sistema de comunicação vocal dos babuínos, a parte da produção é muito simples. Há apenas três ou quatro chamados. As escolhas do indivíduo são limitadas, e um chamado indicará fielmente interações de determinado tipo. O lado da *interpretação*, por sua vez, é complexo, porque os chamados são produzidos de maneiras que permitem compor uma narrativa. Os babuínos têm uma produção simples e uma interpretação complexa.

Os cefalópodes são o oposto. O lado da produção é amplamente, quase indefinidamente complexo, com milhões de pixels na pele e um número imenso de padrões podendo ser produzidos a cada momento. Como canal de comunicação, a largura de banda desse sistema é extraordinária. Daria para dizer *qualquer coisa* por meio dele — se fosse possível codificar as mensagens e se houvesse alguém escutando. Entre os cefalópodes, no entanto, a vida social é muito menos complicada que a dos babuínos, até onde já se constatou. (Vou apresentar algumas surpresas a seguir e no último capítulo, mas elas não alteram essa comparação — ninguém acha que um cefalópode tem uma vida social comparável à do babuíno.) Temos aqui um poderoso sistema de produção de sinal, mas a maior parte do que é dito passa despercebida. Talvez não seja o modo certo de colocar a questão: talvez, já que ninguém está interpretando a maior parte disso, na realidade pouco está sendo *dito*. Mas também é verdade que, com toda a conversa, todo o balbucio da pele, muito do que está ocorrendo no lado de dentro fica *disponível* do lado de fora.

A produção de sinais em uma espécie de cefalópode, a lula-de-recifes-do-caribe, foi amplamente documentada nas décadas de 1970 e 1980 por dois pesquisadores, Martin Moynihan e Arcadio Rodaniche, no Panamá.[15] Por anos eles seguiram os animais em campo, registrando seus comportamentos detalhadamente. Descobriram uma grande complexidade nos padrões que eram produzidos, a ponto de sugerir que a lula tem uma *linguagem* visual, com uma gramática — substantivos, adjetivos etc. Era uma afirmação bastante radical. Eles publicaram suas ideias numa monografia que apareceu numa revista muito respeitável, mas era um ensaio incomum, com reflexões pessoais e tentativas contínuas de penetrar no mundo desses animais caprichosos e assustadiços que eles seguiam com seus snorkels, pacientemente, o dia inteiro. A monografia também foi ricamente ilustrada por Rodaniche, que mais tarde abandonou a ciência e se tornou artista.

A defesa da ideia de uma linguagem visual consistia em mostrar a complexidade das exibições da lula. Essas exibições combinavam cores com posturas corporais — algumas delas, analogias minúsculas das exibições do choco gigante que descrevi anteriormente. Moynihan e Rodaniche mapearam as sequências que viram — *sobrancelhas douradas, braços escuros, apontando para baixo, salpicado de amarelo, enrodilhado para cima...* Uma vez cacei uma lula dessas sobre um recife em Belize e fiquei impactado, assim como a dupla, com a complexidade do que ela estava fazendo. Mas há um descompasso na própria argumentação de Moynihan e Rodaniche, do qual eles tinham consciência mas que, talvez, não tenham confrontado totalmente. Comunicação é uma questão de enviar e receber, falar e ouvir, produzir e interpretar — dois papéis que se complementam. Moynihan e Rodaniche conseguiram documentar uma produção de sinais vasta e complicadíssima, mas disseram muito menos sobre os efeitos dos sinais — a forma como os padrões estavam sendo interpretados. Conseguiram entender com razoável clareza algumas combinações sinal-resposta em situações de acasalamento, mas muitas das exibições que observaram foram produzidas fora desse contexto.

No total, eles contaram cerca de trinta exibições ritualizadas, e muitos padrões nas sequências e combinações de exibições produzidas. Afirmaram que esses padrões devem ter *algum* significado, mas, na maioria dos casos, não conseguiram entender qual: "Não podemos dizer, nós mesmos, no estado atual de nosso conhecimento, sempre e em todos os casos, qual é a diferença de mensagem ou significado entre arranjos de padrões específicos. Ainda assim, sentimos que podemos assumir que há algum tipo de diferença funcional real entre duas sequências ou combinações que possam ser diferenciadas uma da outra".

A julgar pelo que de fato demonstram, não havia grande complexidade nas interações comportamentais entre as lulas. Por que, então, estariam produzindo exibições tão complexas?

Há, aqui, um autêntico enigma. Mesmo que Moynihan e Rodaniche tenham contado sinais demais e dado importância excessiva à analogia com a linguagem, ainda resta a questão de por que a lula parece estar dizendo tanta coisa. É possível que as sequências de cores, poses e exibições representassem vários e sutis papéis sociais. Pesquisadores mais tardios têm sido um tanto céticos quanto a essa parte do trabalho de Moynihan e Rodaniche. Mas talvez estejam acontecendo mais coisas aqui do que conseguimos ver.

Essas lulas estão entre os cefalópodes mais sociáveis.[16] A diferença entre babuínos e cefalópodes continua vívida, eu espero. Encontramos nos cefalópodes, como resultado de sua herança de camuflagem, uma capacidade de expressão imensamente rica — eles têm uma tela de vídeo ligada diretamente ao cérebro. Os chocos e outros cefalópodes transbordam de output. Publique-se ou pereça. Em *alguma* medida, esse output foi projetado pela evolução para ser visto. Às vezes é camuflagem, mas às vezes a intenção é ser notado por rivais e pelo sexo oposto. A tela também parece exibir muita conversa e murmúrios, expressões ao acaso. E mesmo que os cefalópodes tenham poderes ocultos de percepção de cores, certamente os observadores perdem boa parte de seu desvairado output cromático. Os babuínos, por outro lado, não conseguem dizer quase nada. Seu canal de comunicação é muito limitado. Mas eles ouvem muito mais.

Os dois casos são parciais, *inacabados*, em certo sentido, embora não se deva pensar na evolução como algo que se dirige a um objetivo. A evolução não está levando a lugar nenhum, nem em nossa direção nem em direção a ninguém. Mas não resisto a enxergar, nos dois, uma qualidade inacabada. São ambos animais que apresentam uma unilateralidade em sua versão da dualidade fundamental da sinalização, o entrelaçamento dos papéis de emissor e receptor, produtos e intérprete. Da parte do babuíno, a vida é uma novela, com uma complexidade social frenética e estressante e poucos meios de expressão. Da parte dos cefalópodes, há uma vida social mais simples e, portanto, menos a dizer, mas com um tanto de coisas extraordinárias sendo expressas mesmo assim.

Sinfonia

No final de uma tarde de verão, mergulhei em um de meus lugares favoritos, uma toca onde já tinha visto muitos chocos gigantes. Havia um choco lá. Era de tamanho médio, provavelmente macho e, mesmo a alguma distância, pude ver que tinha cores intensas. Não se incomodou com minha chegada, mas não ficou curioso nem vigilante. Estava muito imóvel.

Acomodei-me perto dele, na entrada de sua toca. Quando ele se virou na direção do mar, olhando para além de mim, vi suas cores mudando. Foi uma série hipnotizante. Notei imediatamente uma cor de ferrugem, diferente dos vermelhos e laranjas que se veem comumente. Poderia achar que todos os matizes de vermelho e laranja possíveis já tinham sido usados uma centena de vezes pelos animais que vi, mas esse tom parecia incomum, ferrugem como tijolo. Ele também tinha cinza-esverdeados, outros vermelhos e cores pálidas e esmaecidas que não pude distinguir direito.

Enquanto observava, percebi que as cores mudavam de modo coordenado, e de mais maneiras do que eu podia acompanhar. Lembravam-me música, acordes mudando ou sobrepondo-se aos outros. Ele mudava várias cores em sequência ou todas juntas — não dava para dizer quais — e terminava em um novo padrão, uma nova combinação, que podia ficar fixa por um momento ou começar imediatamente a mudar para outra. Havia combinações de amarelo-escuro com marrom-claro, combinações mais familiares de vermelho e outras. O que ele estava fazendo? Lentamente ia escurecendo dentro d'água e, debaixo da saliência rochosa dele, já estava bem escuro. Seu corpo não demonstrava muita coisa. Fiquei de lado, o mais imóvel que consegui, respirando o menos possível. O olho voltado para mim parecia estar quase fechado, mas eu já aprendera que os chocos enxergam mais do que seria de esperar de olho quase fechado.

Ele olhou o mar que escurecia, e onde algas amarelo-esverdeadas ondulavam. Por causa desse movimento, me perguntei se poderia ser um caso de produção "passiva" de cores, de reflexão da mistura de cores que entrava do exterior. Mas o movimento das cores parecia mais organizado que isso, e muitas não tinham cores análogas do lado de fora. Ele continuou movendo seus acordes.

Eu me agachei entre as algas. Ocorreu-me que ele estava prestando *tão* pouca atenção em mim que tudo aquilo poderia estar acontecendo com ele adormecido, ou semiadormecido, em um estado de descanso profundo. Talvez a parte de seu cérebro que controla a pele estivesse mixando a sequência de cores por conta própria. Eu me perguntei se aquilo não seria um sonho de choco — lembrei-me de quando os cães sonham, as patas movendo-se enquanto eles emitem sons que parecem latidinhos. Ele quase não se movia, exceto por ajustes mínimos do sifão e das barbatanas para se manter pairando no mesmo lugar. Parecia estar operando com a menor atividade física possível, à exceção da incessante reviravolta de cores e padrões em sua pele.

Então as coisas começaram a mudar. Ele pareceu enrijecer ou se encolher, e começou a apresentar uma longa série de exibições. Foi a série mais estranha que já vi, sobretudo porque parecia não ter finalidade ou objetivo. Durante quase toda a sequência, ele ficou virado para longe de mim, para o mar. Ele recolheu os braços e expôs seu bico. Enfiou os braços debaixo dele, em uma pose parecida com um míssil, depois produziu um clarão amarelo. Continuei a olhar para ver se ele estava olhando para algo — outro choco ou algum intruso. Não havia ninguém. À certa altura, ele se esticou inteiro, lateralmente, como os machos fazem quando estão competindo entre eles. Depois entrou na mais extraordinária contorção, a pele subitamente branca, os braços puxados para trás, acima e abaixo da cabeça. Então a sequência se acalmou. Eu recuei e subi um pouco mais na água, colocando-me ao lado da toca, e não diante dela, e fiquei observando ele se acalmar. Aí, em um instante, ele passou para uma pose agressiva, com todos os braços esticados, afiados como espadas finas, e o corpo todo em um amarelo-laranja brilhante. Foi como se a orquestra subitamente percutisse um acorde dissonante e estridente. Os braços terminavam em agulhas, o corpo ficou coberto de papilas denteadas, como uma armadura. Então ele começou a vagar um pouco, ora voltado para mim, ora para o mar. Perguntei-me novamente se aquilo tudo se dirigia a mim; mas, se era uma exibição, parecia apontar para todas as direções em volta. E eu já tinha voltado da toca quando a sequência começou, quando ele explodiu no amarelo-alaranjado e na pose dos braços de agulha.

Ainda olhando para outro lado, ele começou a baixar o tom de seu *fortissimo*. Ainda exibiu mais algumas permutações e poses, mas foram diminuindo. Depois, ficou imóvel — os braços pendentes, a pele alternando uma mistura dos vermelhos, ferrugens e verdes que ele estava produzindo quando cheguei. Voltando-se, olhou para mim.

Eu agora estava com frio, e a água ia ficando cada vez mais escura. Tinha ficado ali, ao lado dele, por cerca de quarenta minutos. Agora ele estava calmo, com a sinfonia ou sonho encerrada, e eu fui embora nadando.

6.
Nossa mente e outras

De Hume a Vygotsky

Em uma das passagens mais famosas da história da filosofia, David Hume, em 1739, olhou para o interior de sua mente em uma tentativa de encontrar seu *eu*.[1] Tentou achar uma presença duradoura, um ser permanente e estável que persistisse em meio ao fluxo desordenado da experiência. Declarou que não conseguira encontrar nada do gênero. Tudo que encontrou foi uma sucessão rápida de imagens, paixões momentâneas etc. "Sempre tropeço em uma ou outra percepção específica, de calor ou de frio, de luz ou de sombra, de amor ou de ódio, de dor ou de prazer. Nunca consigo captar a *mim mesmo*, em momento algum, sem uma percepção, e nunca consigo observar nada a não ser a percepção." São essas sensações ou percepções, ele disse, que o compõem — nada mais. Uma pessoa é apenas um pacote ou uma coleção de imagens e sentimentos "que se sucedem uns aos outros com inconcebível rapidez e estão em um fluxo e em um movimento perpétuos".

Este olhar de Hume para dentro oferece um bom ponto de partida para este capítulo, porque qualquer um pode fazer o que ele fez. Quando o fazemos, a despeito do inventário autoconfiante de Hume, certamente encontraremos duas coisas que ele não mencionou. Primeiro, Hume descreveu o que encontrou dentro dele como uma "sucessão" de sensações. Mas parece mais exato dizer que encontramos, a cada momento, uma *combinação* de sensações. Normalmente nossa experiência compõe uma "cena" integrada — uma mistura de informação visual, sons, um sentido de onde nosso corpo está, e assim por diante. Não é uma impressão após a outra, mas várias ao mesmo tempo, todas conectadas. Conforme o tempo passa, cada uma dessas combinações passa a ser outra.

A segunda coisa que Hume perdeu é mais conspícua. Ao olhar para dentro, a maioria das pessoas encontra um fluxo de *discurso interior*, um monólogo que acompanha boa parte de nossa vida consciente. Frases e expressões, exclamações, divagações, comentários, coisas que gostaríamos de dizer ou de já ter dito. Quem sabe Hume não encontrou isso, em seu caso? Algumas pessoas têm um monólogo interior mais proeminente do que outras. Seria Hume uma dessas pessoas com discurso interior fraco?[2] É possível, mas acho mais provável que Hume tenha encontrado seu discurso interior, mas tivesse achado que fosse parte da onda de sensações, e não algo especial. Ela inclui cores, formas e emoções, e ecos de discurso também.

Talvez a desatenção de Hume ao discurso interior também tenha sido causada por seus objetivos gerais na filosofia, pela *forma* da teoria que ele queria defender. Hume se inspirou nas teorias de Isaac Newton na física, lançadas cerca de cinquenta anos antes. Newton via o mundo como algo constituído de objetos minúsculos, governados por leis do movimento, entre elas um princípio de atração também conhecido como gravidade. Hume buscava uma explicação do mesmo tipo para os conteúdos da mente, e pensou ter descoberto uma "força de atração" entre impressões sensoriais e ideias, um complemento da atração de Newton, entre objetos físicos. Hume queria uma ciência da mente que assumisse a forma de uma quase física, na qual as ideias se comportassem como átomos mentais. Nesse projeto, as propriedades peculiares do discurso interior têm pouca relevância; e o conteúdo do inventário mental pessoal de Hume correspondia muito bem a seus objetivos na filosofia. Cerca de dois séculos depois de Hume, o filósofo americano John Dewey, que via o mundo de modo muito diferente, salientou: "É totalmente provável que as 'ideias' que Hume encontrava em fluxo constante sempre que olhava para dentro de si mesmo fossem uma sucessão de palavras pronunciadas em silêncio".[3]

Mais ou menos na mesma época deste comentário de Dewey, um jovem psicólogo desenvolvia uma nova teoria do pensamento e do desenvolvimento infantil nos tumultuados primeiros anos da União Soviética. Lev Vygotsky era filho de um banqueiro e cresceu na atual Belarus.[4] Tinha acabado de chegar ao fim de seus anos de estudante quando a Revolução Russa de 1917 irrompeu. Durante algum tempo, ele trabalhou com os bolcheviques no governo local; apoiou as ideias marxistas e desenvolveu suas teorias psicológicas em um contexto marxista. Vygotsky pensava que, enquanto uma criança se desenvolvia, progredindo de respostas simples para um pensamento complexo, ocorria uma transição pela internalização do meio representado pelo discurso.

O discurso comum, no qual se dizem e se ouvem coisas, desempenha um papel organizacional em nossa vida — ajuda a formular ideias, a chamar a atenção para coisas, a fazer com que ações aconteçam na ordem certa. Vygotsky achava que, à medida que a criança adquire a linguagem falada, adquire também uma fala interior; a linguagem da criança "ramifica-se" em formas interiores e exteriores. A fala interior, para Vygotsky, não é uma mera versão não pronunciada da fala normal, mas algo que tem padrões e ritmos próprios. Essa ferramenta interior possibilita o pensamento organizado.

Tanto física quanto intelectualmente alinhado à Rússia Soviética, Vygotsky não teve influência no Ocidente. Por volta de 1930, ele passou por uma crise pessoal e intelectual e começou a rever suas teorias. Também teve de lidar com perigosas acusações de que havia elementos "burgueses" em seu trabalho. Vygotsky morreu com apenas 37 anos, em 1934.

Em 1962, foi publicada uma tradução para o inglês de sua obra *Pensamento e linguagem*. Vygotsky ainda é considerado uma figura marginal na psicologia. Alguns estudiosos proeminentes em atividade hoje, como Michael Tomasello,[5] reconhecem sua influência (a primeira vez que me lembro de ter visto o nome de Vygotsky foi uma menção em um livro de Tomasello), mas muitos não o reconhecem. Com ou sem crédito, o quadro que ele esboçou torna-se cada vez mais importante à medida que tentamos compreender as relações entre a mente humana e outras mentes.

A palavra se torna carne

Qual é o papel psicológico da linguagem, nossa habilidade de falar e ouvir? Qual é o papel específico dessa conversa toda, dessa fala interior divagante? Essas perguntas provocam divisões agudas. Para alguns, a fala, ou o discurso interior, é um comentário ocioso, uma espuma na superfície da mente, algo não muito importante. Para outros, como Vygotsky, é uma ferramenta de importância crucial. Em um breve porém famoso comentário em *The Descent of Man* [A descendência do homem], de 1871, Charles Darwin afirma que o discurso, seja interior ou exterior, é requisito do pensamento complexo.

> Os poderes mentais em algum progenitor primevo do homem devem ter sido mais altamente desenvolvidos do que em qualquer macaco existente, antes mesmo que a mais imperfeita forma de discurso pudesse ter entrado em uso; mas podemos acreditar confiantemente que o uso continuado e o progresso nesse poder [do discurso] tenham provocado reação na mente, que os capacitou e estimulou a conduzir

longas sequências de pensamento. Uma longa e complexa sequência de pensamento não pode ser conduzida sem a ajuda de palavras, pronunciadas ou silenciosas, mais do que um longo cálculo sem o uso de elementos de álgebra.

Inicialmente, esta leitura poderia parecer inevitável — que o pensamento complexo, em seu movimento, passo a passo, da premissa à conclusão, exige obrigatoriamente a linguagem ou algo parecido. Aparentemente, não poderia haver processamento interno organizado sem ela.

Quando fazemos esta última declaração, porém, estamos dizendo algo que não é verdade. Já ficou claro que coisas muito complexas acontecem no interior de outros animais sem a ajuda do discurso. Lembre-se dos babuínos do capítulo anterior. Eles vivem em grupos sociais com alianças e hierarquias complexas. Têm vocalizações simples, três ou quatro formas de chamado, mas o processamento interior daquilo que ouvem é muito mais complicado. Eles conseguem reconhecer os chamados de cada indivíduo e interpretar uma série de chamados feitos por babuínos diferentes, construindo uma compreensão dos eventos à sua volta que é muito mais complexa do que qualquer coisa que um babuíno seria capaz de *dizer*. Quando constroem essa narrativa, eles têm um meio para associar ideias que vai muito além daquilo que conseguem expressar usando seu sistema de comunicação.

O caso do babuíno é especialmente convincente, mas existem outros. Nos anos recentes, vimos um aprimoramento constante e surpreendente de nossa visão daquilo que alguns tipos de aves conseguem fazer, especialmente corvos e papagaios, além de aves que armazenam alimento, como os gaios. Nicola Clayton e outros cientistas da Universidade de Cambridge demonstraram, em uma longa série de estudos, que as aves são capazes de armazenar alimentos de gêneros diversos em uma centena de lugares diferentes para buscar mais tarde, e que conseguem lembrar não só onde deixaram o alimento como também *o que* deixaram em cada lugar, de forma a poder resgatar os itens mais perecíveis antes dos mais duráveis.[6]

O próprio Vygotsky, lá no início do século XX, chegou a reconhecer algo a esse respeito. Ele conhecia os primeiros vislumbres de estudos que mostravam complexidade no pensamento animal, trabalhos que teriam sido bastante demolidores para suas teorias. Vygotsky achava, inicialmente, que a interiorização da linguagem devia ser essencial para qualquer tipo de processamento interno complexo, mas então teve conhecimento do trabalho de Wolfgang Köhler com chimpanzés.[7] Köhler foi um psicólogo alemão que passou quatro anos trabalhando numa estação de campo em Tenerife, nas ilhas Canárias, na época da Primeira Guerra Mundial. Lá, ele estudou nove chimpanzés, observando, sobretudo, como eles conseguiam chegar até o alimento em situações novas. Às vezes os chimpanzés pareciam demonstrar insight, disse Köhler; eram capazes de processar problemas novos espontaneamente. Como ficou notório, eles empilhavam caixas umas em cima das outras e as escalavam para chegar até alimentos que estavam fora de seu alcance. Com isso, Köhler abalou a ideia de que haveria necessariamente uma conexão entre linguagem e pensamento complexo.

Algumas evidências apontam nessa direção, mesmo no caso de humanos. Em seu livro *Origins of the Modern Mind* [Origens do pensamento moderno], publicado em 1991, o psicólogo canadense Merlin Donald se utilizou de dois "experimentos naturais". Primeiro, examinou evidências da vida de pessoas surdas em culturas pré-letradas, que também não tinham linguagem de signos. Alegou que essas pessoas viviam vidas mais normais do que seria de esperar se a linguagem fosse, de fato, essencial para o pensamento complexo. Segundo, usou o caso notável de um monge franco-canadense, conhecido como Irmão John, que foi descrito em um trabalho de 1980 de André Roch Lecours e Yves Joanette.[8] Irmão John vivia normalmente na maior parte do tempo, mas era sujeito a ataques ocasionais de afasia grave. Durante esses episódios, ele perdia completamente o uso da linguagem, tanto da fala quanto da compreensão, tanto externa quanto interna. Permanecia consciente durante as crises, que às vezes ocorriam em ambientes públicos, caso em que tinha de lidar com elas da maneira mais inventiva possível. O trabalho descreve um episódio no qual ele chegou de trem a uma cidade, teve um de seus ataques e precisou encontrar um hotel e pedir algo para comer. Ele fez isso usando gestos (inclusive o de apontar para o que supôs ser o trecho correto de um cardápio que, para ele, era ilegível), e o fez sem qualquer fluência linguística interna que organizasse seus pensamentos e ações. Se a ideia de que a linguagem é essencial para o pensamento complexo fosse verdadeira, Irmão John teria sido muito menos capaz de fazer o que fez. John descreveria mais tarde esses episódios como muito difíceis e confusos, mas ele lidou com eles, e estava mentalmente *presente* naqueles momentos.

As visões extremadas dos dois lados da questão estão desaparecendo: a linguagem é uma ferramenta importante para o pensamento e a fala interior não é mera espuma mental-sonora.[9] Mas tampouco é essencial à organização das ideias, e a linguagem não é *o* meio do pensamento complexo. Afirmei nos parágrafos de abertura que o inventário de Hume da vida interior era surpreendente porque negligenciava o discurso interior, porém poderíamos responder de forma exatamente análoga ao comentário de John Dewey que citei. Dewey considerava que as "ideias" de Hume *eram* só uma série de palavras pronunciadas silenciosamente. Mesmo se as palavras estivessem realmente presentes, Hume estaria errado ao dizer que também tinha encontrado "calor ou frio, luz ou sombra, amor ou ódio"? Certamente Dewey também encontrou essas coisas em si mesmo. A catalogação de ambos os filósofos parece incompleta.

O papel que a linguagem desempenha em nossa mente talvez não seja muito diferente do papel esboçado por Darwin, ainda que ele tenha colocado as coisas de uma forma forte demais. A linguagem oferece um meio de arranjar e manipular ideias. Eis um exemplo vindo de uma pesquisa recente com crianças pequenas, feita no laboratório da psicóloga Susan Carey, de Harvard.[10] Ela observou o momento em que as crianças tornam-se capazes de empregar um princípio lógico chamado *silogismo disjuntivo*. Suponha que você saiba que *ou* A *ou* B é verdadeiro. Quando você aprende que A *não é*, concluiria que B *é*. As crianças são capazes de seguir essa regra antes de terem a palavra "ou" em seu vocabulário? Por algum tempo pensou-se que sim, mas agora parece que elas precisam ter aprendido a palavra antes de serem capazes de fazer esse tipo de processamento mental. (Se o adesivo está debaixo deste copo ou daquele copo, e você sabe que não está debaixo deste copo, logo...) É sempre difícil deduzir qual é a relação entre causa e efeito em estudos desse tipo, mas esse resultado parece ser muito vygotskiano.

Quais são os mecanismos interiores que fazem tudo isso funcionar? Como é que a palavra torna-se carne? Há, aqui, uma dose grande de incerteza. Mas segue-se um modelo plausível, extraído do trabalho de várias pessoas.[11]

O discurso comum funciona tanto como input quanto como output. O ato de ouvir fornece à mente um input; nossa fala é um output. Nós tanto falamos como ouvimos, e podemos ouvir o que estamos dizendo. Falar sozinho em voz alta pode até ser um modo útil de abordar um problema. Agora vou associar esses fatos familiares a um conceito que vem se tornando cada vez mais importante nas ciências do cérebro: o conceito da cópia eferente.[12] (A palavra "eferente" significa, aqui, a mesma coisa que output, ou ação.) A melhor maneira de apresentar a ideia é usando o exemplo da visão.

Conforme você movimenta a cabeça ou desvia o olhar, a imagem em sua retina muda constantemente, mas não é percebida como uma mudança nos objetos à sua volta. Você compensa continuamente os movimentos de seus olhos, e assim, quando algo *realmente* se move no entorno, você registra esse movimento. Isso exige que você esteja sempre acompanhando suas próprias decisões de ação. Com um mecanismo de cópia eferente, quando você decide agir, enviando um "comando" de algum tipo a seus músculos, você também envia uma imagem tênue do mesmo comando (uma "cópia" dele, em um sentido aproximado do termo) à parte do cérebro que trata do input visual. Isso faz com que essa parte leve em consideração aquilo que seus próprios movimentos estão fazendo.

Sem usar o termo, apresentei a ideia das cópias eferentes no capítulo 4, quando falei sobre como a evolução criou novos tipos de loops entre ação e sentidos.[13] Animais móveis de muitos tipos têm de lidar com o fato de que o que eles *fazem* afeta o que *sentem*; isso cria a questão de distinguir quando uma mudança naquilo que se percebe é devida a um acontecimento importante, exterior a ele, e quando é devida às ações do próprio animal.

Além de ajudar a resolver problemas de percepção, esses mecanismos também têm um papel no próprio desempenho de ações complicadas. Quando você decide agir, cópias eferentes podem ser usadas para dizer ao cérebro: "Eis como as coisas devem ficar, depois do que acabei de fazer". Se as coisas não ficaram como se esperava, pode ser porque algo no entorno mudou, mas também porque a ação que você tentou realizar não saiu como o planejado. Frequentemente você precisa resolver se sua *tentativa* de fazer X resultou mesmo em *fazer* X. Por exemplo, você sabe qual deveria ser a sensação de empurrar uma mesa com o corpo. Se não acontecer o que você espera, isso pode significar que a mesa tem rodinhas, mas também que você não conseguiu empurrar a mesa.

Apliquemos essa ideia ao caso da fala, agora. Todo mundo quer que suas palavras saiam como planejado, e a fala é uma ação muito complexa. Na fala, a criação de uma cópia eferente permite que você compare suas palavras faladas com uma imagem interior delas; isso pode ser usado para aferir se os sons "saíram direito". Quando dizemos coisas em voz alta, também registramos, internamente, os sons do que *tencionamos* dizer, e podemos então saber se as palavras saíram de maneira incorreta. A fala comum envolve, no fundo, um tipo de pseudofala e pseudoaudição internas.

Até aqui, esse lado oculto da fala comum nos ajudou a controlar ações complexas. Mas essas imagens auditivas da fala, essas frases pseudoditas internas, parecem ter assumido também outros papéis. Uma vez que estejamos gerando essas frases quase faladas para checar o que dizemos de fato, não é um grande passo formar frases que *não* tencionamos dizer, frases e fragmentos de linguagem que têm um papel exclusivamente interno. A formação de frases em nossa imaginação auditiva cria um novo meio, um novo campo de ação. Podemos formular frases e experimentar seus resultados. Quando ouvimos — internamente — como certas palavras funcionam juntas, podemos aprender algo sobre como as respectivas *ideias* funcionam juntas. Podemos pôr uma ordem nas coisas, aproximar possibilidades, listar, instruir, exortar.

Já mencionei John Dewey, que comentou a omissão de Hume do discurso interior, quando descreveu o que encontrara dentro da mente. Para Dewey, o discurso interior era importante, mas seu papel era em grande parte recreativo, um veículo para contar histórias. É estranho que ele não tenha falado de outros usos. Pode ter sido porque Dewey era um filósofo intensamente social; ele achava que a maior parte das coisas importantes que fazemos acontece fora de nós. Para Vygotsky, o discurso interior tinha um papel no que hoje chamamos *controle executivo*. O discurso interior nos oferece um meio de realizar ações na ordem correta (*desligue a máquina primeiro, depois tire o fio da tomada*) e de exercer controle, de cima para baixo, sobre hábitos e caprichos (*não coma mais uma fatia*). O discurso interior também pode ser um meio para experimentar, juntar ideias e ver o que resulta da combinação (*como seria poder viajar na velocidade da luz?*). Na terminologia usada por Daniel Kahneman e outros psicólogos, é um meio para o Sistema 2 de pensamento.[14] Trata-se de um estilo lento e deliberado de pensar, no qual nos envolvemos quando nos deparamos com situações novas, em oposição ao Sistema 1 de pensamento, que é rápido e se serve de hábitos e intuições. O Sistema 2 de pensamento tenta seguir regras corretas de raciocínio, e olhar para as coisas a partir de mais de um lado. É laborioso, mas potente. É a forma como evitamos a tentação (se é que evitamos) e como avaliamos se uma ação nova dará realmente conta da tarefa.

O discurso interior parece ser uma parte importante do Sistema 2 de pensamento. É um modo de considerar as consequências de ações, de evocar razões para enfrentar a tentação. Acenando para os monólogos interiores errantes dos romances de James Joyce, Daniel Dennet chamou o resultado dessa fiação interna do discurso de uma "máquina joyciana" em nossa cabeça.[15] Mas como algo tão mundano quanto um sistema de cópia eferente pode fazer surgir uma coisa tão poderosa? A mera existência de fragmentos de linguagem flutuando dentro de nós não deveria ter tantas consequências.

Parte da explicação pode estar na forma como as frases do discurso interior são tratadas. Elas ficam disponíveis para grande parte do cérebro mais ou menos da mesma maneira que o discurso comum. Na verdade, as semelhanças são tão fortes que é fácil pessoas confundirem sons que só existem em sua imaginação auditiva com sons que estão, de fato, ouvindo. Num experimento feito em 2001, pediu-se a algumas pessoas que escutassem um ruído aleatório e descaracterizado, usando fones de ouvido; então disseram a elas que a canção "White Christmas" poderia ser ouvida ocasionalmente, muito baixinho, em meio ao ruído.[16] Elas tinham de apertar um botão se tivessem certeza de que estavam ouvindo a canção. Cerca de um terço das pessoas apertou o botão pelo menos uma vez, apesar de, na verdade, a canção não ter sido tocada. A interpretação usual do experimento é que os participantes imaginaram a melodia que supostamente estariam ouvindo, e às vezes confundiram sua própria imagem auditiva com a execução real da canção. Os sons que cozinhamos em nossa cabeça, inclusive os sons de palavras, são *transmitidos* em nossa mente mais ou menos do mesmo modo que muitas experiências perceptivas comuns. Uma vez que nosso discurso interior forme uma frase, ela é exposta ao mesmo tipo de processamento que se aplicaria a uma frase que ouvimos. Uma nova combinação de ideias, ou uma exortação à ação, é disponibilizada, assim, para consideração; pode ter o mesmo tipo de efeito que uma frase falada teria normalmente. Esses fenômenos, inclusive o experimento "White Christmas", têm informado algumas tentativas de explicar um sintoma comum da esquizofrenia, no qual pessoas "ouvem vozes" de um modo que causa ruptura na ação e no sentido do "eu".

Aparentemente, o discurso interior é uma das ferramentas da família que habilita, em nós, o pensamento complexo. Outra é a imaginação espacial, figuras e formas interiores. Em um trabalho da década de 1970 que se tornou referência, os psicólogos britânicos Alan Baddeley e Graham Hitch apresentaram um modelo de *memória operacional*, ou *memória de curto prazo*, um armazenamento que todos temos das informações que estamos retendo ou elaborando, em geral de forma conscientemente, a cada momento.[17] Baddeley e Hitch achavam que a memória operacional tinha três componentes: um loop *fonológico*, capaz de fazer soar sons imaginários como os de um discurso interior, um *bloco de esboços visuais-espaciais*, que usamos para manipular figuras e formas, e um dispositivo de controle executivo que coordena as atividades dos outros dois subsistemas. Esboços e formas interiores são, em alguns aspectos, muito diferentes do discurso interior, mas também são ferramentas do pensamento complexo e podem ter origens semelhantes nos mecanismos de cópia eferente — neste caso, no modo como controlamos os movimentos da mão e os gestos.

Falta muita coisa em nosso conhecimento nessa área, e algumas características importantes do quadro que esbocei são conjecturais. A origem do discurso interior, ou da fala interior e de seus correlatos, nos mecanismos de cópia eferente não foi demonstrada; é meramente hipotética. É possível que, em vez disso, o discurso e as imagens interiores tenham origens diferentes. Podem simplesmente surgir da própria imaginação, e só por coincidência parecerem produto de mecanismos antigos que possibilitam as ações complexas.

Experiência consciente

O discurso interior e os esboços e formas com os quais a linguagem interior se entrelaça têm efeitos enormes na experiência subjetiva. Todo ser humano comum tem à sua disposição um campo para a realização de inumeráveis ações invisíveis. Os ecos e os comentários, a falação e a persuasão são absolutamente vívidos em nossa vida interior. Você pode estar sentado, imóvel, diante de uma cena parada, e no meio de tudo isso sua mente pode estar *viva*, fervilhando em uma grande confusão. Para muita gente, a fala interior é tão proeminente subjetivamente que chega a ser esmagadora; as pessoas recorrem à meditação para *fugir* de seu blá-blá-blá infindável.

O que essas características do pensamento humano nos dizem sobre as origens da experiência subjetiva? No capítulo 4, esbocei um quadro que divide a explicação em duas partes. Primeiro, há formas básicas de experiência subjetiva que provêm de características generalizadas da vida animal. A dor me parece um exemplo disso. A segunda parte da história diz respeito à evolução de tipos mais sofisticados de experiência subjetiva — a experiência *consciente*, no sentido mais substancial do termo.

Acredito que o discurso, ou fala, interior e seus correlatos, as ferramentas que discuti neste capítulo, possam completar esse quadro. No capítulo 4 apresentei a teoria do espaço de trabalho da consciência, proposta inicialmente pelo neurobiólogo Bernard Baars. Baars tentou explicar o pensamento consciente em termos de um "espaço de trabalho global" interior, no qual grandes quantidades de informação podem ser reunidas. Na visão de Baars, a maior parte do que ocorre em nosso cérebro é inconsciente, mas uma pequena fração pode se tornar consciente se for trazida para o espaço de trabalho.

Quando a ideia foi proposta pela primeira vez, no fim da década de 1980, parecia muito próxima das visões antigas que tentavam explicar a consciência localizando-a em um *lugar* especial no cérebro, um lugar onde os pensamentos adquiriam, de algum modo, um lampejo subjetivo. Baars incentivou essa metáfora espacial; o espaço de trabalho seria como um palco central. Vi pessoas que defendiam a ideia do espaço de trabalho ficarem em dificuldades por causa disso — "O que torna o espaço de trabalho especial? Haveria um homenzinho lá dentro?". A ideia de um espaço de trabalho parecia esquisita quando surgiu, mas Baars tinha chegado a alguma coisa, e um trabalho científico guiado por sua ideia logo o confirmaria.

Baars tomou como um de seus pontos de partida a ideia de que a experiência subjetiva humana é *integrada*. Informações vindas de diversos sentidos diferentes, e de nossa memória, juntam-se para nos dar uma percepção de uma "cena" geral que habitamos e na qual agimos. Uma versão de segunda geração da teoria do espaço de trabalho foi defendida pelos neurobiólogos franceses Stanislas Dehaene e Lionel Naccache em 2001.[18] Dehaene e Naccache alegaram que o pensamento consciente dos humanos tem uma relação especial com as situações novas e as ações que nos tiram da rotina. Começamos a lidar conscientemente com uma tarefa quando nossos hábitos falham, ou não se aplicam, e precisamos fazer algo diferente. Frequentemente, formular essa ação nova exige reunir diversos tipos de informação e ver o que resulta disso. Para Dehaene e Naccache, a função do pensamento consciente é possibilitar que realizemos ações novas e deliberadas, que exijam levar em conta o "quadro maior", a situação como um todo.

Essa abordagem é chamada usualmente de "teoria do espaço de trabalho", mas sempre houve duas maneiras de se referir a ela, duas metáforas às quais as pessoas recorrem para descrevê-la. Baars, Dehaene e Naccache mencionam também uma espécie de *transmissão*, quando descrevem como a consciência funciona: transmitir uma informação pelo cérebro é o que a torna consciente. Às vezes eles falam como se espaço de trabalho e transmissão fossem ambos necessários (Baars fala assim); outras vezes, parece que são metáforas usadas para nos ajudar a compreender algo que é uma coisa só.

Acho que são duas metáforas muito diferentes, porém, e que "transmissão" nem sequer funciona claramente como metáfora nesse contexto. A ideia da integração pela transmissão deveria ser vista como um substituto para a ideia de um espaço de trabalho interior, não como outra maneira de expressar o mesmo conceito. "Onde fica o espaço interior? Quem olha para ele?" — essas perguntas não são um problema quando usamos um modelo de transmissão. Partindo daí, o próximo passo é ver que o discurso interior e correlatos fornecem um *meio* para essa transmissão, um modo de fazê-la. O discurso interior provê um meio que nos permite conduzir informações por nossa mente, de forma que elas possam ser acessadas e utilizadas. O discurso interior não vive em uma caixinha dentro de nosso cérebro; ele é *a forma como nosso cérebro cria um loop*, entrelaçando a elaboração de pensamentos e sua recepção. E, quando isso é feito, o formato oferecido pela linguagem permite juntar as ideias em uma estrutura organizada.

Não apresento isso como a teoria completa da transmissão interior e de sua relação com o pensamento consciente. Dehaene e outros neurocientistas delineiam mecanismos de transmissão e integração de informação que provavelmente não têm nada a ver com o discurso interior. Contudo, acredito que seja uma parte da história, e uma das várias maneiras pelas quais as cópias eferentes e o discurso interior contribuem para explicar as características particulares da experiência humana.

Eis aqui outra. Um fenômeno que por muito tempo pareceu ter alguma conexão com a consciência é o *pensamento de ordem superior*.[19] É um pensamento *sobre* o próprio pensamento; envolve dar um passo atrás em relação à fluência corrente de sua experiência e formular um pensamento sobre ela: "Por que estou tão mal-humorado?" ou "Quase não vi esse carro". O pensamento de ordem superior é visto há muito tempo, em teorias de subjetividade e consciência, como tendo um papel a desempenhar, mas não está claro qual é esse papel. Alguns defendem que o pensamento de ordem superior é necessário a absolutamente todo tipo de experiência subjetiva. Como é muito improvável que a maioria dos animais tenha pensamento de ordem superior, o resultado é um exemplo extremo do que chamei de visão da experiência subjetiva retardatária. Outra possibilidade é que o pensamento de ordem superior seja uma das características mais sofisticadas da vida humana, que, embora não tenha originado a experiência, reformatou nossa experiência subjetiva.

Tendo a uma visão desse tipo. Resisto à ideia de que o pensamento de ordem superior *seja o* passo extra essencial que nos leva ao tipo de experiência visto em humanos. Ele é uma peça dessa história, ainda que possa ser uma peça especialmente importante. Talvez as mais vívidas de todas as formas de pensamento consciente sejam aquelas nas quais prestamos atenção em nosso próprio processo de pensamento, refletimos sobre ele e o sentimos *como* algo nosso. Podemos olhar para nossos próprios estados internos sem pensar sobre eles em forma de palavras, mas nos casos incontestáveis de consciência — *por que pensei isso? Por que me sinto assim?* —, o discurso interior é proeminente. Frequentemente formulamos perguntas, comentários e exortações interiores a respeito de nossos estados interiores para refletir sobre eles, e isso não é ocioso nem meramente recreativo; pode nos ajudar a fazer coisas que, se não fosse por isso, não seríamos capazes de fazer.

Círculo completo

Ninguém sabe qual é a idade da linguagem humana — talvez 500 mil anos, talvez menos — e há muita polêmica sobre como ela teria evoluído a partir de formas simples de comunicação.[20] Seja como for, a linguagem surgiu, e seu advento mudou o curso da evolução humana. Por algum caminho, sobre o qual hoje em dia só podemos especular, a linguagem também se internalizou; tornou-se parte da maquinaria do pensamento. Essa internalização — a transição de Vygotsky — foi também um evento evolucionário importante. É a segunda grande internalização discutida neste livro. A primeira, centenas de milhões de anos antes, foi descrita no capítulo 2. Pouco antes do início da evolução animal, células que tinham desenvolvido meios de sentir e sinalizar, para interagir com outras e com o restante de seu entorno exterior, deram novos papéis a esses mecanismos. A sinalização de célula para célula foi usada para construir animais multicelulares e, dentro de alguns deles, surgiu um novo dispositivo de controle: o sistema nervoso.

O sistema nervoso surgiu da internalização da sensação e da sinalização; e a internalização da linguagem como ferramenta do pensamento foi outra. Em ambas, um meio de comunicação entre organismos tornou-se um meio de comunicação dentro deles. Esses dois eventos marcam a evolução cognitiva como ela ocorreu até aqui — um deles foi próximo de seu começo, o outro mais recente. O evento recente não está próximo do "fim" do processo, mas sim do fim do processo como ele ocorreu até aqui.

Em outros aspectos, essas duas internalizações têm formatos diferentes. Na evolução do sistema nervoso, a internalização da sinalização foi possível porque o organismo tornou-se maior — seus limites se expandiram para acomodar internamente seres que antes eram independentes. Na internalização da linguagem, os limites do organismo ficaram inalterados, mas se estabeleceu um novo trajeto dentro deles.

No capítulo 4 examinei a mudança evolucionária que levou do fluxo simples, direcionado para a frente, que conectava sentidos e ação até algo mais intricado. Nos casos mais simples, há um input sensorial e alguma forma de output: o que você faz depende do que você vê. Até mesmo em uma bactéria, o vetor causal também funciona ao contrário — uma ação tem um efeito *de facto* no que é sentido depois. Nos animais dotados de sistema nervoso, porém, os loops que conectam o sentido à ação tornam-se mais ricos, e são registrados *pelos* próprios animais. Sua ação modifica continuamente sua relação com que está em volta. Para um animal que tenta aprender sobre o mundo, esse fato aparece inicialmente como um *problema*. Como discernir novos eventos em seu entorno se tudo o que você faz altera o aspecto desse mundo? Mas o que nasce como problema pode, mais tarde, tornar-se oportunidade.

Em 1950, os fisiologistas alemães Erich von Holst e Horst Mittelstaedt apresentaram um esquema estrutural para abordar esses relacionamentos.[21] Usei um de seus termos há pouco, neste capítulo: cópia eferente. Agora vou esboçar esse esquema um pouco melhor. Eles usaram o termo "aferente" para se referir a tudo que é assimilado pelos sentidos. Parte do que percebemos se deve a mudanças nos objetos à nossa volta — isto é o *exaferente* (o prefixo "ex" usado no sentido de "fora"); e parte se deve à sua própria ação — e isso é o *reaferente*. Distinguir um do outro é um desafio para os animais. A reaferência torna a percepção mais ambígua. Se sua própria ação não alterasse o que seus sentidos captam, a vida seria, em alguns sentidos, mais fácil.

Uma maneira de lidar com esse problema é usando os mecanismos de "cópia eferente" que descrevi anteriormente. Quando você se movimenta, envia um sinal para as partes de si mesmo que lidam com a percepção, dizendo a elas que ignorem parte da informação que está entrando: "Não se preocupe, sou só eu".

A reaferência cria problemas, mas também oportunidades. Você pode agir sobre seus próprios sentidos de maneiras úteis. O objetivo, aqui, não é filtrar um efeito indesejado naquilo que se percebe mas, em lugar disso, usar sua ação para *alimentar* a percepção. Um exemplo simples é anotar algo para que você mesmo leia mais tarde. Você age agora, modificando o ambiente, e mais tarde perceberá os resultados de seu ato. Isso o habilita a fazer, em um momento posterior, algo que faz sentido tendo em vista o que você sabe agora.

Fazer uma anotação e lê-la depois é criar um loop reaferente. Em vez de querer perceber somente aquilo que *não* é criado por você — descobrir o exaferente em meio ao ruído de seus sentidos —, você quer ler algo que se deva *totalmente* à sua ação prévia. Você quer que o conteúdo da anotação seja consequência de seus atos e não da intromissão de alguém ou da decadência natural do bloco de notas. Você quer criar um loop firme entre a ação presente e a percepção futura. Isso permite que você crie uma forma de memória externa — o que foi, quase certamente, o papel das primeiras formas de escrita (que estão cheias de registros de bens e de transações) e talvez, também, de alguns desenhos ancestrais, embora isso seja bem menos claro.

Quando uma mensagem escrita é dirigida a outros, trata-se de uma comunicação comum. Quando você escreve algo para você mesmo ler, em geral o tempo exerce um papel essencial — o objetivo é a memória, em um sentido amplo. Mas esse tipo de memória *é* um fenômeno de comunicação; é uma comunicação entre seu "eu" atual e um "eu" futuro.[22] Os diários e as anotações feitas para si mesmo se inserem em um sistema emissor/receptor, assim como os tipos mais convencionais de comunicação.

No capítulo 2 abordei também dois papéis que a comunicação entre indivíduos pode ter, papéis que se encaixam em diferentes visões do que os primeiros sistemas nervosos faziam por seus donos. Um papel é coordenar o que *se percebe* com o que *se faz*; é o papel exemplificado pelo código da lanterna de Paul Revere. O outro papel é coordenar componentes diferentes de uma única ação, como quando alguém "comanda a remada" em um barco a remo. Afirmei naquele capítulo que, por boa parte do tempo, os dois papéis são desempenhados simultaneamente, mas que ainda assim vale a pena distingui-los. Isso é verdade, mas agora podemos ver uma outra conexão entre eles que não era evidente nessa abordagem anterior.

Quando você faz uma anotação para se lembrar de terminar um trabalho mais tarde, está fazendo uma marca que seu "eu" posterior vai *sentir* — algo que você vai perceber. Nesse aspecto, é como o sacristão e Revere. Mas essa marca foi criada por seu "eu" atual para que seu "eu" futuro faça algo que completa uma tarefa. Nesse aspecto, é como a coordenação interna de atividades — formatação de uma ação —, ainda que essa coordenação se utilize de um loop causal que atravessa o mundo exterior. A coordenação envolve fazer uma marca que será percebida mais tarde.

Alguns desses loops úteis operam fora dos limites da pele; alguns, dentro. As cópias eferentes são mensagens internas, uma atividade do sistema nervoso. Quando você movimenta a cabeça e o mundo parece continuar imóvel, isso acontece graças a meios internos. Aqui, uma mensagem interna é usada para resolver um problema que surge do efeito da ação sobre os sentidos. Mas esses arcos internos, assim como os externos, também podem oferecer oportunidades e recursos novos. É assim que as coisas parecem funcionar dentro do modelo que apresentei anteriormente para as origens do discurso interior. Cópias de coisas que você planeja dizer podem, elas mesmas, dar origem a ações silenciosas — ações interiores que criam oportunidades, geram ideias e exercem autocontrole. O discurso interior pode se parecer um pouco com uma reaferência — o resultado de uma ação que afeta seus sentidos —, mas está confinado ao interior e, portanto, não é *ouvido* de fato (ao menos quando as coisas estão funcionando como deveriam). Se o discurso interior é uma espécie de transmissão de informação no cérebro, ele lembra o loop de reaferência que se estabelece quando você fala sozinho em voz alta ou faz uma anotação para si mesmo. Aqui, porém, o loop é mais apertado e confinado, invisível e não público, um campo para experimentos livres e silenciosos.

Ver a mente humana como o locus de inúmeros loops desse tipo nos dá uma perspectiva diferente de nossa própria vida e da vida de outros animais. Isso inclui os cefalópodes que discutimos neste livro. Seu meio de expressão, cores e padrões, não se presta a loops complicados. (Isso vale mesmo se descartarmos as ironias relacionadas a seu suposto daltonismo.) Formar padrões na pele, não importa de qual grau de complexidade, é uma via de mão única. O animal não tem como ver seus próprios padrões da maneira como uma pessoa ouve o que diz. Provavelmente as cópias eferentes que envolvem padrões na pele não têm muito papel a desempenhar (a menos que algumas teorias especulativas sobre o papel dos cromatóforos nas sensações da pele estejam corretas). As exibições de cefalópodes têm um enorme poder expressivo, mas, enquanto estivermos olhando para um único animal, e não para um par ou um grupo, essas exibições não estão inseridas em muitos feedbacks em forma de loops, e talvez não possam estar nunca. O caso dos humanos — um caso extremo — sugere que as oportunidades associadas à reaferência ajudam a impulsionar a evolução de uma mente mais complexa. Os cefalópodes estão em um caminho diferente.

E esse não é o único aspecto da vida do cefalópode que restringe suas possibilidades.

7.
Experiência comprimida

Declínio

Comecei a observar os cefalópodes de perto, seguindo-os para todos os lados no mar, por volta de 2008; primeiro foi o choco gigante e depois os polvos, assim que aprendi a enxergá-los (eles estavam à minha volta o tempo todo, é claro). Também comecei a ler sobre eles, e uma das primeiras coisas que aprendi me chocou. Os chocos gigantes, animais grandes e complicados, têm uma vida muito curta: apenas um ou dois anos. Isso vale também para os polvos; para eles, um ou dois anos é um tempo de vida normal. Os maiores, os polvos gigantes do Pacífico, conseguem viver até quatro anos, no máximo.

Mal podia acreditar. Eu achava que os chocos com os quais interagia eram velhos, que eles tinham encontrado humanos com frequência, entendido como nos comportamos, e visto muitas estações passar por sua faixa de oceano. Eu supunha isso, em parte, porque eles *pareciam* velhos; tinham um ar de experiência. Também pareciam grandes demais para ser tão jovens; frequentemente tinham de sessenta centímetros a um metro de comprimento. Naquele ano, no entanto, entendi que tinha encontrado aqueles chocos no início da estação reprodutiva, e que todos os animais que eu andava visitando em breve estariam mortos.

De fato, foi o que aconteceu. No final daquele inverno no hemisfério Sul, os chocos entraram em um súbito declínio.

Isso se tornava visível no decorrer de semanas, às vezes dias, quando eu conseguia seguir um único e mesmo indivíduo. Eles começaram a cair aos pedaços espontaneamente. Logo faltavam braços e pedaços de carne a alguns. Começaram a perder sua pele mágica. Primeiro, pensei que alguns estivessem produzindo manchas brancas como parte de sua exibição, mas um olhar mais atento mostrou que, em lugar disso, era a camada exterior da pele, a tela de vídeo viva, que estava caindo, deixando à mostra a carne branca e lisa. Os olhos iam ficando turvos. Quando esse processo chega ao fim, o choco não consegue mais controlar a altura em que paira na água. Uma vez iniciado o declínio, ele transcorre muito rapidamente. A saúde deles parece despencar de um penhasco.

Quando eu soube que esse estágio estava chegando, interagir com esses animais, especialmente os mais amistosos, tornou-se algo pungente. Eles tinham tão pouco tempo. Com a constatação, o enigma de seu cérebro grande ficou ainda mais agudo. De que adianta construir um sistema nervoso tão grande se a vida só vai durar um ano ou dois? A maquinaria da inteligência é dispendiosa, tanto para construir como para funcionar. A utilidade do aprendizado que os cérebros grandes tornam possível parece depender da duração da vida. De que vale investir em um processo de aprendizado sobre o mundo se quase não há tempo para utilizar essa informação?

Os cefalópodes são o único experimento da evolução com cérebros grandes fora do grupo dos vertebrados. A maioria dos mamíferos, das aves e dos peixes vive muito mais que os cefalópodes. Para ser mais exato, mamíferos e aves *podem* viver mais se não forem comidos nem toparem com algum outro infortúnio. Isso vale especialmente para as espécies maiores, como cães e chimpanzés, mas há macacos do tamanho de um rato que conseguem viver quinze anos, e colibris que vivem mais de dez. Muitos cefalópodes parecem grandes e inteligentes demais para passar pela vida desse jeito tão apressado. Para que serve ter tanto poder cerebral se o polvo estará morto menos de dois anos depois de sair do ovo?

Poderia haver alguma coisa relacionada ao mar que impõe uma vida curta? Descobri rapidamente que a resposta não é essa. Um peixe de aparência estranha, que mora em pedras e habita o mesmo pedaço de mar que meus cefalópodes, pertence a um grupo de peixes que vivem até duzentos anos. Duzentos! Parecia extremamente injusto. Um peixe sem graça vive séculos, enquanto o choco, com todo o seu esplendor, e os polvos, com sua curiosa inteligência, já estão mortos antes de completar dois anos?[1]

Outra possibilidade era que algo relativo à estrutura do corpo do molusco, ou relativo aos cefalópodes, tornasse inevitável uma vida curta. Às vezes ouço dizerem isso, mas não pode ser a resposta. Os náutilos, cefalópodes elegantes, mas psicologicamente inexpressivos, que dirigem suas conchas como se fossem submarinos por todo o Pacífico, são capazes de viver mais de vinte anos. São décadas de vida prolongada para o que os biólogos, nem um pouco lisonjeiros, chamam de "necrófagos que cheiram e apalpam". Esses animais são parentes dos polvos e dos chocos e não têm a mínima pressa de morrer.

Tudo isso suscitou uma percepção muito diferente de como é a vida de um polvo ou choco — rica em experiências, mas incrivelmente compacta. E também provocou ainda mais perplexidade em relação ao cérebro que torna essas experiências possíveis.

Vida e morte

Por que os cefalópodes não têm uma vida mais longa? Por que não vivemos *todos* por mais tempo?[2] Em encostas de montanhas na Califórnia e em Nevada há pinheiros que já eram vivos quando Júlio César vagava em volta de Roma. Por que alguns organismos vivem dezenas, centenas ou milhares de anos enquanto outros, no decurso natural dos acontecimentos, não veem passar nem um ano? Uma morte por acidente ou doença infecciosa não constitui um mistério; mistério é a morte por "idade avançada". Por que, depois de viver algum tempo, nós desmoronamos? Essa pergunta está sempre à nossa espreita conforme os aniversários se sucedem, mas a vida curta dos cefalópodes a torna mais premente. Por que envelhecemos?

Tendemos a pensar nisso, intuitivamente, como sendo uma questão de *desgaste do corpo*. Alguém poder dizer: mais cedo ou mais tarde acabamos nos desgastando, assim como um automóvel se desgasta. Mas a analogia com o automóvel não é boa. As peças originais de um automóvel realmente se desgastam, mas um humano adulto não está operando com suas peças originais. Somos feitos de células que estão continuamente assimilando alimentos e se dividindo, substituindo peças antigas por outras novas. Mesmo uma célula que permanece viva por um longo tempo está sempre substituindo seu material (ao menos a maior parte dele). Se você ficar substituindo as peças de um automóvel por outras novas, não haverá motivo para ele parar de funcionar.

Eis outra maneira de encarar esse enigma. Nosso corpo é uma coleção de células. Essas células estão juntas e funcionam de modo coordenado, mas são apenas células. A maioria das células que nos compõem está continuamente se dividindo, criando duas a partir de uma. Suponha que, por algum motivo, essas células que se dividem estivessem destinadas a serem "velhas", mesmo que as células de fato presentes no momento não estivessem lá há muito tempo. Isto é, suponha que até mesmo células recém-chegadas mostrem a idade de sua *linhagem*, e que essa idade seja responsável por uma decadência do corpo. Mas se é assim que as coisas funcionam, por que as bactérias e outros organismos unicelulares ainda existem? As bactérias individuais que estão por aí hoje são produto de divisões celulares que ocorreram no passado recente, mas suas linhagens têm bilhões de anos de idade.

Imagine pegar uma porção de bactérias de um tipo específico — talvez a conhecida *E. coli* — e reuni-las num conglomerado. Quando essas células se dividem, as células de sua prole permanecem no mesmo conglomerado. Assim, enquanto as células vêm e vão, o conglomerado se mantém. Se as condições forem favoráveis, esse conglomerado pode persistir por milhões de anos. O conglomerado seria uma espécie de "corpo" — um grande conjunto de células. Não há motivo para se desgastar ou entrar em colapso só porque é velho. Reiterando, as partes presentes *agora não* são velhas, mas células novinhas. Se esse aglomerado de células pode viver para sempre, fazendo trocas e se reabastecendo, então por que o conglomerado do *nosso* corpo não pode?

Aqui, você poderia dizer: o que nos torna diferentes da bactéria é a organização de nossas células. Não somos apenas um conglomerado. Esse arranjo pode entrar em colapso, mesmo que suas células sejam sempre novas. Mas por que o arranjo não pode ser refeito pelas células novas? As células são capazes de gerar o arranjo correto quando uma pessoa é concebida, nasce e se desenvolve de um bebê para um adulto. Por que o arranjo necessário para nos manter vivos não pode ser constantemente regenerado pelas células recém-chegadas?

Explicações na linha do "desgaste das partes" não bastam para resolver esse problema. Mesmo que haja alguma versão dessa ideia que faça sentido, ela se encaixa mal em muito do que se observa sobre o tempo de vida dos animais. Se a questão é o "desgaste", então os animais que têm um ritmo metabólico mais rápido — que queimam mais energia — deveriam envelhecer mais rápido. Essa relação tem *algum* poder preditivo, mas falha em um número considerável de casos. Os marsupiais, como os cangurus, têm ritmos metabólicos mais baixos que os mamíferos "placentários" como nós, mas envelhecem mais rápido. Os morcegos têm metabolismos furiosamente ativos, mas envelhecem lentamente.

No nível celular, a possibilidade de renovação é ilimitada. Mas alguma coisa no tipo de objeto que somos — o tipo de conjunto de células que somos — dá a nós, e a outros animais, uma relação com o envelhecimento que é diferente de outras coisas vivas. Essa maneira de considerar a questão nos leva muitos capítulos atrás, até a evolução dos próprios animais. Nos animais, nascimento e morte vieram a existir como fronteiras que delimitam uma vida individual, apesar de suas células estarem continuamente surgindo e sumindo, e apesar da linhagem das células se estender até antes e depois de nós. Assim, voltamos ao problema. Por que os colibris vivem até dez anos, os peixes-vermelhos até duzentos anos, os pinheiros bristlecone, milhares de anos, e os polvos, só até dois anos de idade?

Um enxame de motocicletas

Esses enigmas foram resolvidos, em grande parte, com exemplos elegantes de raciocínio evolucionário.

Se estamos pensando em termos evolucionários, é natural que nos perguntemos se há algum benefício oculto no próprio envelhecimento. É uma ideia tentadora, uma vez que o advento do envelhecimento em nossa vida pode parecer algo muito "programado". Será que os indivíduos idosos morrem porque isso beneficiaria a espécie como um todo, economizando recursos para os mais jovens e vigorosos? Como explicação para o envelhecimento, porém, essa ideia é questionável; ela pressupõe que os mais jovens *são* mais vigorosos. Até essa altura da história, não há motivo que explique por que deveriam ser.

Além disso, é improvável que uma situação desse tipo permaneça estável. Suponha que tivéssemos uma população em que os idosos generosamente "passam o bastão", em algum momento adequado, mas que apareça um indivíduo que *não* se sacrifica assim, e continua em campo. É provável que esse indivíduo tenha a oportunidade de gerar alguns descendentes a mais. Se, ao se reproduzir, ele também transmitir sua recusa ao sacrifício, ela se disseminaria, e a prática do sacrifício ficaria abalada. Assim, mesmo que o envelhecimento tenha beneficiado a espécie como um todo, isso não seria suficiente para manter sua ocorrência. Esse argumento não é o fim da linha para a ideia de um "benefício oculto", mas a teoria evolucionária moderna do envelhecimento adota uma abordagem diferente.

O primeiro passo foi dado na década de 1940 por um imunologista britânico, Peter Medawar, em uma breve argumentação verbal. Uma década depois, o biólogo evolucionário George Williams deu mais um passo. Passada uma década, nos anos 1960, William Hamilton — provavelmente *o* maior gênio da biologia evolucionária do final do século XX — deu ao novo cenário uma rigorosa forma matemática. Ainda que a teoria tenha sido formulada com exatidão, por esse caminho, as ideias cruciais são adequadamente simples.

Vamos começar com um caso imaginário. Suponha que exista uma espécie de animal que *não* sofre uma decadência natural ao longo do tempo. Esses animais não manifestam senescência, para usar a palavra preferida dos biólogos. Eles começam a se reproduzir cedo e continuam se reproduzindo até morrer de alguma causa externa — devorados, de fome, atingidos por um raio. Presume-se que o risco de morrer por causa de um evento desses seja constante. Em qualquer ano dado há (digamos) 5% de probabilidade de morte. Essa taxa não aumenta nem diminui conforme ficamos mais velhos, mas em um determinado número de anos, seremos certamente atingidos por *um* acidente ou outro. Nesse cenário, um recém-nascido teria menos de 1% de chance de chegar aos noventa anos, por exemplo. Mas se esse indivíduo *conseguir* sobreviver até noventa anos, é muito provável que chegue aos 91. Precisamos considerar, agora, as mutações biológicas. As mutações são mudanças acidentais na estrutura de nossos genes. Constituem a matéria-prima da evolução; muito raramente, ocorre uma mutação que torna os organismos mais capacitados a sobreviver e se reproduzir. Mas a grande maioria das mutações é danosa ou não tem efeito nenhum. No caso de muitos genes, a evolução produz o chamado *equilíbrio mutação-seleção*. Funciona da seguinte maneira: surgem genes com mutações na população constantemente, como resultado de acidentes moleculares. Como os indivíduos portadores dessas formas mutantes têm menos probabilidade de se reproduzir, as mutações ruins acabam, eventualmente, sendo eliminadas da população. Mesmo que todas as mutações ruins sejam eliminadas, porém, esse processo leva tempo e mutações novas não param de aparecer. Assim, espera-se que uma população contenha sempre algumas formas danosas de mutação de cada gene. O equilíbrio mutação-seleção é uma situação na qual as mutações ruins de um gene são eliminadas no mesmo ritmo em que surgem.

As mutações frequentemente tendem a afetar estágios específicos na vida. Algumas agem mais cedo, outras agem mais tarde. Suponha que surja uma mutação danosa em nossa população imaginária e que ela afete seus portadores somente depois de eles terem vivido muitos anos. Os indivíduos que portam essa mutação vivem bem por algum tempo. Eles se reproduzem e, assim, passam a mutação adiante. A maioria dos indivíduos que *carrega* essa mutação nunca chegará a ser *afetada* por ela, porque morrerá por alguma outra causa antes que a mutação faça efeito. Apenas alguém que tenha uma vida excepcionalmente longa sofrerá seus efeitos ruins.

Como estamos supondo que os indivíduos sejam capazes de se reproduzir até o fim de sua longa vida, existe certa tendência de que a seleção natural aja contra a mutação de efeito tardio. Entre os indivíduos que viverem muito, aqueles que não têm mutações provavelmente terão mais descendentes do que os que têm. Mas dificilmente alguém viverá tempo suficiente para que isso faça alguma diferença. Assim, a "pressão da seleção" sobre uma mutação danosa de ação tardia é muito branda. Quando acidentes celulares introduzem mutações na população, como descrevi antes, as mutações de ação tardia serão eliminadas de forma menos eficiente do que aquelas que agem mais cedo.

Como resultado, o acervo de genes da população virá a conter muitas mutações que causam danos a indivíduos que vivem muito. Entre essas mutações, algumas se tornarão mais comuns e outras serão eliminadas, em geral por puro acaso, o que torna provável que algumas passem a ser comuns. Todos serão portadores de alguma dessas mutações. Então, se um indivíduo de sorte escapar de seus predadores e de outros perigos naturais e tiver uma vida excepcionalmente longa, ele vai acabar vendo as coisas começarem a dar errado em seu corpo, como efeito da ativação dessas mutações. Vai parecer que ele foi "programado para declinar", porque os efeitos das mutações sorrateiras vão surgir como se previstas em um cronograma. A população terá começado a desenvolver o envelhecimento.

O segundo elemento principal dessa teoria foi apresentado por George Williams, um biólogo americano, em 1957. Ele não rivaliza com a primeira ideia; as duas são compatíveis. Para apresentar o principal argumento de Williams, podemos usar uma pergunta simples sobre economias para a aposentadoria. Vale a pena economizar dinheiro suficiente para viver no luxo aos 120 anos? Talvez, se você tiver uma entrada ilimitada de dinheiro. Pode ser que você viva tudo isso. Mas se você não tiver uma receita ilimitada, o dinheiro que economizar para uma longa aposentadoria é um dinheiro que não poderá usar agora, para fazer outra coisa. Em vez de economizar esse montante extra para que ele dure até você ter 120 anos, talvez seja mais sensato gastá-lo, já que é improvável que você chegue até lá, de todo modo.

O mesmo princípio aplica-se às mutações. Muitas delas têm mais de um efeito e, em alguns casos, uma mutação pode ter um efeito que é visível mais cedo na vida e outro que fica visível mais tardiamente. Se ambos forem ruins, é fácil prever o que vai acontecer — a mutação será eliminada, já que tem um efeito ruim no início da vida. Também é fácil ver o que acontecerá se os dois efeitos forem bons. Mas e quando uma mutação tem um efeito bom agora e um efeito ruim mais tarde? Se esse "mais tarde" for tão longínquo que você provavelmente não sobreviverá até lá de qualquer maneira, por causa dos riscos comuns do dia a dia, então o efeito ruim não tem importância. O que importa é o efeito bom anterior. Assim, as mutações que têm efeitos bons no começo da vida e efeitos tardios ruins irão se acumular; elas serão favorecidas pela seleção natural. Uma vez que tenham surgido muitas delas na população, e que todos ou quase todos os indivíduos sejam portadores de algumas, o declínio tardio parecerá programado. O declínio aparecerá nos indivíduos como se fosse regido por um cronograma, embora cada um demonstre os efeitos de uma forma um pouco diferente. Isso não acontece porque há um benefício evolucionário oculto no colapso em si, mas porque o colapso é o preço a ser pago pelos ganhos anteriores.

O efeito Medawar e o efeito Williams operam juntos. Uma vez iniciado, cada um dos processos reforça a si mesmo e também amplifica o outro. Há um feedback positivo que leva a uma senescência cada vez maior. Uma vez estabelecidas, as mutações que levam à decadência pela idade tornam ainda *menos* provável que os indivíduos vivam além da idade na qual elas aparecem. Isso significa que a seleção atuará ainda menos contra as mutações que têm efeitos ruins apenas em idades avançadas. Uma vez que a roda tenha começado a girar, ela vai girar cada vez mais rápido.

O quadro que desenhei aqui está repleto de pressões que jogam a duração da vida para baixo. Mas e os pinheiros de mil anos de idade da Califórnia? Eles não dão sinal de estar desmoronando. As árvores, porém, são diferentes em dois aspectos. Primeiro, elas não se encaixam em uma suposição que fiz no início da argumentação anterior. Eu disse que as diferenças entre os graus de sucesso de indivíduos que se reproduzem em uma fase avançada da vida não são importantes, do ponto de vista evolucionário, porque quase nenhum indivíduo vive até essa idade. Mas a coisa muda quando os poucos indivíduos que *são* bem-sucedidos ao se reproduzir em uma idade avançada conseguem ter descendentes numerosos. Isso não vale para nós, mas vale para as árvores. Cada ramo de uma árvore é um lugar onde a reprodução pode acontecer; assim, uma árvore muito antiga, com muitos ramos, pode ser muito mais fértil do que uma árvore jovem. Graças a isso, as árvores conseguem evitar algumas das consequências dos argumentos de Medawar e Williams.

Segundo, as árvores são uma espécie de coisa viva diferente dos animais, e, em certa medida, os argumentos de Medawar e Williams nem sequer se aplicam a elas. A melhor maneira de abordar essa questão é considerar, primeiro, aqueles "organismos" que, quando examinados de perto, mostram ser, de fato, colônias. Algumas anêmonas marinhas, por exemplo, formam colônias estreitamente entrelaçadas de muitos *pólipos* pequenos, que mantêm um grau razoável de independência, especialmente reprodutiva. Um pólipo pode brotar de outro, e cada um deles pode gerar suas próprias células sexuais. Essas colônias, em princípio, podem viver por um tempo indefinido, assim como uma sociedade humana poderia, com indivíduos humanos surgindo e desaparecendo, mas a sociedade, como tal, persistindo.

Colônias e sociedades não estão sujeitas aos argumentos de Medawar e Williams, porque se reproduzem de outra maneira. Já os membros de uma colônia ou sociedade (como os humanos) podem apresentar senescência. Uma árvore comum, como um pinheiro ou um carvalho, não é uma colônia, mas tampouco é um organismo único, da mesma maneira que um ser humano é. De certa forma, ela fica entre esses dois casos. A árvore cresce pela multiplicação de pequenas unidades — caules que se ramificam —, que podem, cada uma delas, se reproduzir sozinha e, se for cortada e transplantada, dar origem a outra árvore. Qualquer coisa que cresça e se desenvolva pela multiplicação de unidades que podem se reproduzir dessa maneira está excluída das teorias de Medawar-Williams.

Apresentei aqui as duas principais ideias por trás da teoria evolucionária do envelhecimento. Na década de 1960, quando o teórico evolucionário inglês William Hamilton voltou sua portentosa mente para esse problema, a teoria ganhou rigor e precisão. Hamilton remodelou as ideias centrais em um formato matemático. Embora seu trabalho nos dê uma boa noção de por que a vida humana segue o curso que segue, Hamilton foi um biólogo cujo grande amor eram insetos e afins, em especial insetos que fariam nossa vida e a dos polvos parecer muito monótonas. Hamilton encontrou ácaros cujas fêmeas ficam suspensas no ar, com o corpo inchado abarrotado de jovens ácaros recém-saídos dos ovos, e os machos da ninhada procuram suas irmãs dentro da mãe para copular com elas. Encontrou besourinhos cujos machos produzem e carregam células de esperma maiores que seu corpo inteiro.

Hamilton morreu em 2000, depois de pegar malária em uma viagem à África para investigar as origens do HIV. Cerca de uma década antes de sua morte, ele descreveu, por escrito, como gostaria que fosse seu próprio enterro. Queria que seu corpo fosse levado às florestas do Brasil e deixado para ser comido por dentro por um enorme besouro alado, o *Coprophaneus*, que usaria seu corpo para nutrir os filhotes, que então sairiam dele voando.

> Nenhum verme ou mosca sórdida para mim, vou zumbir no crepúsculo como uma abelha enorme. Serei muitas, zumbirei como um enxame de motocicletas, serei levado, corpo alado a corpo alado, para a vastidão brasileira, sob as estrelas, alçado debaixo dos lindos élitros (coberturas da asa) que todos teremos sobre as costas. E assim, finalmente, também brilharei como um besouro violeta sob uma pedra.[3]

Vidas longas e curtas

A teoria evolucionária do envelhecimento nos dá uma explicação para os fatos básicos da decadência causada pela idade.[4] Ela explica por que o colapso começa a aparecer em indivíduos idosos como se estivesse programado. Podemos acrescentar algo mais a esse esboço que seja capaz de descrever casos específicos. Na experiência imaginária que fiz há pouco, pressupus que a reprodução ocorre durante toda a vida de um organismo. Em muitos animais, inclusive cefalópodes, isso não chega nem perto de como as coisas funcionam.

Os biólogos fazem uma distinção entre organismos *semelpares* e *iteropares*. Os organismos semelpares se reproduzem só uma vez, ou em uma única temporada curta. Isso também é chamado de reprodução "big bang". Os organismos interpares, como nós, se reproduzem muitas vezes, ao longo de um período mais estendido. Polvos fêmeas são, em geral, um caso extremo de semelparidade — elas morrem depois de uma única gravidez.[5] Uma fêmea de polvo pode acasalar com muitos machos, mas quando chega a época de pôr seus ovos, ela se acomoda permanentemente em uma toca. Lá, irá pôr os ovos, ventilá-los e protegê-los enquanto eles se desenvolvem. Esse lote único pode conter muitos milhares de ovos. A incubação pode levar de um a vários meses, dependendo da espécie e das condições (as coisas são mais lentas na água fria). Quando os ovos se rompem, as larvas saem à deriva pela água. Pouco depois, a fêmea morre.

Estou generalizando, aqui. Há pelo menos uma exceção entre os polvos, uma espécie rara que foi encontrada no Panamá pela mesma equipe que estudou os sinais da lula que vimos no capítulo 5, Martin Moynihan e Arcadio Rodaniche.[6] As fêmeas dessa espécie são capazes de se reproduzir por um período mais longo. Ninguém sabe por que elas são exceção.

Os chocos são um pouco diferentes, mas não deixam de cair na categoria "big bang". Têm uma única temporada de reprodução ativa mas, nesse período, animais dos dois sexos podem acasalar com muitos parceiros e as fêmeas podem produzir muitos lotes de ovos. Chocos fêmeas não cuidam de seus ovos nem os protegem, como os polvos; elas os grudam em rochas de um tipo compatível e os deixam lá, partindo para acasalar e pôr mais ovos. Depois, como descrevi no início deste capítulo, elas decaem rapidamente. Por que um organismo dedicaria todos os seus recursos a uma única ninhada ou a uma temporada de reprodução apenas? Novamente, isso vai depender muito do risco de ser morto por predadores ou outras causas externas — e em especial da forma como esse risco vai mudando ao longo da vida do animal. Suponha que, em alguns animais, a fase da juventude seja mais arriscada mas que, quando se chega à idade adulta, a expectativa seja poder viver algum tempo sem ser devorado. Nesse caso, faz sentido para um adulto se reproduzir mais de uma vez. Isso se aplica a peixes e a muitos mamíferos. Se, por outro lado, o estágio de vida adulta é mais perigoso, pode ser que faça mais sentido "arriscar tudo" — assim que se chega à idade de reprodução.

As estações também têm seu papel. Podem oferecer bons motivos para pôr ovos ou para sair do ovo. Isso vai determinar um cronograma anual; talvez faça sentido acasalar na primavera ou no inverno. Então, a questão passa a ser por quantos anos você vai tentar se reproduzir. Inicialmente, pode parecer óbvio que não seria problema supor que você vai estar vivo por mais um ou dois anos pelo menos. *Pode* ser que você sobreviva. Por que então desmoronar enquanto isso? Mas aqui voltamos ao argumento de Williams, além da necessidade de levar em conta um vasto número de indivíduos e muitas gerações para pensar nessas questões evolucionárias. Em tese, você gostaria de viver e se reproduzir para sempre — ao menos do ponto de vista evolucionário. Mas quem deixará mais descendentes: um organismo que despende tudo o que tem em uma temporada de acasalamento ou o rival que despende menos, na esperança de se reproduzir novamente mais para a frente? Se você despender menos agora, a fim de economizar algo para depois, isso não lhe trará nenhum benefício se outros animais de seu tipo tiverem poucas chances de *sobreviver* até a próxima temporada de reprodução. Nesse caso, será melhor investir tudo em uma temporada de acasalamento só, aproveitando todas as opções que lhe dão alguma vantagem agora, mesmo ao preço de colapsar assim que a temporada terminar.

A evolução pode dar a uma espécie um tempo de vida vasto ou minúsculo. Entre os animais, o cantarilho, com seus duzentos anos de idade, e o choco são casos extremos, e os humanos, intermediários. Nós e o cantarilho amadurecemos bem lentamente, e nos reproduzimos ao longo de vários anos, mas o cantarilho continua ativo por mais tempo. É uma criatura espinhenta e venenosa, que ninguém quer comer. O choco, por sua vez, tem pressa de crescer e tornar-se fértil, acasala em uma única temporada e depois cai aos pedaços.

As expectativas de vida de animais diferentes são estabelecidas em função dos riscos de morte por causas externas, da rapidez com que chegam à idade reprodutiva e outras características relacionadas a seu estilo de vida e ambiente. É por isso que podemos viver um século, mais ou menos, um peixe qualquer pode durar o dobro disso, a vida de um pinheiro pode se estender do tempo de João Batista até o nosso, e um choco gigante — com suas cores desenfreadas e sua curiosidade amistosa — chega e vai embora em dois verões.

À luz de tudo isso, creio que vai ficando mais claro como os cefalópodes vieram a ter sua combinação peculiar de características. Os primeiros cefalópodes tinham conchas externas protetoras, que arrastavam com eles ao rondar os oceanos. Depois as conchas foram abandonadas.[7] Isso teve vários efeitos interligados. Primeiro, deu ao corpo dos cefalópodes possibilidades ilimitadas, quase sobrenaturais. O caso extremo é o polvo, que não tem quase nenhuma parte dura e, em vez de ossos, tem neurônios espalhados pelo corpo. Lá atrás, no capítulo 3, sugeri que essa ausência de limites, esse mar de possibilidades comportamentais teriam sido cruciais para a evolução do sistema nervoso complexo do animal. Não que a perda da concha tenha, por si só, criado a pressão evolucionária que produziu esse sistema nervoso. Mais do que isso, estabeleceu-se um sistema de feedback. As possibilidades inerentes ao corpo do polvo criaram uma oportunidade para a evolução de um controle comportamental melhor. E, uma vez que se tenha um sistema nervoso maior, isso faz com que valha a pena expandir ainda mais as possibilidades do corpo — reunindo esses sensores todos nos braços, criando o mecanismo de mudança de cor e uma pele que é capaz de enxergar.

A perda da concha também teve outro efeito: deixou os animais muito mais vulneráveis a predadores, em especial peixes velozes, com ossos, dentes e boa visão. Isso valorizou a evolução de artimanhas e da camuflagem.

Mas há um limite para o sucesso desses truques, para quantas vezes conseguirão salvar o animal. Os polvos não podem esperar viver por muito tempo, especialmente porque precisam ser, eles mesmos, predadores ativos. Não podem simplesmente se esconder em um buraco e esperar que o alimento venha até eles. Têm de sair por aí e, quando estão em espaço aberto, ficam vulneráveis. Essa vulnerabilidade faz dos polvos os candidatos ideais aos efeitos Medawar-Williams, que comprimem a expectativa de vida; a duração da vida de um cefalópode foi adaptada ao risco contínuo de não conseguir chegar vivo até o dia seguinte. Como resultado, eles acabaram nessa combinação incomum: um sistema nervoso muito grande e uma vida muito curta. Têm o sistema nervoso grande por causa do que seus corpos sem limitações possibilitaram, e porque precisam caçar enquanto são caçados; sua vida é curta porque a duração de sua vida se ajusta à sua vulnerabilidade. Essa combinação, inicialmente paradoxal, faz sentido.

Esse cenário é sustentado pela descoberta recente de uma exceção ao padrão comum do cefalópode, a tal exceção que confirma a regra. A maior parte do que eu disse sobre os polvos baseia-se em espécies que vivem em águas razoavelmente rasas, entre recifes e a costa. Sabe-se muito menos sobre espécies que vivem nas verdadeiras profundezas do mar. Uma unidade de pesquisa da Marinha em Monterey Bay, Califórnia (MBARI, na sigla em inglês), explora ambientes de mar profundo com submarinos de controle remoto que carregam câmeras de vídeo. Em 2007, eles estavam inspecionando uma elevação rochosa a cerca de 1,5 quilômetro de profundidade, ao largo da costa da Califórnia central.[8] Lá, viram um polvo de mar profundo (*Graneledone boreopacifica*) movimentando-se. Ao voltar, mais ou menos um mês depois, encontraram o mesmo polvo vigiando um aglomerado de ovos. Continuaram a voltar ao lugar para observar o progresso dos ovos, e sempre encontravam o polvo por lá. Acabaram observando o animal por quatro anos e meio.

 Essa fêmea chocou seus ovos por mais tempo do que se acha que qualquer outro polvo conhecido viva, no total, e os 53 meses que passou no local é o período mais longo de incubação de ovos já relatado em qualquer espécie animal. (Por exemplo, não se conhece nenhum peixe que guarde seus ovos por mais que quatro ou cinco meses.) Não se sabe quanto tempo essa espécie de polvo pode viver mas, como observa o relato de Bruce Robison e colegas, se ele passar, chocando, a mesma fração de vida que outros polvos, poderia viver algo em torno de dezesseis anos.

 Isso é uma forte evidência contra qualquer sugestão de que os corpos dos polvos constituem uma barreira fisiológica a uma vida mais longa. Mas por que esse polvo vive tanto tempo e outras espécies não? O trabalho de Robison e colegas analisa como a temperatura da água pode fazer o processo biológico avançar mais lentamente. Águas profundas são, em geral, mais frias (e não posso deixar de lembrar que quando mergulhei perto de Monterey senti o maior frio da minha vida). Na água fria, boa parte da vida transcorre em movimento lento. Robison e seus coautores acreditam que isso é parte do motivo pelo qual a mãe consegue ficar viva por tanto tempo, aparentemente sem se alimentar. O trabalho observa também que o longo período de incubação permite que os filhotes saiam do ovo maiores e em um estado mais avançado de desenvolvimento. Robison acha que, nesse ambiente, o desenvolvimento prolongado do ovo dá ao polvo uma vantagem competitiva. Eu sugeriria, ainda, que a teoria de Medawar-Williams tem um papel aqui. Essa teoria diria que os riscos de predação devem ser muito menores para essa espécie do que são para polvos de águas mais rasas, já que o risco de predação afeta a expectativa "natural" de vida do animal. E aqui há uma pista sólida. As imagens da MBARI mostram o polvo fêmea em espaço aberto, com seus ovos, por anos a fio. Ela não procurou uma toca. Os polvos de água rasa, até onde sei, nunca chocam seus ovos assim, em ambiente aberto. Seriam alvos fáceis para qualquer predador que aparecesse. No mar profundo, porém, os peixes são muito mais raros do que em águas rasas. O fato de o polvo de Monterey ter conseguido chocar seus ovos em espaço aberto sugere que sua espécie tem menos a temer dos predadores do que outros polvos. Consequentemente, a evolução ajusta sua expectativa de vida de outra forma.[9]

Juntando isso tudo, podemos ver que muitas características dos cefalópodes — especialmente aquelas que são mais pronunciadas nos polvos — podem ter se originado no abandono da concha, tantos anos atrás. Esse abandono os colocou no caminho da mobilidade, da destreza e da complexidade nervosa, e também levou a um estilo de vida do tipo *viva-rápido-morra-jovem*, uma existência continuamente exposta aos predadores de dentes afiados ao redor deles.[10]

Fantasmas

Um dia eu estava mergulhando em Sydney, um pouco afastado de meus pontos costumeiros. Subitamente ficou tudo escuro, e demorei um instante para entender que tinha nadado para dentro de uma enorme nuvem de tinta. Isso aconteceu em uma área cheia de rochas, bem próximas umas das outras, com fendas profundas entre elas. A área com a tinta tinha o tamanho de uma sala grande. Ficou tudo cinza-pólvora, com formas espessas e fibrosas suspensas aqui e ali. Havia tinta demais para ver o que estava acontecendo, sobretudo no fundo das fendas, e ela ficou em suspensão por muito tempo.

No dia seguinte, fui dar uma olhada na mesma área. Não havia mais tinta, mas comecei a ver dezenas de ovos de choco espalhados na areia, no fundo de algumas fendas. Havia também um choco gigante nas proximidades. Estava em péssimas condições. A maior parte do corpo havia se esbranquiçado e os braços estavam muito avariados. Ele me observava, pairando na água. Olhando de perto descobri mais três, todos bem grandes, agrupados debaixo de uma estrutura que lembrava Stonehenge, com um telhado de rocha natural se erguendo vários metros acima do fundo do mar. Um dos chocos era claramente macho, os outros pareciam fêmeas. Mas era difícil dizer; estavam todos em estágios variados de decadência. O que estava pior havia perdido grande parte da pele, deixando à mostra o corpo branco-perolado nu, com rachaduras se cruzando em leque, como em um vidro quebrado, na pele que restava. Os que tinham mais pele eram cinza-claros. Os olhos de alguns estavam em muito mau estado. Um quinto choco, com um pouco de amarelo forte restando na pele, nadou para junto deles. Grande parte de cinco de seus braços tinha ido embora e havia feridas escuras na pele que restava. Ela se afastou nadando.

Os quatro chocos pairavam pertinho um do outro, ao sabor de pequenas correntes entre as pedras. Fiquei intrigado com os ovos espalhados no leito do mar. Em geral, o choco gigante prende seus ovos no teto de algum tipo de saliência de rocha, onde ficam pendentes como bulbos de tulipa. Eu não saberia dizer se esses ovos tinham vindo, à deriva, do lugar onde foram postos até onde estavam agora. A tinta que eu vira no dia anterior sugeria que alguma coisa podia ter dado errado, mas eu não tinha ideia do quê. Os chocos não prestavam atenção nos ovos, pareciam estar apenas esperando. Também pareciam estar me observando, mas fazendo muito poucas exibições, e eu não tinha certeza sequer se ainda conseguiam me enxergar. Pálidos e imóveis, pareciam cefalópodes fantasmas.

Vi chocos por ali por mais alguns dias. Parecia haver chegadas e partidas. Os ovos permaneceram lá embaixo, no fundo de uma fenda, sob uma luz fraca e cercados de lodo. No fim, eu estava lá quando uma das fêmeas se foi. Quando cheguei, ela flutuava bem perto da fenda. Já perdera grande parte de sua pele, com algumas manchas amarelo-amarronzadas remanescentes. Tinha perdido dois braços e um de seus tentáculos frontais pendia, imóvel.

Ela continuava nadando, suas barbatanas movendo-se suavemente. Enquanto a observava, percebi que estávamos os dois subindo, aos poucos, pela coluna de água, para longe da fenda na rocha. Logo dois peixes ficaram interessados nela. Um peixe cor-de-rosa começou a nadar em círculos, mas não a atacou. Uma guaivira grande deu mais problema. Ela veio, olhou e ficou circulando, depois começou a fazer uma série de ataques, tentando abocanhar pedaços da parte frontal do choco, mesmo sendo a vítima várias vezes maior que o agressor. Tentei manter o peixe à distância, mas ele não recuava para muito longe e, sempre que podia, voltava a atacar.

Em resposta aos primeiros ataques, o choco apenas se encolhia e agitava os braços, sem efeito algum. O peixe continuava atacando. Percebi que minhas tentativas de defender o choco pareciam causar mais pânico nela do que no peixe que a atacava. Eu era grande demais para estar tão perto.

A guaivira atacou novamente e mordeu com mais força, e dessa vez o choco expeliu tinta. Isso não dissuadiu muito o peixe, e ele se aproximou novamente. O choco então soltou mais tinta e começou a se mover lentamente, em espiral. Continuamos a subir, passivamente, na água. Com sua lenta espiral e a tinta cinza-negra jorrando de seu sifão, o choco parecia um avião desgovernado em chamas — um avião que subia em vez de cair. Graças à tinta ou à altura que tínhamos atingido na água, o peixe parou de atacar. Mas o choco já tinha feito o que podia. Continuou subindo, mas as espirais pararam. Venceu o último metro de água e, de repente, estava flutuando na superfície, totalmente inerte. Pequenas ondas agitavam a superfície, balançando o choco para lá e para cá. Eu a deixei lá.

Na morte, o choco fez uma transição do nado, nas profundezas de seu mundo silencioso para uma ascensão em espiral, terminando à deriva na ruidosa superfície do nosso.

8.
Polvópolis

Uma braçada de polvos

Atualmente, meu principal lugar para observar polvos é o sítio que chamamos de Polvópolis, quinze metros abaixo da superfície, ao largo da costa leste da Austrália.[1] Em dias claros, quando descemos, o sítio fica verde-esmeralda, como o Reino de Oz. Em outros dias, lembra mais uma sopa cinzenta. Comecei a visitar o sítio pouco depois que Matt Lawrence o descobriu, em 2009. O número aumenta e diminui, mas sempre há polvos no sítio. Nos dias mais intensos, contamos mais de uma dúzia vagando, se atracando ou apenas parados, todos dentro ou em torno de uma arena de alguns metros de largura.

Relatos sobre agrupamentos de polvos já haviam surgido antes, aqui e ali, mas Polvópolis foi o primeiro sítio que pôde ser visitado ano após ano, sempre com vários animais presentes e frequentemente interagindo.[2] Às vezes um único polvo parece ter algum comando sobre o sítio, mas é um comando quase sempre parcial, pois são indivíduos demais para um polvo sozinho administrar ao mesmo tempo. No início, achamos que poderia ser uma situação parecida com um harém, com um macho e muitas fêmeas, mas depois constatou-se que não era isso. Com muita frequência há vários machos presentes, embora não fiquem muito perto um do outro. É difícil dizer qual é o sexo de um polvo sem interferir na cena. Em muitas espécies, a principal diferença é uma ranhura embaixo do terceiro braço direito do macho, que é usado no acasalamento. Esse braço é esticado em direção à fêmea, às vezes de perto, às vezes de uma distância cautelosa. Se ela o aceita, um pacote de esperma é passado pela parte de baixo do braço. A fêmea, então, frequentemente armazena o esperma por algum tempo antes de fertilizar seus ovos.

Desde o início estávamos determinados a interferir o mínimo possível na rotina dos polvos. Interagimos com eles, mas somente quando eles querem interagir. Nunca tiramos os polvos de suas tocas, muito menos os reviramos para inspecionar suas partes recônditas. Assim, a única maneira confiável de descobrir quais são machos e quais são fêmeas é observar a forma como se comportam, para ver quem exibe o braço estendido revelador do macho. Assim, muitas vezes conseguimos descobrir o sexo de alguns indivíduos no sítio, embora em outros casos isso continue incerto. Essa evidência é suficiente para nos dar a certeza de que há sempre muitos machos e fêmeas presentes.

Inicialmente Matt Lawrence e eu apenas mergulhávamos e observávamos, e toda vez que voltávamos à superfície nos perguntávamos o que os polvos fariam depois que íamos embora. Por algum tempo só era possível especular, mas logo as pequenas câmeras de vídeo submarinas do sistema GoPro ficaram disponíveis. Compramos duas, colocamos ambas em tripés e começamos a deixá-las lá embaixo com os polvos.

Na primeira vez em que recolhemos as câmeras e assistimos à filmagem, não tínhamos ideia do que veríamos. Filmagens anteriores do comportamento dos polvos, feitas sem mergulhadores ou submarinos por perto, eram muito raras. Será que eles se comportariam de modo totalmente diferente quando fossem observados apenas por uma pequena câmera, e fariam algo completamente novo? Até onde podemos relatar, eles se comportam de modo muito semelhante quer estejamos lá ou não, embora perambulem e interajam um pouco mais quando não estamos.³ Por um lado, foi decepcionante — não houve acrobacias sincronizadas secretas —, mas, por outro, reconfortante, ao confirmar que nossa presença não os incomodava.

Eis uma cena típica de um desses vídeos, com três polvos perambulando sobre o leito de conchas. O mais afastado, no centro, está prestes a sair a jato para algum lugar, e o da direita também está se movimentando a jato.

Pouco depois de começarmos esse estudo, um biólogo que trabalhava no Alasca, David Scheel, entrou em contato comigo. David fez seu treinamento estudando leões na África. Passou semanas seguindo pequenos grupos de leões, passo a passo, dia e noite, de Land Rover, registrando como se deslocavam e caçavam.⁴ Depois ele mudou de animal, e agora é especialista na maior espécie de polvo, o polvo gigante do Pacífico. Esses animais podem pesar 45 quilos ou mais, e David às vezes precisa trazer um deles para a superfície, no muque, na água gélida do Alasca, e colocá-lo em um bote para estudá-lo em seu laboratório. Seu laboratório não é desses que dissecam animais rotineiramente; o que ele tem feito é rastrear os movimentos dos polvos, depois de prender pequenos transmissores a seu corpo e liberá-los. David estava louco para trabalhar com espécies diferentes (de águas quentes). Logo começou a vir para a Austrália, e tivemos que espremer mais uma pessoa no barco de Matt, enquanto o motor roncava para nos levar a Polvópolis.

Com a ajuda de David, nossa maneira de pensar sobre o sítio ficou mais sistemática, e passamos cada vez mais tempo medindo e contando. David também é muito melhor do que eu para pôr ordem na massa de dados em vídeo que recolhemos. Ele tem um jeitinho de peneirar o caos que armamos ali para achar padrões, e de fazer perguntas que podem de fato ser respondidas. No verão de 2015 no hemisfério Sul, quando Stefan Linquist também se juntou a nós, passamos alguns dias estacionados perto do sítio em um barco maior, tentando cobrir cada hora de luz diurna com nossas câmeras de vídeo sem operador. Isso nunca é totalmente possível. Um dos inimigos da câmera são os próprios polvos. Sobre seus pequenos tripés, nossas câmeras pálidas, que lembram cabeças, podem parecer um pouco com algum tipo de intruso — talvez cefalópodes estáticos, eretos, trípedes. Às vezes as câmeras são inspecionadas de perto e ocasionalmente atacadas enquanto estão filmando. No fim, o arquivo que acaba chegando para nós está repleto de closes de ventosas e mordidas. Em outras ocasiões, enormes arraias entram varrendo o sítio e derrubam tudo.

Em janeiro de 2015, os astros se alinharam; conseguimos gravar muitos vídeos, e não poderíamos ter escolhido momento melhor para isso. Vimos um nível de atividade sem precedente, e alguns comportamentos que tínhamos observado antes acabaram se revelando como padrões. Um dos polvos, um macho grande, parecia determinado a controlar o acesso ao sítio. Ele o policiava continuamente, enquanto durasse a luz do dia. Expulsou alguns polvos, lutando intensamente se não recuassem (como mostramos em algumas das fotos coloridas no meio deste livro). Outros, ele tolerava — achamos que eram fêmeas — e, às vezes, os arrebanhava para dentro de tocas quando se afastavam.

Quando um polvo vaga sobre o leito de conchas, tanto ele quanto os polvos que estão nas tocas ficam se examinando e, às vezes, açoitando uns aos outros com os braços. Temos presenciado muitos desses gestos com os braços ao longo dos anos no sítio, e sempre pensei neles em termos pugilísticos — em nosso primeiro trabalho, descrevi o comportamento frequente do "boxe". Mas Stefan Linquist (uma pessoa afável) achou que muitas dessas interações eram *high fives* — toques de braço que pareciam facilitar o reconhecimento entre indivíduos ou, no mínimo, registrar os papéis básicos dentro do sítio. Às vezes dois polvos se testavam ou se açoitavam com os braços e em seguida assumiam uma postura relaxada. Outras vezes, os golpes com os braços eram seguidos por uma luta. A foto abaixo mostra um polvo que se aproxima, no lado direito da imagem, e, ao chegar, dois outros estendem seus braços para testá-lo ou fazer um *high five*.

Todos esses comportamentos são acompanhados de contínuas mudanças de cores. Algumas das mudanças de cor no sítio parecem bem desorganizadas, e se encaixam na hipótese da "conversa" cromática que delineei no capítulo 5. Às vezes uma de nossas câmeras sem cinegrafista filma um polvo que parece estar, até onde podemos dizer, quieto e sozinho, sem interagir com outro polvo ou fazer qualquer outra coisa, e ele apresenta uma série de cores e padrões sem qualquer motivo aparente.[5] Mas outras cores e padrões têm mais significado para os polvos. Quando um macho agressivo está prestes a atacar outro polvo, frequentemente fica escuro, se eleva acima do leito do mar e estende seus braços de modo a aumentar seu tamanho aparente. Às vezes eleva seu manto, toda a parte traseira do corpo, acima da cabeça,[6] assim:

Chamamos isso de "postura Nosferatu", em referência ao vampiro do filme mudo homônimo, com seu manto escuro e sua aparência ameaçadora. Já tínhamos visto essa postura antes, mas o macho que observamos tentar controlar o sítio, em

2015, a adotava frequentemente. Ele a mostrava a outro animal, que tinha de decidir o que fazer. Às vezes o outro fugia; às vezes fincava pé, e seguia-se uma luta. O macho Nosferatu nem sempre era maior do que o oponente, mas raramente perdia uma luta (no filme, ele só perdeu uma vez, na verdade).

David Scheel ficou interessado nas cores que os polvos exibiam nessas interações, e reviu nossos velhos filmes, mapeando centenas de encontros entre agressores e alvos. Ele notou que tons escuros na pele são um indicador confiável da agressividade que o polvo apresentará — se vai avançar, se vai fincar pé quando o outro vier.[7] Por outro lado, vários tipos de exibições mais pálidas são produzidos quando um polvo não está querendo lutar. Uma delas é um cinzento suave e claro, outra é um padrão fortemente manchado. Também se vê o padrão manchado quando cefalópodes de diferentes tipos são ameaçados por predadores; isso é chamado de exibição deimática, e a interpretação mais comum é que seja uma cartada final para tentar assustar ou confundir o inimigo. Isso levanta a possibilidade de que a exibição deimática, quando vista em nosso sítio, seja algo que os polvos produzem involuntariamente sempre que sofrem alguma ameaça, e não um sinal para outro polvo. Contudo, ocasionalmente, quando um polvo de nosso sítio está voltando para a toca sob o olhar vigilante de um indivíduo mais agressivo, ele produz uma exibição deimática. Aqui, portanto, não se trata de luta nem de tentativa de assustar. Assim, achamos que essa exibição pode ter sido adotada em Polvópolis como um indicador de submissão, ou não agressão. As cores escuras e a postura de Nosferatu, por outro lado, parecem exibições que expressam a gravidade de um gesto de agressão.

Encomendei a uma artista um desenho que mostrasse mais claramente essas diferenças de padrão.[8] Na figura a seguir, desenhada a partir de uma cena de vídeo, o polvo da esquerda avança belicosamente, em um padrão muito escuro, sobre o polvo à direita. O da direita, que está muito mais pálido e só tem metade do corpo em exibição deimática, começa a fugir.

As origens de Polvópolis

Matt suspeitou que o sítio era um lugar incomum quando o descobriu, mas não chegou a perceber quanto. A situação mais similar, nas águas tropicais do Panamá, surgira em um relato controverso, cerca de trinta anos antes.

Em 1982, Martin Moynihan e Arcadio Rodaniche relataram ter achado um polvo de aspecto incomum, e até ali nunca descrito, com listras claras, que vivia em grupos de várias dezenas de animais, às vezes compartilhando suas tocas.[9] Eles fizeram esse relato dentro do estudo das lulas de recife que descrevi no capítulo 5, aquele que conclui que a lula tem uma "linguagem" de cores e padrões na pele. Moynihan e Rodaniche não tinham fotos nem vídeos dos animais na natureza (a fotografia submarina era algo completamente diferente em 1982) e, assim, não havia muitos dados de fato capazes de convencer os biólogos. Moynihan e Rodaniche prepararam uma descrição mais completa do polvo para publicação, mas ela foi rejeitada. A história do polvo gregário e listrado do Panamá foi vista com ceticismo pelos biólogos durante anos, para frustração de Moynihan e Rodaniche.

Ela continuaria a ser um convite à piada até 2012, quando o animal reapareceu no contexto dos aquários comerciais. Alguns espécimes vivos chegaram à Califórnia, onde foram mantidos por Richard Ross e Roy Caldwell, do Aquário Steinhart. No cativeiro, alguns dos comportamentos incomuns relatados por Moynihan e Rodaniche se confirmaram e outros foram observados. Em laboratório, os animais toleram-se mutuamente e compartilham tocas. As fêmeas acasalam e põem ovos durante um longo período — como mostrei no capítulo 7, polvos fêmeas em geral chocam um lote de ovos e depois morrem. O trabalho de Caldwell, Ross e colegas não contém observações de campo, mas menciona que uma companhia que recolhe exemplares de vida marinha na Nicarágua conhece um sítio específico onde eles se concentram.[10] Neste momento, prepara-se um estudo de campo no lugar.

Enquanto isso, temos Polvópolis, que é um sítio muito incomum. No padrão de comportamento mais visto nos polvos, um indivíduo faz uma toca, vive nela um período curto, talvez algumas semanas, e depois a abandona para preparar uma nova. Os machos buscam fêmeas para acasalar, o que muitas vezes é feito a alguma distância, estendendo um braço — mas não ficam por perto para ajudar quando ela choca os ovos. Em geral, não se acredita que os polvos adultos interajam muito. Até mesmo o *Octopus tetricus*, a espécie que vive em nosso sítio, parece bem menos sociável quando observada em outros lugares.

O que aconteceu em Polvópolis, então? Algumas partes do que se segue são especulativas, mas eis a história que costuramos. Algum tempo atrás, um objeto foi atirado no fundo arenoso do mar, provavelmente de um barco. O objeto era de metal, mas agora está totalmente recoberto por vida marinha. Depositado sobre o leito do mar, tem apenas uns trinta centímetros de comprimento e de altura, mas é um bem imobiliário valioso. O maior polvo do sítio gosta de viver debaixo dele e, às vezes, alguns peixes insistem em se fixar ali também, amontoando-se ao lado do polvo, que finge não notar sua presença. Esse objeto, achamos, foi suficiente para "semear" o sítio, assim como um objeto único pode ser a semente da qual um cristal cresce.

Achamos que um primeiro polvo, ou alguns deles, ao encontrar o objeto, fez dele uma toca e começou a trazer vieiras para comer ali. As conchas descartadas acumularam-se, e logo começaram a alterar as propriedades físicas do sítio. As conchas são discos de poucos centímetros de diâmetro. Como material de construção de tocas, são muito melhores do que areia fina, e assim logo foram feitas outras tocas nos arredores da primeira. Esses polvos trouxeram mais vieiras para comer, deixando ainda mais conchas por ali. Um processo de feedback positivo entrava em ação: quanto mais polvos vinham viver no lugar, mais conchas traziam e mais tocas podiam ser construídas. Com isso, mais conchas ainda foram trazidas para lá, e assim por diante.

Outra possibilidade é que a queda do objeto metálico tenha coincidido com uma primeira leva de conchas. Isso pode ter acontecido antes de 1984, quando a dragagem de vieiras foi proibida na baía, ou por volta de 1990, quando também foi proibida a pesca de vieiras por mergulhadores. Essa primeira leva de conchas poderia ter dado um impulso inicial maior ao sítio. Desde então, porém, parece provável que a maior parte das conchas tenha sido trazida pelos polvos, ao longo dos anos. Ao caçar e trazer o alimento para casa, eles foram transformado o sítio onde vivem.

Por que essa "semeadura" teve um efeito tão grande nesse sítio em particular? A área onde o objeto de metal caiu oferece alimento ilimitado aos polvos, já que é um leito de vieiras. As vieiras vivem isoladas ou em pequenos agrupamentos. São uma comida boa para polvos. Apesar do alimento ilimitado, a área tinha muito poucos lugares adequados a uma toca de polvo. É difícil cavar um buraco estável na areia fina do leito do mar, e os predadores da área são numerosos e mortais. Temos visto golfinhos e focas que chegam, velozes, para sondar as tocas dos polvos. Vários tipos de tubarões vivem por ali. Às vezes, enormes tubarões-baleia, animais portentosos que vivem perto do fundo e parecem velhos aviões bombardeiros, aparecem e passam longos períodos em nosso sítio, enquanto os polvos se encolhem em suas tocas. Alguns anos atrás, Matt gravou um vídeo perturbador perto do sítio, de um polvo sendo apanhado em espaço aberto por um cardume de peixes pequenos e agressivos — as guaiviras. Elas parecem piranhas e se juntam às centenas. Já me beliscaram algumas vezes. Não sabemos por que os peixes escolheram esse polvo, mas depois de algumas fintas cautelosas, atacaram *em massa* e o fizeram em pedaços. No começo, o polvo ainda tentou se defender, depois fugir freneticamente, disparando em direção à superfície, mas foi morto em questão de minutos. Depois disso, comecei a me perguntar como é que os polvos conseguiam sobreviver naquela área. Peixes desse tipo estão sempre rondando por lá e os polvos vivem saindo da toca para procurar alimento. Meu melhor palpite é de que o polvo pode cobrir uma certa distância, a partir de sua toca, em segurança, mesmo observado por peixes, porque se o peixe atacar, o polvo pode estar de volta à toca antes de sofrer qualquer dano. Se o polvo ultrapassa esse limite, tudo pode acontecer. É muito possível que os polvos pequenos tenham mais a temer do que os grandes, mas não há muito que um polvo possa fazer contra cem piranhas voando em cima dele.

As guaiviras rondam, as focas irrompem no sítio velozmente e os tubarões passam e ficam de tocaia. O invasor mais espalhafatoso de todos provavelmente não constitui uma ameaça direta aos polvos: às vezes, a luz cai de repente e uma arraia negra enorme entra na área, varrendo tudo. Esses animais chegam a ter a largura de um carro, e atravessam a água com ondulações grandes e lentas das asas. Os polvos se escondem. Nossas câmeras, como contei antes, em geral acabam espalhadas para todo lado.

Com suas tocas profundas revestidas de conchas, Polvópolis parece ser uma ilha de segurança em uma área perigosa, e isso provavelmente explica a presença constante dos polvos. Mas também suscita uma nova pergunta: por que os polvos não se comem uns aos outros? Vi no sítio polvinhos do tamanho de uma caixa de fósforos e outros com alcance de braços de mais de um metro, além de polvos de todos os tamanhos intermediários. Os maiores podem não se atacar mutuamente por causa do risco das lutas, mas o que protege os pequenos? Muitos polvos são canibais, inclusive alguns parentes próximos da espécie que vive em Polvópolis. Por que não nesse caso? Também isso pode ser explicado pela abundância, no local, de alimento que não briga para não ser comido: aquelas vieiras todas.

As vieiras, por acaso, têm olhos, com uma estrutura incomum que inclui um espelho atrás da retina. Para nadar, elas batem as conchas. A primeira vez que vi uma delas se mover fiquei perplexo: castanholas que nadam! Os olhos e a aptidão para nadar, contudo, não chegam nem perto de fazer alguma diferença quando os polvos estão atrás delas. Nessa situação, são indefesas.

Recapitulando a história, como achamos que aconteceu: a intrusão de um objeto estranho ao local criou uma toca de rara segurança. Os primeiros polvos trouxeram vieiras para comer e deixaram lá as conchas. Logo as conchas se acumularam tanto que se tornaram a *própria* superfície do sítio. Mais tarde, os restos de conchas possibilitaram escavar tocas estáveis, nas quais outros polvos poderiam viver. Hoje, o leito de conchas estende-se tanto que uma toca escavada recentemente nem precisa estar muito perto da primeira. Ainda não compreendemos totalmente o que esse leito de conchas está possibilitando. Algumas tocas são bastante profundas, algo como quarenta centímetros, no mínimo, e estamos certos de que alguns polvos ficam inteiramente cobertos pelas conchas, invisíveis, por bons períodos. Pode ser que façam contato e interajam uns com os outros abaixo dessa superfície; talvez acasalem. Vemos nas conchas movimentos que vêm de baixo, quando não há polvos à vista. À medida que mais polvos se estabelecem por ali, as próprias conchas passam a ser, cada vez mais, o seu ambiente.

Em nosso segundo trabalho sobre o sítio, analisamos isso como um caso de "engenharia de ecossistema" — quando um ambiente é reconfigurado pelo comportamento dos animais que vivem nele.[11] Como constatamos ao preparar esse trabalho, os polvos não foram os únicos a ser afetados por tudo isso. Muitas outras espécies parecem ter sido atraídas para o sítio. Cardumes pairam por lá agora, indo e vindo velozmente — algumas vezes até interferindo em nosso material em vídeo. Lulas ficam por lá, fazendo sinais umas para as outras. É provável que os enormes tubarões-baleia que pairam sobre o leito do sítio não estejam lá principalmente pelos polvos; gravamos um deles tocaiando e fazendo uma investida espetacular sobre um cardume logo acima. Filhotes de tubarão de outra espécie pousam no leito de conchas uma parte do ano. Pequenas arraias decoradas, os peixes-guitarra, também param por lá, com caranguejos-ermitões rastejando sobre seu corpo.

Todas essas criaturas estão presentes no sítio em concentrações muito mais altas do que se vê em áreas um pouquinho mais afastadas. Os polvos construíram um "recife artificial" com seu comportamento de coletar conchas, e isso parece ter levado ao desenvolvimento de uma vida social incomum, uma vida de alta densidade e interação contínua.

Uma leitura possível de nossas observações em Polvópolis é que elas mostram que os polvos, dessa espécie e talvez de outras, geralmente são mais sociáveis do que as pessoas percebem. De fato, seus comportamentos de sinalização — mudanças de cor, exibições — sugerem isso. Estudos adicionais cada vez mais numerosos apontam na mesma direção: sugerem que os polvos são mais envolvidos uns com os outros do que se pensava. Em 2011, um estudo com uma espécie aparentada de perto com nossos *polvopolitanos* relata que os polvos são capazes de reconhecer outros indivíduos polvos.[12] Um estudo mais controverso, de 1992, sugeria que os polvos são capazes de aprender observando os comportamentos uns dos outros.[13] Outra interpretação, aplicável a pelo menos parte do que vimos, é que esse sítio específico é incomum. Em conjunção com a inteligência dos polvos em geral, um contexto incomum levou a comportamentos incomuns. Os polvos tiveram que achar uma forma de gerenciar sua vida nesse cenário, e alguns comportamentos resultantes são inéditos e oportunísticos. Eles precisaram descobrir um jeito de se darem bem.

Suspeito que estamos vendo, aqui, uma mistura de comportamentos novos e antigos — alguns se estabeleceram há muito tempo e outros são modificações improvisadas que surgem da adaptação individual a circunstâncias incomuns.

Polvópolis é um lugar onde vários elementos relevantes para a evolução de cérebros e mentes — e, em geral, ausentes da vida dos polvos — podem ser encontrados. Há muita interação e navegação social, e muito feedback entre o que é feito e o que é percebido. Os polvos estão diante de um ambiente de complexidade incomum, já que uma parte importante dele é constituída por outros polvos. A manipulação e a reformatação do leito de conchas são constantes também. Os polvos atiram detritos à sua volta, e frequentemente atingem outros polvos com essas conchas e outros materiais. Pode ser que isso não passe de um comportamento de limpeza de toca, mas tem consequências novas em um cenário densamente povoado, pois os projéteis parecem afetar o comportamento dos polvos que são atingidos. Nesse momento, estamos tentando descobrir se alguns desses arremessos têm, de fato, um alvo.

Até onde sabemos, tudo isso se dá no contexto da duração normal da vida do polvo, que é curta. O polvo vive pouco tempo e os jovens não recebem cuidados ao sair do ovo. Suponha que esses polvos vivam até terem cerca de dois anos. Desde 2009, então, já viveram no sítio várias gerações. Muitos polvos devem ter nascido e morrido desde que começamos a visitá-lo, e os animais estão sempre reeditando a mesma semissociabilidade complexa. Dá para imaginar os próximos passos evolucionários que poderiam ser dados em uma situação como essa. Suponha que as interações fiquem mais complicadas, a sinalização mais refinada, as densidades ainda mais altas. A vida de cada animal ficaria mais enredada na vida dos outros e isso começaria a aparecer em uma evolução cerebral continuada. Vimos no capítulo 7 que a expectativa de vida ajusta-se a fatores relacionados ao estilo de vida, em especial a ameaça de predação. Se os polvos dessa espécie conseguissem um jeito confiável de sobreviver por mais tempo sem serem devorados, não haveria razão para não poderem também, eventualmente, chegar a ter uma expectativa de vida maior.

Não estou dizendo que tudo isso poderia acontecer em Polvópolis — não poderia. É um sítio pequeno, uma fração minúscula da abrangência da espécie. Quando os ovos de polvo se rompem, os filhotes saem à deriva e, em vez de ficar onde nasceram, vão se afastando. Cada um que sobrevive se estabelece em algum lugar e começa a vagar. Assim, não há motivo para acreditar que os polvos que estão hoje no sítio sejam filhos ou netos de outros que viveram lá antes. Em termos evolucionários, um sítio e alguns anos não significam nada. Arranjos como esses teriam de persistir em grande escala, por milhares de anos, para ter qualquer efeito. Mas o sítio oferece um vislumbre de um caminho possível para a evolução continuada do polvo.

Linhas paralelas

Ao nos aproximarmos da conclusão deste livro, vamos olhar em retrospecto para a evolução do corpo e da mente. Os marcos mais antigos e arraigados foram descritos no capítulo 2: as capacidades ancestrais de sensação e comportamento, a evolução dos animais a partir da vida unicelular e os primeiros sistemas nervosos. Seguiu-se a evolução do plano de corpo bilateral, que compartilhamos com as abelhas e os cefalópodes. Pouco depois do aparecimento dos bilaterais, houve uma bifurcação na árvore, com um ramo levando aos vertebrados e o outro, a uma grande gama de grupos de invertebrados — insetos, vermes, moluscos.

A relação de mão dupla entre sentir e agir é característica de todos os organismos conhecidos, inclusive na vida unicelular. Na transição para os primeiros animais com sistema nervoso, a maquinaria de sentir o exterior e sinalizar para fora foi internalizada, o que permitiu a coordenação interna dessas unidades vivas novas e maiores. Fosse lá o que os primeiros sistemas nervosos conseguiam fazer, a transição do Ediacarano para o Cambriano viu surgir um novo regime para o comportamento animal e os corpos que o habilitam. Os organismos se entrelaçaram uns aos outros de maneiras novas, sobretudo como predador e presa. A árvore continuou a se ramificar, alguns cérebros se expandiram e surgiram dois experimentos envolvendo sistemas nervosos muito grandes, um do lado dos vertebrados, outro no dos cefalópodes.

Estabelecidos esses contornos, examinemos algumas caracteterísticas da árvore da vida que ganham nova relevância ao serem revisitadas agora. São partes da árvore que ficam visíveis quando ampliamos a imagem de alguns ramos que, nos capítulos anteriores, só olhamos à distância. Olhando primeiro para o lado dos vertebrados, encontramos nós mesmos e outros mamíferos. Mas os mamíferos não são os únicos vertebrados que desenvolveram altos níveis de inteligência. Os peixes e os répteis podem fazer coisas surpreendentes; mas o principal exemplo que tenho em mente são aves como os papagaios e os corvos. Os cérebros dos vertebrados são todos "variações do mesmo tema", com muita coisa em comum, mas ainda assim a ramificação é profunda. O ancestral comum a aves e humanos, um animal parecido com um lagarto, viveu há cerca de 320 milhões de anos, pouco antes da era dos dinossauros.[14] A partir daí, surgiram cérebros grandes entre os vertebrados por vários caminhos diferentes e independentes. Disse no capítulo 3 que a história dos cérebros grandes tem o formato aproximado de um Y, com um ramo de vertebrados e um ramo de cefalópodes, mas foi uma simplificação. Um olhar mais preciso para o lado vertebrado mostra ramificações internas importantes.

Cobri a evolução inicial dos cefalópodes no capítulo 3, e escrevi capítulos sobre os polvos e os chocos. Ambos são cefalópodes, mas diferem de várias maneiras. Como a história continuou, no ramo deles? Está claro que houve uma ramificação importante na evolução dos cefalópodes, mas de qual profundidade?

Por algum tempo acreditou-se, com base em registros fósseis, que a primeira aparição do grupo de cefalópodes que inclui os polvos, os chocos e as lulas (um grupo chamado de *coleoides*) ocorreu na época dos dinossauros, há algo como 170 milhões de anos. Eles teriam se diferenciado em suas várias formas familiares na porção mais tardia do reinado dos dinossauros e depois dele.

Em um trabalho famoso de 1972, Andrew Packard afirmou que a evolução desses cefalópodes ocorreu em paralelo à evolução de alguns tipos de peixe.[15] Há cerca de 170 milhões de anos, alguns peixes começaram a evoluir para sua forma "moderna", aquela que conhecemos. Os primeiros cefalópodes eram os antigos predadores do mar. Os peixes evoluíram para novas formas que competiam com eles, e os cefalópodes, em resposta, evoluíram também. Nisso se incluiu a evolução de seu complexo comportamento.

A ideia de que os cefalópodes modernos teriam surgido em um surto recente pode ser usada para sustentar a visão de que os grandes sistemas nervosos dos cefalópodes são fruto de uma espécie de acidente evolucionário único, seguido, mais tarde, por alguma diversificação. Com frequência se considerou seriamente a hipótese de que esses animais tivessem uma "inteligência acidental". Decerto foi tentador pensar que os polvos, sobretudo, têm cérebro "demais" para animais de vida tão breve e associal. Acidente ou não, o quadro histórico que Packard e outros aventaram incentivou a hipótese de que teria havido só um processo: a evolução de cérebros grandes *nos cefalópodes*, com variações menores surgidas depois.

Então esse quadro histórico mudou. Packard baseara sua ideia em evidência fóssil, que é sempre imprecisa quando se trata de animais de corpo mole. Mais tarde, entraram em cena as evidências genéticas, e o quadro resultante foi diferente. A nova visão é de que o ancestral comum a polvos, chocos e lulas mais recente não viveu há 170 milhões, mas há 270 milhões de anos.[16] Nesse ponto, uma ramificação evolucionária levou, de um lado, a um grupo "octópode", que inclui os polvos e o *Vampyromorpha* de mar profundo, e, do outro, a um grupo "decápode" (com dez pés), incluindo a lula e o choco.

Antecipar a datação dessa separação em 100 milhões de anos coloca a divergência entre os cefalópodes em um cenário evolucionário muito diferente. Agora a divisão teria ocorrido no período Permiano, antes dos dinossauros. A vida nos oceanos era, então, muito diferente. Ainda pode ser que tenha havido competição entre cefalópodes e peixes, mas a data anterior torna mais provável que os cefalópodes tenham desenvolvido sistemas nervosos complexos pelo menos duas vezes, uma na linhagem que levou aos polvos e outra na linhagem que produziu os chocos e as lulas.[17]

Você poderia replicar: talvez o ancestral comum a todos esses cefalópodes *já* tivesse adquirido comportamentos complexos e fosse o animal mais inteligente dos mares permianos. A data da ramificação sustentaria essa afirmação. Mas outra evidência nova contradiz essa ideia. Em 2015, o primeiro genoma do polvo foi sequenciado.[18] Podemos extrair dos genes algumas informações novas sobre como os sistemas nervosos são *construídos* ao longo da vida de cada indivíduo. A construção de um sistema nervoso exige que as células se unam de maneiras exatas. Nos humanos, isso é feito por uma família de moléculas chamadas *protocaderinas*. A mesma família de moléculas, constatou-se, é usada na construção do sistema nervoso dos polvos.

Interessante: ferramentas semelhantes são usadas nos dois casos. Mas, junto com isso, veio outra descoberta. As moléculas usadas na construção de sistemas nervosos diversificaram-se na lula, assim como nos polvos, e parecem ter feito isso de forma *independente*, após a divisão entre esses dois grupos. A evolução dos polvos incluiu uma expansão dessa família de moléculas, e a evolução da lula teve sua própria expansão, em separado. Assim, essas moléculas contrutoras de cérebro diversificaram-se pelo menos *três* vezes, e não apenas uma vez nos cefalópodes e uma vez em animais como nós.

A importância disso depende do quanto o choco e/ou a lula são, de fato, animais inteligentes. (Para esses fins, podemos tratar chocos e lulas como um grupo só.) Temos menos dados sobre a cognição dos chocos do que sobre os polvos, e ainda menos evidências sobre a lula. Mas novas evidências sugerem que existe uma inteligência considerável também no enigmático choco.

Um exemplo disso vem de um estudo recente de memória, feito por Christelle Jozet-Alves e seu grupo na Normandia, França, em uma espécie de choco menor do que o choco gigante dos meus capítulos anteriores.[19] Os animais têm muitos tipos de memória. Na experiência humana, um tipo importante é a memória *episódica* — a memória de eventos específicos, em oposição à memória de fatos ou de aptidões. (Sua lembrança de seu último aniversário é uma memória episódica; sua memória de como se nada é uma memória *de procedimentos*; e sua memória da localização da França é uma memória *semântica*.) Jozet-Alves e seu grupo basearam seu experimento com chocos em uma série famosa de experimentos que pareceu mostrar a existência de algo semelhante à memória episódica em aves — a equipe do estudo incluiu um eminente pesquisador de aves, Nicola Clayton. Os dois estudos, das aves e dos chocos, falam de uma memória "de tipo episódico", pois a memória episódica dos humanos tem um elemento muito vívido de experiência subjetiva, e eles não sabem se isso vale para outros animais.

Nesses testes, foi considerada memória de tipo episódico a memória de *onde* e de *quando* um determinado tipo de alimento estava disponível; é a memória "o quê-onde-quando". Os testes com os chocos eram assim: primeiro os pesquisadores descobriam qual era o alimento preferido por cada animal, entre dois tipos (caranguejo, camarão), e então os chocos eram postos em uma situação na qual cada alimento era associado a uma pista visual diferente no tanque. O alimento preferido (que se revelou ser o camarão) era reposto mais lentamente que o outro; se os chocos comiam camarão, só depois de três horas voltaria a haver camarão naquele lugar, enquanto o caranguejo era reposto de hora em hora. Os chocos aprenderam que, se fossem soltos no tanque apenas uma hora depois de sua última refeição de camarão, não adiantava ir para o local do camarão, pois não haveria nada lá. Se o intervalo era de uma hora, eles iam para o local do caranguejo. Se o intervalo era de três horas, iam direto para o camarão.

A existência de memória episódica em todos esses grupos — mamíferos como nós, aves, chocos — é um exemplo marcante do que foi, quase certamente, uma evolução paralela nessas três linhas diferentes. Não sei de ninguém que tenha tentado experiência semelhante com polvos, e não sei como eles se sairiam nessa tarefa. O estudo de Jozet-Alves demonstra uma cognição bem complexa no ramo dos decápodes, em cérebros que evoluíram, de algum modo, em separado do cérebro de polvos. Em outras palavras, isso evidencia uma evolução paralela da inteligência *dentro* do grupo dos cefalópodes e reforça a visão de que os sistemas nervosos complexos não evoluíram nos cefalópodes por acidente. Não foi algo que aconteceu uma vez e se perpetuou, com variações, em algumas linhas diferentes. Em lugar disso, houve uma expansão do sistema nervoso dentro da linha dos polvos e outra, paralela, em outros cefalópodes.

A relação entre polvos e chocos parece ser bem análoga à relação entre mamíferos e aves, cada um deles desenvolvendo cérebros grandes dentro de corpos diferentes. Entre os cefalópodes, o corpo do polvo e do choco são ambos construídos conforme o plano dos moluscos, mas a separação entre eles parece ter profundidade histórica semelhante — e aqui houve, também, a evolução paralela de cérebros grandes.

A árvore poderia ser representada assim:

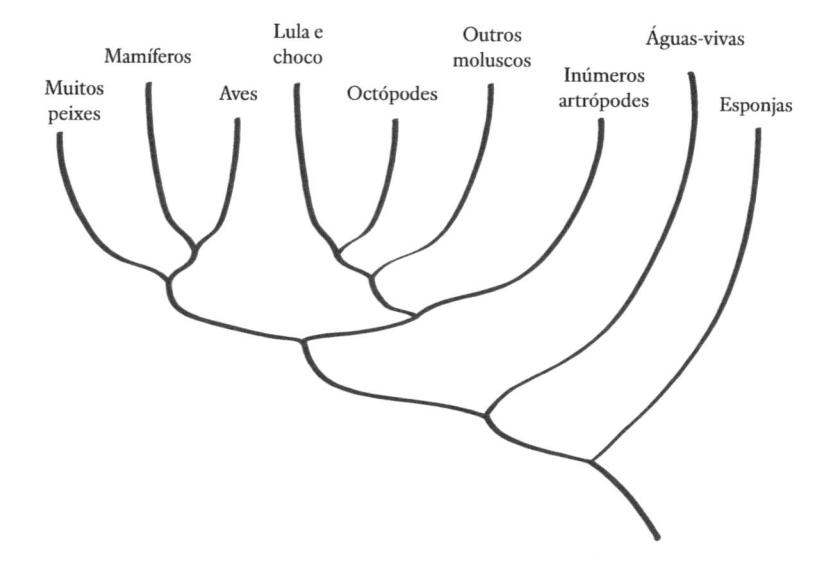

Um fragmento da árvore da vida: este desenho faz um close-up em alguns ramos evolucionários mencionados neste livro. Os comprimentos dos "caules" não estão em escala, e também representei grupos de tamanhos muito diferentes na mesma figura. Mamíferos e aves são grupos grandes, no número de espécies que contêm, enquanto os dois grupos de cefalópodes que estão de cada lado de sua bifurcação são muito menores. (Na estrutura tradicional da classificação biológica, mamíferos e aves são, cada um, uma *classe*, enquanto os cefalópodes estão todos em uma mesma classe.) Os artrópodes, mais à direita, são um *filo* inteiro, composto por um número enorme de insetos, caranguejos, aranhas, centopeias e outros. Muitos grupos foram omitidos no diagrama; se as minhocas fossem incluídas, por exemplo, estariam entre os "outros moluscos" e os artrópodes, saindo do ramo curto que leva ao dos moluscos. A estrela-do-mar estaria ali perto dos vertebrados, à esquerda. Os peixes não formam um ramo único. A maioria está no ramo mais à esquerda, mas alguns, como os celacantos, estão no ramo que leva também até nós e as aves.

Os cefalópodes são grandes predadores desde tempos ancestrais. Há cerca de 270 milhões de anos, um grupo de cefalópodes se dividiu, provavelmente depois de ter partido para o abandono crucial de sua concha externa. Pelo menos dois ramos desenvolveram sistemas nervosos grandes em separado. Os cefalópodes e os vertebrados inteligentes são experimentos independentes na evolução da mente. Como os mamíferos e as aves, os polvos e chocos deste livro representam subexperimentos dentro desse experimento maior.

Os oceanos

A mente evoluiu no mar. A água tornou isso possível. Todos os estágios iniciais ocorreram na água: a origem da vida, o nascimento dos animais, a evolução dos sistemas nervosos e dos cérebros, e o aparecimento de corpos complexos que fizeram valer a pena ter cérebro. As primeiras incursões à terra aconteceram, provavelmente, não muito tempo depois da história que mapeei em meus primeiros capítulos — há pelo menos 420 milhões de anos, talvez antes —, mas o começo da história dos animais é a história da vida no mar. Quando os animais rastejaram para o seco, levaram o mar com eles. Todas as atividades básicas da vida acontecem em células cheias de água e limitadas por membranas, minúsculos recipientes cujos conteúdos são vestígios do mar. Eu disse no capítulo 1 que encontrar um polvo é, de muitas maneiras, o mais perto que chegaremos de encontrar um alienígena inteligente. Ele não é, de fato, um alienígena; a Terra e seus oceanos nos fizeram a ambos.

As características que fizeram o mar produzir vida e mentes são, na maior parte do tempo, invisíveis para nós. Elas existem em uma escala minúscula. O mar não muda visivelmente quando fazemos coisas a ele — não da maneira como abater uma floresta é imediata e incontestavelmente visível. O lixo despejado no mar parece sair à deriva e se diluir. Por causa disso, o mar raramente parece ser um problema ambiental urgente, e as medidas que tomamos para ajudá-lo muitas vezes resultam em quase nada de imediatamente visível.

Às vezes os efeitos de nossas ações podem ser vistos até quando se olha casualmente abaixo da superfície. Comecei a pensar neste livro por volta de 2008. Havia comprado um pequeno apartamento perto da costa de Sydney, para onde ia nos verões do hemisfério Norte. Como em todas as praias ao longo da costa em torno de Sydney, nessa área gente demais pescou em excesso e, no início do novo milênio, as águas estavam quase vazias de vida. Mas em 2002 uma pequena baía foi declarada santuário marinho, com proteção total de sua vida selvagem.[20] Em poucos anos, estava enxameada de peixes e outros animais, e foi lá que encontrei o cefalópode que me instigou a escrever este livro.

A eficácia dos santuários é animadora, mas o mar enfrenta ameaças enormes. A mais óbvia é a sobrepesca nos oceanos, com cada vez mais animais marinhos sendo arrastados indiscriminadamente para os frigoríficos dos barcos. Nossa capacidade de lidar com isso é dificultada não só pela ganância e pelos interesses conflitantes, mas pela dificuldade de chegar a uma percepção do problema e compreender nossa própria capacidade de destruição. O mar parece continuar igual depois que os barcos vão embora.

No final do século XIX, depois da publicação de *A origem das espécies*, Thomas Huxley era o aliado científico mais importante de Charles Darwin, e um biólogo eminente por direito próprio. Em meados do século XIX, os pescadores no Mar do Norte haviam começado a se perguntar se não estariam exaurindo seus estoques de peixe,[21] e Huxley foi convidado a dar um parecer. Ele disse que havia pouco motivo para preocupação. Fez alguns cálculos simples sobre a produtividade do mar e a fração de peixes que estava sendo extraída e concluiu, numa fala em 1883: "Creio que se pode afirmar com confiança que, considerados nossos modos de pesca atuais, várias das modalidades de pesca mais importantes, como a pesca do bacalhau, a pesca do arenque e a pesca da cavala, são inesgotáveis".

Estava espetacularmente errado em seu otimismo. Em poucas décadas, muitas dessas modalidades, especialmente a pesca do bacalhau, estavam em sérias dificuldades.[22] Por suas confiantes assertivas, Huxley acabou se tornando uma espécie de vilão. Isso não é tão despropositado, ainda que os maledicentes tendam a desconsiderar (e às vezes omitir) uma parte da fala infame que citei acima: "considerados nossos modos de pesca atuais".

Huxley pode ter errado mesmo se considerarmos essa condição, mas uma coisa que decerto colocou as pessoas no rumo errado foi a incapacidade de prever o quanto a tecnologia da pesca mudaria. Isso levou, por sua vez, a enormes mudanças na quantidade de peixe que cada barco conseguia tirar do mar. Com a crescente mecanização do equipamento, a chegada dos frigoríficos e os métodos de alta tecnologia para rastrear peixes, "nossos modos de pesca atuais" desapareceram não muito depois das palavras otimistas de Huxley, assim como os peixes.

A sobrepesca começou no século XIX e continua, com produto mais escasso, até hoje. O outro problema que o mar enfrenta é a mudança química. Como ela é ainda menos visível e tem origens globais, é mais difícil de corrigir.

Um exemplo é a acidificação. À medida que aumenta a concentração de CO_2 na atmosfera, por causa da queima de combustível fóssil, parte do gás excedente se dissolve no mar. Isso altera o equilíbrio do pH da água, afastando-o de seu estado normal de alcalinidade moderada. Isso afeta o metabolismo de grande parte dos animais marinhos, inclusive cefalópodes, e tem efeitos especialmente sérios em corais e outros organismos com partes duras feitas de cálcio. No mar alterado, essas partes duras amolecem e se dissolvem.[23]

Nas etapas finais da redação deste livro, almocei com um biólogo que é especialista em abelhas, Andrew Barron. Encontrei-me com ele e com Colin Klein, outro filósofo, para discutir como poderíamos formular as origens biológicas da experiência subjetiva. Quando soube que Andrew trabalha com abelhas, perguntei a ele, também, sobre o "colapso das colônias", um problema que tem afetado abelhas no mundo inteiro.

O problema parece ter ficado aparente por volta de 2007. Em muitos países, colônias de abelhas começaram a colapsar de forma súbita e, consequentemente, deixaram de polinizar todas as culturas que dependem delas — maçãs, morangos e muitas outras. Graças à importância econômica das abelhas como polinizadoras, a causa dos "colapsos" foi intensamente estudada. Teria de ser algo de âmbito mundial, não local. Mas o colapso progrediu rapidamente. Seria um parasita? Um fungo? Toxinas químicas? Quando perguntei a Barron, ele me disse que eles estão começando a ter uma noção mais clara do que acontece. E qual é, então, o fator que está causando isso? Ele respondeu que, até onde eles sabem, não há um fator único. O que acontece é que, ao longo de muitos anos, surgiram na vida das abelhas mais e mais pequenas perturbações: mais poluentes, mais microrganismos novos, menos hábitats. Por muito tempo, as tensões se acumularam e as abelhas foram conseguindo lidar com elas. Para absorver o estresse, as colônias trabalhavam mais duro. Embora não fosse óbvio ou visível que elas estavam sofrendo, a capacidade das abelhas de atenuar essas questões desgastou-se lentamente. Mais tarde, chegou-se a um ponto crítico, e muitas colônias de abelhas melíferas começaram a morrer. Elas colapsaram de forma dramática, visível, não porque tivessem sido varridas por alguma peste súbita, mas porque sua capacidade de absorver o estresse havia se esgotado.[24] Desesperados, fruticultores transportam suas colônias de abelhas de caminhão por milhares de quilômetros, de pomar em pomar, tentando polinizar suas culturas com as abelhas que ainda estão saudáveis o bastante para o trabalho.

Trouxe essa história para a mesa, e agora olho para o oceano à luz dela. Essa esfera da criatividade biológica é tão vasta que, por séculos, podíamos fazer o que quiséssemos com ela e causar pouco impacto. Mas agora nossa capacidade de estressar seus sistemas é muito maior. Eles absorvem as tensões — não de maneira invisível, mas de maneiras que são frequentemente difíceis de ver e fáceis de ignorar quando há dinheiro em jogo. Em alguns lugares, isso já foi longe demais. Muitos trechos dos mares do mundo têm "zonas mortas", onde nenhum animal e poucas outras coisas conseguem sobreviver, sobretudo por causa da perda de oxigênio.[25] É provável que, de tempos em tempos, zonas mortas tenham aparecido naturalmente no oceano, antes do estresse provocado pelos humanos, mas agora elas ocorrem em uma escala muito maior. Algumas surgem e desaparecem sazonalmente, acompanhando o ritmo maligno estabelecido pelo fluxo de fertilizantes vindos de fazendas próximas do mar, enquanto outras parecem mais permanentes. "Zona morta", o oposto exato de um oceano.

Temos muitos motivos para apreciar os oceanos e cuidar deles, e eu espero que este livro tenha acrescentado mais um. Quando você mergulha no mar, está mergulhando na origem de todos nós.

Notas

1. Encontros ao longo da árvore da vida [pp. 11-21]

1. Darwin fez uso extensivo da ideia da "árvore da vida" em *A origem das espécies*. Não foi o primeiro a pensar nas relações entre as espécies como tendo o formato de uma árvore, como ele mesmo reconhece. Sua inovação foi dar à árvore uma interpretação histórica, genealógica. Em certo sentido, Darwin interpretou a ideia mais *literalmente* do que outros antes dele, de um modo que expressou habilmente em uma passagem famosa: "As afinidades entre os seres de uma mesma classe foram por vezes representadas por uma grande árvore. Parece-me, no fundo, um símile verdadeiro". Charles Darwin, *A origem das espécies por meio da seleção natural ou A preservação das raças favorecidas na luta pela vida*. Trad. de Pedro Paulo Pimenta. São Paulo: Ubu, 2018. Sobre a história da ideia da árvore na biologia, ver Robert O'Hara, "Represententions of the Natural System in the Nineteenth Century", *Biology and Philosophy*, v. 6, pp. 255-74, 1991. Há exceções quanto ao formato de árvore, especialmente fora do reino dos animais: ver meu livro *Philosophy of Biology* (Princeton: Princeton University Press, 2014). O livro *The Ancestor Tale: A Pilgrimage to the Dawn of Evolution* (Nova York: Houghton Mifflin, 2004), de Richard Dawkins, é uma descrição vívida e acessível da história da vida animal, que enfatiza a estrutura de árvore.
2. O termo "invertebrados" é considerado problemático por alguns biólogos, por não poder ser atribuído a um ramo definido da árvore, e sim a organismos encontrados em vários ramos. Uso neste livro vários termos que alguns biólogos desaprovam porque não podem ser atribuídos a ramos definidos da árvore; eles incluem *procariotas* e *peixes*. Acredito que frequentemente são úteis, mesmo assim.
3. William James, *The Principles of Psychology*. Nova York: Henry Holt, 1890, v. I, p. 148. James, num momento bem tardio de sua carreira, foi tentado a usar meios muito radicais para chegar a essa "continuidade" entre os mundos da mente e da matéria — bem mais radicais do que é nossa intenção

neste livro. Ver "A World of Pure Experience", *The Journal of Philosophy, Psychology and Scientific Methods*, v. 1, n. 20-21, pp. 533-43, 561-70, 1904.
4. A expressão "em cujo interior tudo é escuridão" foi tirada da obra de David Chalmers *The Conscious Mind: In Search of a Fundamental Theory* (Oxford; Nova York: Oxford University Press, 1996), p. 96. É claro, tudo *é* escuro dentro de um cérebro (exceto em uma cirurgia). As coisas não parecem ser escuras para um animal que possui esse cérebro, mas o animal encontra luz olhando para *fora*. De muitos modos, a metáfora é bem enganosa, mas parece captar algo.
5. Roland Dixon, *Oceanic Mythology* (Boston: Marshall Jones, 1916), p. 15, da coleção The Mythology of All Races, organizada por Louis Herbert Gray, v. 9. Sou grato a China Miéville, autor do romance cefalopódico *Kraken* (Nova York: Del Rey/Random House, 2010), por me apresentar a Dixon e por esta passagem.

2. Uma história de animais [pp. 22-51]

1. Mais exatamente, a Terra *começou* a se formar 4567 bilhões de anos atrás. Para um texto que trata da origem e da história inicial da vida, ver John Maynard Smith e Eörs Szathmáry, *The Origins of Life: From Birth of Life to the Origin of Language* (Oxford; Nova York: Oxford University Press, 1999). Para uma apresentação mais técnica de algumas ideias recentes, ver Eugene Koonin e William Martin, "On the Origin of Genomes and Cells Within Inorganic Compartments", *Trends in Genetics*, v. 21, n. 12, pp. 647-54, 2005. As visões atuais da origem da vida parecem focar-se em uma origem dentro do próprio mar, talvez o mar profundo, embora outros trabalhos considerem também ambientes de águas rasas, tipo piscina. A data na qual se pensa ser evidente que existia vida é há 3,49 bilhões de anos; assim, a vida evoluiu antes disso. A vida não começou necessariamente com as células, mas as células são consideradas, também, muito antigas.
2. Ver Bettina Schirrmeister et al., "The Origin of Muticellularity in Cyanobacteria", BMC *Evolutionary Biology*, n. 11, p. 45, 2011.
3. Ver Howard Berg, "Marvels of Bacterial Behavior", *Proceedings of the American Philosophical Society*, v. 150, n. 3, pp. 428-42, 2006; Pamela Lyon, "The Cognitive Cell: Bacterial Behavior Reconsidered", *Frontiers in Microbiology*, n. 6, p. 264, 2015; Jeffry Scott e Sherry Zhang, "The Biochemistry Memory", *Current Biology*, v. 23, n. 17, pp. R741-45, 2013.
4. Sobre a evolução destas células mais complexas e o papel da fagocitação de uma célula por outra, ver John Archibald, *One Plus One Equals One: Simbiosis and the Evolution of Complex Life* (Oxford; Nova York: Oxford

University Press, 2014). As células devoradoras eram bactérias apenas em um sentido informal, como afirmo no texto. Provavelmente eram arqueanas.

5. Para uma visão geral, ver Gáspár Jékeli, "Evolution of Phototaxis", *Philosophical Transactions of the Royal Society*, v. 364, pp. 2795-808, 2009. Em 2016, um estudo notável descreveu uma cianobactéria que consegue focalizar uma imagem usando a célula inteira como um "globo ocular microscópico" e criando uma imagem no interior da borda da célula mais afastada da fonte de luz. Ver Nils Schuergers et al., "Cyanobacteria Use Micro-Optics to Sense Light Direction", *eLife*, n. 5, artigo e12620, pp. 9-22, 2016.
6. Ver Melinda Baker, Peter Wolanin e Jeffrey Stock, "Signal Transduction in Bacterial Chemotaxis", *BioEssays*, n. 28, pp. 9-22, 2006.
7. Ver Spencer Nyholm e Margaret McFall-Ngai, "The Winnowing: Establishing the Squid-Vibrio Symbiosis", *Nature Reviews Microbiology*, n. 2, pp. 632-42, 2004.
8. Para ler mais sobre este tema, ver meu artigo "Mind, Matter, and Metabolism", *Journal of Philosophy*, v. 13, n. 10, pp. 481-506, 2016.
9. Sobre esses relacionamentos, ver, de John Tyler Bonner, o atentamente elaborado *First Signals: The Evolution of Multicellular Development* (Princeton: Princeton University Press, 2000). Este livro influenciou minha visão das transições comportamentais em vidas multicelulares.
10. J. B. S. Haldane, um dos grandes evolucionistas de uma geração anterior, observou em 1954 que muitos hormônios e neurotransmissores — substâncias usadas para controlar e coordenar eventos dentro de organismos como nós — têm efeitos em organismos marinhos simples quando eles encontram esses químicos em seu ambiente. Substâncias químicas que usamos como sinais internos são interpretadas por organismos mais simples como sinais ou pistas externas. Haddane lançou a hipótese de que os neurotransmissores e hormônios têm origem nas sinalizações químicas entre alguns de nossos ancestrais: ver Haldane, "La Signalisation Animale", *Année Biologique*, n. 58, pp. 89-98, 1954. No texto, não discuto os sistemas hormonais que modificam ações em tempo real, junto com sistemas nervosos. É outro caso interessante de sinalização interna.
11. Ver, de John Maynard Smith e Eörs Szathmáry, o clássico *The Major Transitions in Evolution* (Oxford; Nova York: Oxford University Press, 1995), e sua sequência, Brett Calcott e Kim Sterelny (Orgs.), *The Major Transitions in Evolution Revisited* (Cambridge: MIT Press, 2011). Para um apanhado das muitas transições para a vida multicelular vistas em diferentes grupos, ver Richard Grosberg e Richard Strathman, "The Evolution of Multicellularity: A Minor Major Transition?", *Annual Review*

of Ecology, Evolution, and Systematics, n. 38, pp 621-54, 2007. Até procariotas desenvolveram formas multicelulares. Falo das transições para a muticelularidade também no meu livro *Darwinian Populations and Natural Selection* (Nova York: Oxford University Press, 2009).

12. No momento em que escrevo este livro, a polêmica continua. Para uma boa apresentação do que chamo, no texto, de visão "majoritária", ver Claus Nielsen, "Six Major Steps in Animal Evolution: Are We Derived Sponge Larvae?", *Evolution and Development*, v. 10, n. 2, pp. 241-57, 2008. Esta visão foi desafiada por trabalhos que usaram dados genéticos para afirmar que os ctenóforos se ramificaram do resto dos animais antes das esponjas. Ver, em especial, Robert Ryan et al., "The Genome of the Ctenophore *Mnemiopsis leidyi* and Its Implications for Cell Type Evolution", *Science*, v. 342, n. 6164, artigo 1242592, 2013.

    O fato de as esponjas (ou os ctenóforos) terem um parentesco muito distante conosco não significa que tivemos um ancestral que parecia uma esponja (ou ctenóforo). Uma esponja atual é o produto de tanta evolução quanto nós. Por que o ancestral deveria se parecer mais com elas do que conosco? Outros fatores, no entanto, atuam aqui. Se olharmos *dentro* do grupo das esponjas, veremos antigas ramificações evolucionárias que levam, nos dois lados, a um organismo do tipo das esponjas. É possível, também, que as esponjas sejam *parafiléticas* — que não descendam todas de um único ancestral comum que se ramificou a partir de outros animais. Se for este o caso, ele reforça (embora decididamente não prove) a visão de que a forma da esponja estava presente em nosso passado, porque mais de uma linhagem daquele tempo primevo levou ao animal tipo esponja de hoje.

    Para saber mais sobre os comportamentos ocultos das esponjas, ver Sally Leys e Robert Meech, "Physiology of Coordination in Sponges", *Canadian Journal of Zoology*, v. 84 n. 2, pp. 288-306, 2006; Leys, "Elements of a 'Nervous System' in Sponges", *Journal of Experimental Biology*, n. 218, pp. 581-91, 2015; Sally Leys et al., "Spectral Sensitivity in a Sponge Larva", *Journal of Comparative Physiology A*, v. 188, n. 3, pp. 199-202, 2002; e Onur Sakarya et al., "A Post-Synaptic Scaffold at the Origin of the Animal Kingdom", *PLOS One*, n. 2, artigo e 506, 2007.

13. Na biologia, quase sempre há exceções: alguns neurônios têm conexões elétricas diretas entre eles, e não se limitam a usar sinais químicos para transpor a sinapse. Nem todos os neurônios têm, ainda, potenciais de ação. No momento em que escrevo, não está claro, por exemplo, se o *Caenorhabditis elegans*, um verme minúsculo que é um importante "organismo modelo" da biologia, usa quaisquer potenciais de ação em seu sistema nervoso. O sistema poderia funcionar a partir de mudanças

mais suaves e gradativas e menos "digitais" nas propriedades elétricas de seus neurônios.

Para discussões sobre a evolução dos neurônios, ver Leonid Moroz, "Convergent Evolution of Neural Systems in Ctenophores", *Journal of Experimental Biology*, n. 218, pp. 598-611, 2015; Michael Nickel, "Evolucionary Emergence of Synaptic Nervous Systems: What Can We Learn from the Non-Synaptic, Nerveless Porifera?", *Invertebrate Biology*, v. 129, n. 1, pp. 1-16, 2010; e Tomás Ryan e Seth Grant, "The Origin and Evolution of Synapses", *Nature Reviews Neuroscience*, n. 10, pp. 701-12, 2009. Para um apanhado dos debates atuais, ver Benjamin Liebeskind et al., "Complex Homology and the Evolution of Nervous Systems", *Trends in Ecology and Evolution*, v. 31, n. 2, pp. 127-35, 2016. Alguns biólogos afirmam que as plantas também têm sistema nervoso. Ver Michael Pollan, "The Intelligent Plant", *New Yorker*, pp. 93-105, 23 dez. 2013.

14. Sobre a história e a importância desta discussão, devo muito ao trabalho de Fred Keijzer e às conversas com ele. Ambos os cenários que discuto aqui pressupõem que os sistemas nervosos servem, principalmente, para controlar o *comportamento*. Isso é uma simplificação, porque os sistemas nervosos fazem muito mais coisas. Controlam processos fisiológicos, como os ciclos sono/vigília, e comandam mudanças de grande porte em nossos corpos, como as metamorfoses. Aqui, no entanto, vou me focar em comportamento. A primeira tradição, que enfatizava o controle sensório-motor, é um desenvolvimento natural de ideias filosóficas anteriores, mas nasce, explicitamente, com o livro, de George Parker, *The Elementary Nervous System* (Filadélfia; Londres: J. B. Lippincott, 1919). George Mackie escreveu trabalhos especialmente interessantes, com uma abordagem que dava sequência à de Parker. Ver seu "The Elementary Nervous System Revisited", *American Zoologist* [atual *Integrative and Comparative Biology*], v. 30, n. 4, pp. 907-20, 1990; e, de Robert Meech e Mackie, "Evolution of Excitability in Lower Metazoans", in Geoffrey North e Ralph Greenspan (Orgs.), *Invertebrate Neurobiology* (Cold Spring Harbor: Cold Spring Harbor Laboratory Press, 2007), pp. 581-615. Essa tradição continua em Gáspár Jékely, "Origin and Early Evolution of Neural Circuits for the Control of Ciliary Locomotion", *Proceedings of the Royal Society B*, n. 278, pp. 914-22, 2011. Jékely, Keijzer e eu escrevemos um artigo juntos em que combinamos nossas ideias sobre a função do sistema nervoso e sua evolução inicial; ver Jékely, Keijzer e Godfrey-Smith, "An Option Space for Early Neural Evolution", *Philosophical Transactions of the Royal Society B*, n. 370, artigo 20150181, 2015.

15. Ver Fred Keijzer, Marc van Duijn e Pamela Lyon, "What Nervous Systems Do: Early Evolution, Input-Output, and the Skin Brain Thesis",

Adaptative Behavior, v. 21 n. 2, pp. 67-85, 2013; e uma interessante continuação de Keijzer, "Moving and Sensing Without Input and Output: Early Nervous Systems and the Origins of the Animal Sensorimotor Organization", *Biology and Philosophy*, v. 30, n. 3, pp. 311-31, 2015.

16. O modelo inicial mais importante, aqui, está no livro de David Lewis, *Convention: A Philosophical Study* (Cambridge: Harvard University Press, 1969). Esse modelo foi modernizado por Brian Skyrms em *Signals: Evolution, Learning, and Information* (Oxford; Nova York: Oxford University Press, 2010). Analiso como os modelos de comunicação se aplicam a interações que acontecem dentro dos limites de um organismo em meu artigo "Sender-Receiver Systems Within and Between Organisms", *Philosophy of Science*, v. 81, n. 5, pp. 866-78, 2014.

17. Ver C. F. Pantin, "The Origin of the Nervous System", *Pubblicazioni della Stazione Zoologica di Napoli*, n. 28, pp. 171-81, 1956; L. M. Passano, "Primitive Nervous Systems", *Proceedings of the National Academy of Sciences of the USA*, v. 50, n. 2, pp. 301-13, 1963; e os trabalhos já citados de Fred Keijzer.

18. Uma biografia de Sprigg chamada *Rock Star: The Story of Reg Sprigg — An Outback Legend* foi escrita por Kristin Weidenbach (Hindmarsh, Austrália Meridional: East Street Publications, 2014). Sprigg empregou seus ganhos como geólogo-explorador e empresário na criação da Arkaroola, um santuário e estância de ecoturismo. Também construiu seu sino de mergulho particular em mar profundo, e foi detentor, a certa altura, do recorde local de mergulho autônomo (noventa metros, uma profundidade na qual você não me verá jamais).

19. A exposição está no Museu da Austrália Meridional, em Adelaide, onde Gehling trabalha como cientista pesquisador sênior. Em minha exposição sobre o Ediacarano, e para datas de vários eventos na história de animais, eu me baseei extensamente em, de Kevin Peterson et al. [Gehling, inclusive], "The Ediacaran Emergence of Bilaterians: Congruence Between the Genetic and the Geological Fossil Records", *Philosophical Transactions of the Royal Society B*, n. 363, pp. 1435-42, 2008. Ver também Shuhai Xiao e Marc Laflamme, "On the Eve of Animal Radiation: Phylogeny, Ecology and Evolution of the Ediecara Biota", *Trends in Ecology and Evolution*, v. 24, n. 1, pp. 31-40, 2009; e Adolf Seilacher, Dmitri Grazhdankin e Anton Legouta, "Ediacaran Biota: The Dawn of Animal Life in the Shadow of Giant Protists", *Paleontological Research*, v. 7, n. 1, pp. 43-54, 2003.

20. O *Kimberella* havia sido classificado de várias formas, de água-viva a molusco. Ver M. Fedonkin, A. Simonetta e A. Ivantsov, "New Data on *Kimberella*, the Vendian Mollusk-like Organism (White Sea Region, Russia): Palaeoecological and Evolutionary Implications", in Patricia Vickers-Rich

e Patricia Komarower (Orgs.), *The Rise and Fall of the Ediacaran Biota* (Londres: Geological Society, 2007), pp. 157-79; e, mais recentemente, Graham Budd, "Early Animal Evolution and the Origins of Nervous Systems", *Philosophical Transactions of the Royal Society B* 3, n. 370, 2015, artigo 20150037. Sobre sua interpretação como fóssil de molusco, ver Jakob Vinther, "The Origins of Molluscs", *Palaeontology*, n. 58, parte 1, pp. 19-34, 2015. Enquanto eu escrevia este livro, o *Kimberella* ficou ainda mais controverso. Um de meus correspondentes se disse preocupado com o fato de eu estar perpetuando uma interpretação dúbia do *Kimberella* como molusco; para outro, ver o *Kimberella* como um molusco é crucial para elucidar o início da evolução bilateral. (As mensagens não eram dos autores citados acima.) Talvez as coisas já tenham ficado mais claras quando você estiver lendo este livro.
21. Ver Mark McMenamin, *The Garden of Ediacara: Discovering the First Complex Life* (Nova York: Columbia University Press, 1998).
22. Os trabalhos desse encontro, intitulado Origem e Evolução do Sistema Nervoso, e organizado por Frank Hirth e Nicholas Strausfeld, foram publicados em *Philosophical Transactions of the Royal Society B*, n. 370, 2015. Para algumas discussões sobre águas-vivas, ver, nesta coletânea, Doug Irwin, "Early Metazoan Life: Divergence, Environment and ecology"; e Graham Budd, "Early Animal Evolution and the Origin of Nervous Systems". A edição seguinte da revista, n. 371, 2016, reúne trabalhos do encontro subsequente, Homologia e Convergência na Evolução do Sistema Nervoso, também muito valioso para este livro.
23. Usei aqui, de Charles Marshall, "Explaining the Cambrian 'Explosion' of Animals", *Annual Review of Earth and Planetary Sciences*, v. 34, pp. 355-84, 2006; e de Roy Plotnick, Stephen Dornbos e Junyuan Chen, "Information Landscapes and Sensory Ecology of the Cambrian Radiation", *Paleobiology*, v. 36, n. 2, pp. 33-17, 2010.
24. Ver Graham Budd e Sören Jensen, "The Origin of the Animals and a 'Savannah Hypothesis' for Early Bilaterian Evolution", *Biological Reviews*, 20 nov. 2015, disponível em: <https://www.ncbi.nlm.nih.gov/pubmed/26588818>, acesso em: 22 set. 2018; e Linda Holland et. al., "Evolution of Bilaterian Central Nervous Systems: A Single Origin?", *EvoDevo*, n. 4, p. 27, 2013. Ver também o v. 370 da *Philosophical Transactions of the Royal Society*, já mencionado, da conferência de 2015. Podemos perguntar separadamente quais foram de fato os *primeiros* bilaterais e qual é o ancestral comum mais recente de todos os bilaterais vivos hoje. Por exemplo, este último podia ter ocelos, mas não os primeiros. Se o ancestral comum mais recente dos bilaterais que existem atualmente tinha ocelos, isso significa que animais bilaterais ediacaranos, como *Kimberella*

e *Spriggina*, também tinham (já que são bilaterais), ou, pelo menos, que seus ancestrais tinham. Reiterando, tudo isso é controverso hoje.

Aliás, as estrelas-do-mar são oficialmente bilaterais, apesar de terem uma simetria radial em sua forma adulta. Há controvérsias quanto à categoria; alegou-se que os cnidários são, de fato, bilaterais, ou têm um ancestral bilateral. Ver John Finnerty, "The Origins of Axial Patterning in the Metazoa: How Old Is Bilateral Symmetry?", *International Journal of Developmental Biology*, n. 47, pp. 523-29, 2003.

25. Ver Anders Garm, Magnus Oskarsson e Dan-Eric Nilsson, "Box Jellyfish Use Terrestrial Visual Cues for Navigation", *Current Biology*, v. 21, n. 9, pp. 798-803, 2011.
26. Ver Budd e Jensen, "The Origin of the Animals and a Savannah' Hypothesis...", op. cit. Gehling esboçou uma hipótese desse tipo quando me mostrou os ediacaranos em Adelaide.
27. Ver, de Trestman, "The Cambrian Explosion and the Origins of Embodied Cognition", *Biological Theory*, v. 8, n. 1, pp. 80-92, 2013.
28. Ver Maria Antonietta Tosches e Detlev Arendt, "The Bilaterian Forebrain: An Evolutionary Chimaera", *Current Opinion in Neurobiology*, v. 23, n. 6, pp. 1080-9, 2013; e Arendt, Tosches e Heather Marlow, "From Nerve Net to Nerve Ring, Nerve Cord and Brain – Evolution of the Nervous System", *Nature Reviews Neuroscience*, n. 17, pp. 61-72 , 2016.
29. Neste diagrama, evitei tomar partido em questões polêmicas. Omiti totalmente os ctenóforos, embora a incerteza mencionada sobre onde os neurônios evoluíram reflita a incerteza sobre onde poderíamos localizar os ctenóforos na árvore. Estrelas-do-mar e outros equinodermas, como outros animais invertebrados bilaterais, estão no nosso lado da bifurcação. O diagrama não inclui organismos que não são animais, como plantas e fungos. Estes, e muitos organismos unicelulares, apareceriam mais tarde, em ramos à direita.

3. Traquinagem e astúcia [pp. 52-87]

1. Claudio Eliano, *On the Characteristics of Animals*. Trad. de A. F. Schofield. Cambridge: Heinemann, 1959, pp. 87-8. Da Loeb Classical Library.
2. Sobre conceitos básicos da ciência dos cefalópodes e de seu comportamento, ver Roger Hanlon e John Messenger, *Cephalopod Behaviour* (Cambridge: Cambridge University Press, 2018); e Anne-Sophie Carmaillacq, Ludovic Dickel e Jennifer Mather (Orgs.), *Cephalopod Cognition* (Cambridge University Press, 2014). Para uma abordagem mais popular, ver Mather, Roland Anderson e James Wood, *Octopus: The Ocean's Intelligent Vertebrate* (Portland: Timber, 2010); e Sy Montgomery, *The Soul*

of an Octopus: A Surprising Exploration into the Wonder of Consciousness (Nova York: Atria; Simon and Schuster, 2015).

3. Parte do relato deste capítulo baseia-se no trabalho de Björn Kröger, Jakob Vinther e Dirk Fuchs "Cephalopod Origin and Evolution: A Congruent Picture Emerging from Fossils, Development and Molecules", *BioEssays*, v. 323, n. 8, pp. 602-13, 2011. O livro de James Valentine *On the Origin of Phyla* (Chicago: University of Chicago Press, 2004) apresenta um quadro mais abrangente.

4. O interessante é que o voo sobre a terra firme pode ter sido inventado, repetidas vezes, em um ar que se parecia mais com o mar. Ver Robert Dudley, "Atmospheric Oxygen, Giant Paleozoic Insects and the Evolution or Aerial Locomotor Performance", *Journal of Experimental Biology*, n. 201, pp. 1043-50, 1998.

5. Para mais informações sobre o náutilo, ver Jennifer Basil e Robyn Crook, "Evolution of Behavioral and Neural Complexity: Learning and Memory in Chambered *Nautilus*", in *Cephalopod Cognition*, op. cit., pp. 31-56.

6. Sobre o primeiro, ver Joanne Kluessendorf e Peter Doyle, "*Pohlsepia mazonensis*, an Early 'Octopus' from the Carboniferous of Illinois, USA", *Palaeontology*, v. 43, n. 5, pp. 919-26, 2000. Alguns biólogos não estão convencidos de que este, datado de mais de 290 milhões de anos atrás, seja o mais antigo. O exemplar que não é controverso data de muito depois, por volta de 164 milhões de anos atrás, e chama-se *Proteroctopus*. Ver J.-C. Fischer e Bernard Riou, "Le Plus Ancien octopode connu (Cephalopoda, Dibranchiata): *Proteroctopus ribeti* nov. gen., nov. sp., du Callovien de l'Ardèche (France)", *Comptes Rendus de l'Académie de Sciences de Paris*, v. 295, n. 2, pp. 277-80, 1982. O site TONMO oferece uma boa discussão sobre polvos fósseis. Disponível em: <www.tonmo.com/pages/fossil-octopuses>. Acesso em: 20 set. 2018.

7. Um bom trabalho sobre este tema é, de Frank Grasso e Jennifer Basil, "The Evolution of Flexible Behavioral Repertoires in Cephalopod Molluscs", *Brain, Behavior and Evolution*, v. 74, n. 3, pp. 231-45, 2009.

8. Binyamin Hochner oferece o seguinte resumo em "Octopuses", *Current Biology*, v. 18, n. 19, pp. R897-98, 2008: "O sistema nervoso do polvo contém cerca de 500 milhões de células nervosas, mais de quatro ordens de grandeza maior do que outros moluscos (caramujos comuns de jardim, por exemplo, têm cerca de 10 mil neurônios) e mais de duas ordens de grandeza maior que insetos avançados (baratas e abelhas, por exemplo, têm por volta de 1 milhão de neurônios), o que provavelmente as coloca perto dos cefalópode quanto à complexidade de comportamento. O número de neurônios do polvo está no mesmo âmbito de anfíbios como o sapo (*c.* 16 milhões), e de mamíferos pequenos, como o

camundongo (*c.* 50 milhões) e o rato (*c.* 100 milhões), e não é muito menor que de um cão (*c.* 600 milhões), um gato (*c.* 1 bilhão) e um macaco *rhesus* (*c.* 2 bilhões)."

    Como é difícil contar ou estimar o número de neurônios, essas grandezas devem ser consideradas como aproximadas. Suzana Herculano-Houzel, da Vanderbilt University, em Nashville, foi pioneira de um novo método de contagem e o aplicou a alguns animais; os polvos estão entre os próximos de sua lista.

9. Ver Irene Maxine Pepperberg, *The Alex Studies: Cognitive and Communicative Abilities of Grey Parrots* (Cambridge: Harvard University Press, 2000); Nathan Emery e Nicola Clayton, "The Mentality of Crows: Convergent Evolution of Intelligence in Corvids and Apes", *Science*, n. 306, 2004, pp. 1903-7; e Alex Taylor, "Corvid Cognition", WIRE: *Cognitive Science*, v. 5, n. 3, pp. 361-72, 2014.
10. Ver David Edelman, Bernard Baars e Anil Seth, "Identifying Hallmarks of Consciousness in Non-Mammalian Species", *Consciousness and Cognition*, v. 14, n. 1, pp. 169-87, 2005.
11. Ver *Cephalopod Behaviour* e *Cephalopod Cognition*, op. cit.
12. Ver "Some Observations on an Operant in the Octopus", *Journal of the Experimental Analysis of Behavior*, v. 2, n. 1, pp. 57-63, 1959. Sobre a história da ideia de aprendizado por recompensa e castigo, ver Edward Thorndike, "Animal Intelligence: An Experimental Study of the Associative Processes in Animals", *The Psychological Review*, Series or Monograph Supplements 2, n. 4, pp. 1-109; 1898, e B. F. Skinner, *The Behavior of Organisms — An Experimental Analysis* (Oxford: Appleton-Century, 1938).
13. Uma das histórias me chegou pelo jornal britânico *The Telegraph*: "O Aquário Estrela-do-Mar, em Coburg, Alemanha, estava sendo perturbado por misteriosos blecautes. Um porta-voz disse: 'Foi na terceira noite que descobrimos que o polvo Otto era o responsável pelo caos... Sabíamos que ele ficava entediado quando o aquário era fechado, no inverno, e, com quase oitenta centímetros, Otto descobriu que era grande o bastante para se balançar sobre a beira de seu tanque e apagar o refletor de 200 watts acima dele com um jato de água cuidadosamente direcionado'". Publicado em 31 out. 2008. Disponível em: <https://www.telegraph.co.uk/news/newstopics/howaboutthat/3328480/Otto-the-octopus-wrecks-havoc.html>. Acesso em: 20 set. 2018. Outro caso ocorreu na Universidade de Otago, na Nova Zelândia, e me foi relatado por Jean McKinon em comunicação pessoal. Ela acrescentou: "Agora não acontece mais, pois temos luzes à prova d'água!".
14. Comunicação pessoal.

15. Jean Boal, em comunicação pessoal.
16. Boa parte do trabalho neurobiológico inicial era assim — um exemplo são os vários estudos descritos no livro de Marion Nixon e John Z. Young, *The Brains and Lives of Cephalopods* (Oxford; Nova York: Oxford University Press, 2003). As novas regras e diretivas da União Europeia estão nas Diretivas 2010/63/UE do Parlamento e Conselho da UE.
17. Ver Jennifer Mather e Roland Anderson, "Exploration, Play and Habituation in *Octopus dofleini*", *Journal of Comparative Psychology*, v. 113, n. 3, pp. 333-8, 1999; e Michael Kuba, Ruth Byrne, Daniela Meisel e Jennifer Mahler, "When Do Octopuses Play? Effects of Repeated Testing, Object Type, Age, and Food Deprivation on Object Play in *Octopus vulgaris*", *Journal of Comparative Psychology*, v. 120, n. 3, pp. 184-90, 2006. Também há um capítulo de Michael Kuba e do especialista em jogo Gordon Burghardt em *Cephalopod Cognition*, op. cit.
18. Matt cronometrou o tempo do passeio com sua câmera. Não foi a única excursão a que foi levado por um polvo, mas foi a mais longa.
19. O site é o TONMO.com.
20. Nosso primeiro trabalho sobre este lugar é Godfrey-Smith e Matthew Lawrence, "Long-Term High-Density Occupation of a Site by *Octopus tetricus* and Possible Site Modification Due to a Foraging Behavior", *Marine and Freshwater Behaviour and Physiology*, v. 45, n. 4, pp. 1-8, 2012.
21. Esta imagem e aquelas que aparecem nas páginas 114, 204 e 206 são fotogramas de vídeos feitos no sítio por câmeras automáticas, sem cinegrafista. Agradeço a meus colaboradores Matt Lawrence, David Scheel e Stefan Linquist pela permissão de publicá-las neste livro.
22. Ver Julian Finn, Tom Tregenza e Mark Norman, "Defensive Tool Use in a Coconut-Carrying Octopus", *Current Biology*, v. 19, n. 23, pp. R1069-70, 2009. O melhor exemplo que conheço do uso de ferramentas compostas por animais são alguns chimpanzés que usam uma bigorna de pedra para quebrar nozes, junto a uma "cunha" de pedra, que é colocada sob a bigorna para elevá-la do chão, facilitando a operação. Ver William McGrew, "Chimpanzee Technology", *Science*, n. 328, pp. 579-80, 2010.
23. Esta é uma generalização ampla, e alguns autores dão grande ênfase às exceções: aranhas e estomatópodes. Sobre aranhas, ver Robert Jackson e Fiona Cross, "Spider Cognition", *Advances in Insect Physiology*, n. 41, pp. 115-74, 2011. Roy Caldwell, um importante pesquisador de polvos na Universidade da Califórnia, Berkeley, afirma que alguns estomatópodes (ou camarão *mantis*) têm capacidades comportamentais muito complexas, e não são *menos* sofisticados que os polvos, ainda que, devido à diferença entre suas capacidades sensoriais, ele não ache a comparação tão significativa. Ver Thomas Cronin, Roy Caldwell e Justin Marshall,

"Learning in Stomatopod Crustaceans", *International Journal of Comparative Psychology*, n. 19, pp. 297-317, 2006.

24. Há uma discussão em curso sobre a complexidade deste animal, o ancestral do protóstomo/deuteróstomo. Ver Nicholas Holland, "Nervous Systems and Scenarios for the Invertebrate-to-Vertebrate Transition", *Philosophical Transactions of the Royal Society B*, v. 371, n. 1685, artigo 20150047, 2016; e Gabriella Wolff e Nicholas Strausfeld, "Genealogical Correspondence of a Forebrain Centre Implies an Executive Brain in the Protostome-Deeuterostome Bilaterian Ancestor", artigo 20150055 da *Philosophical Transactions B*, que reúne trabalhos do segundo dia da conferência organizada por Hirth e Strausfeld em 2015, mencionada no capítulo 2.

    Minha frase "É provável que fosse uma criatura vermiforme" é deliberadamente vaga; não indica uma conexão com qualquer tipo específico de verme atual (platelmintos, anelídeos etc.). Wolff e Strausfeld acham, como diz o título de seu trabalho citado anteriormente, que havia um "cérebro executivo" no ancestral comum, mas tinham em mente uma estrutura simples, segundo a maioria dos padrões; eles comparam esse ancestral hipotético com platelmintos com cérebros com centenas de neurônios. Para uma visão conflitante, que propõe bilaterais primevos menores e mais simples, ver Gregory Wray, "Molecular Clocks and the Early Evolution of Metazoan Nervous Systems", *Philosophical Transactions B*, v. 370, n. 1684, artigo 20150046, 2015.

25. Ver Bernhard Budelmann, "The Cephalopod Nervous System: What Evolution Has Made of the Moluscan Design", in O. Breidbrach e W. Kutsch (Orgs.), *The Nervous System of Invertebrates: An Evolutionary and Comparative Approach* (Basileia: Birkhäuser, 1995), pp. 115-38.

26. Ver *The Brains and Lives of Cephalopods*, op. cit.

27. Ver Tamar Flash e Binyamin Hochnerm, "Motor Primitives in Vertebrates and Invertebrates", *Current Opinion in Neurobiology*, v. 15, n. 6, pp. 660-6, 2005.

28. Ver Frank Grasso, "The Octopus with Two Brains: How Are Distributed and Central Representations Integrated in the Octopus Central Nervous System?", in *Cephalopod Cognition*, op. cit, pp. 94-122.

29. Ver Tamar Gutnick, Ruth Byrne, Binyamin Hochner e Michael Kuba, "*Octopus vulgaris* Uses Visual Information to Determine the Location of Its Arm", *Current Biology*, v. 21, n. 6, pp. 460-2, 2011.

    No livro *The Soul of an Octopus*, de Sy Montgomery, op. cit., ela diz que muitos pesquisadores contam anedotas nas quais um polvo que recebe comida em um tanque que não conhece parece apresentar uma discordância entre os braços. Alguns tentam empurrar o animal para o alimento, enquanto outros parecem querer que se encolha em um canto. Uma vez presenciei uma situação que parecia ser exatamente isso, quando um polvo foi posto em um tanque de um laboratório em Sydney. O animal parecia estar espremido entre braços que reagiam à situação de maneiras muito diferentes. No entanto, não tenho certeza do significado desse evento, até porque notei depois que a luz no recinto era tão forte que o animal poderia estar totalmente confuso.

30. Também há espécies de polvo de mar profundo sobre as quais sabe-se menos. Há um capítulo muito bom sobre elas na coletânea *Cephalopod Cognition*, op. cit.
31. Ver Nicholas Humphrey, "The Social Function of Intellect", in P. P. G. Bateson e R. Hinde (Orgs.), *Growing Points in Ethology* (Cambridge: Cambridge University Press, 1976), pp. 303-17; e Richard Byrne e Lucy Bates, "Sociality, Evolution, and Cognition", *Current Biology*, v. 17, n. 17, pp. R714-23, 2007.
32. Ver Katherine Gibson, "Cognition, Brain Size and the Extraction of Embedded Food Resources", in J. G. Else e P. C. Lee (Orgs.), *Primate Ontogeny, Cognition and Social Behaviour* (Cambridge: Cambridge University Press, 1986), pp. 93-103. Comento essas ideias também em meu artigo "Cephalopods and the Evolution of the Mind", *Pacific Conservation Biology*, v. 19, n. 1, pp. 4-9, 2013.
33. Michael Trestman e Jennifer Mather me apresentaram este enfoque.
34. Ver Russell Fernald, "Evolution of Eyes", *Current Opinion in Neurobiology*, n. 10, pp. 444-50, 2000; e Nadine Randel e Gáspár Jékely, "Phototaxis and the Origin of Visual Eyes", *Philosophical Transactions of the Royal Society B*, n. 371, artigo 20150042, 2016.
35. Ver Clint Perry, Andrew Barron e Ken Cheng, "Invertebrate Learning and Cognition: Relating Phenomena to Neural Substrate", *WIREs Cognitive Science*, v. 4 n. 5, pp. 561-82, 2013.
36. Ver Marcos Frank, Robert Waldrop, Michelle Dumoulin, Sara Aton e Jean Boal, "A Preliminary Analysis of Sleep-Like States in the Cuttlefish *Sepia officinalis*", *PLOS One*, v. 7, n. 6, artigo e38125, 2012.
37. Uma abordagem geral clássica é, de Andy Clark, *Being There: Putting Brain, Body, and World Together Again* (Cambridge: MIT Press, 1997). Sobre robótica, ver Rodney Brooks, "New Approaches to Robotics", *Science*, n. 253, pp. 1227-32, 1991. O trabalho de Hillel Chiel e Randall Beer é "The Brain Has a Body: Adaptative Behavior Emerges from Interactions of Nervous System, Body and Environment", *Trends in Neurosciences*, v. 23, n. 12, pp. 553-7, 1997. Dois trabalhos interessantes que empregam o conceito de "corporificação", ou estrutura corporal, em referência ao polvo são, de Letizia Zullo e Byniamin Hochner, "A New Perspective on the Organization of an Invertebrate Brain", *Communicative and*

Integrative Biology, v. 4, n. 1, pp. 26-9, 2011; e, de Hochner, "How Nervous Systems Evolve in Relation to Their Embodiment: What We Can Learn from Octopuses and Other Molluscs", *Brain, Behavior and Evolution*, v. 82, n. 1, pp. 19-30, 2013.

O final do capítulo foi inspirado por uma discussão entre alguns membros da plateia dos encontros da Associação Australasiana de Filosofia, em 2014, em resposta à palestra Reaching Out to the World: Octopuses and Embodied Cognition, de Sydney Diamante. Cecilia Laschi lidera atualmente, em Pisa, uma equipe que trabalha no polvo robótico, com ênfase nos braços.

38. Tecnicamente, podemos dizer que o polvo tem uma *topologia* — há fatos que atestam quais partes estão conectadas com quais, mas as distâncias e os ângulos entre elas são todos ajustáveis.
39. Os lobos ópticos, atrás dos olhos, às vezes são descritos como se não pertencessem de fato ao cérebro "central", apesar de serem importantes para a cognição do polvo.

4. Do ruído branco à consciência [pp. 88-118]

1. Ver Thomas Nagel, "What Is It Like to Be a Bat?", *The Philosophical Review*, v. 83, n. 4, pp. 435-50, 1974.
2. Dou alguns passos adicionais nos artigos "Mind, Matter, and Metabolism", op. cit.; e "Evolving Across the Explanatory Gap" (no prelo). Parte da solução virá do desenvolvimento de novas peças teóricas, e parte da reformulação crítica do próprio problema. Não tento fazer isso aqui.
3. Discorro em mais detalhe sobre algumas dessas distinções em "Animal Evolution and the Origins of Experience", in David Livingstone Smith (Org.), *How Biology Shapes Philosophy: New Foundations for Naturalism* (Cambridge: Cambridge University Press, 2016).
4. Ver Thomas Nagel, "Panpsychism", in *Mortal Questions* (Cambridge: Cambridge University Press, 1979), pp. 181-95; e Galen Strawson et al., *Consciousness and Its Place in Nature: Does Physicalism Entail Panpsychism?*, org. por Anthony Freeman (Exeter; Charlottesville: Imprint Academic, 2006).
5. Ver Paul Bach-y-Rita, "The Relationship Between Motor Processes and Cognition in Tactile Vision Substitution", in Wolfgang Prinz e Andries Sanders (Orgs.), *Cognition and Motor Processes* (Berlim: Springer, 1984), pp. 149-60; Bach-y-Rita e Stephen Kercel, "Sensory Substitution and the Human-Machine Interface", *Trends in Cognitive Sciences*, v. 7, n. 12, pp. 541-6, 2003. Para uma revisão crítica dessas tecnologias, ver Ophelia Deroy e Malika Auvray, "Reading the World through the Skin and

Ears: A New Perspective on Sensory Substitution", *Frontiers in Psychology*, n. 3, artigo 457, 2012.
6. Espero que essa frase soe bizarra: como seria possível fazer *isso*? Alguns filósofos põem tanta ênfase na interpretação de experiência pelos organismos que o input sensorial acaba parecendo uma espécie de construção feita pelo próprio organismo. Outra abordagem, vista em filosofias de orientação biológica, mais relevantes para este livro, é expandir as fronteiras do organismo para o exterior. Qualquer coisa que desempenhe um papel significativo na relação entre sentir e agir deve ser realmente *intrínseca* ao sistema vivo. Uma ideia deste tipo foi defendida recentemente por Evan Thompson no livro *Mind in Life: Biology, Phenomenology, and the Sciences of Mind* (Cambridge: Belknap Press of Harvard University Press, 2007). Essas ideias frequentemente são motivadas pela determinação de evitar a visão do organismo como um receptáculo passivo para a informação que vem de fora. Mas vão longe demais na direção oposta.
7. Ver também Alva Noë, *Out of Our Head: Why You Are Not Your Brain, and Other Lessons from the Biology of Consciousness* (Nova York: Hill and Wang, 2010), e *Mind in Life*, op. cit.
8. Ver Ann Kennedy et al., "A Temporal Basis for Predicting the Sensory Consequences of Motor Commands in an Electric Fish", *Nature Neuroscience*, n. 17, pp. 416-22, 2014.
9. Ver Björn Merker, "The Liabilities of Mobility: A Selection Pressure for the Transition to Consciousness in Animal Evolution", *Consciousness and Cognition*, v. 14, n. 1, pp. 89-114, 2015. O excelente trabalho de Merker teve influência considerável sobre este capítulo.
10. A importância das constâncias perceptuais para as questões filosóficas foram enfatizadas por Tyler Burge em seu *Origins of Objectivity* (Oxford; Nova York: Oxford University Press, 2010).
11. Ver Laura Jiménez Ortega et al., "Limits of Intraocular and Interocular Transfer in Pigeons", *Behavioural Brain Research*, v. 193, n. 1, pp. 69-78, 2008.
12. Ver G. Vallortigara, L. Rogers e A. Bisazza, "Possible Evolutionary Origins of Cognitive Brain Lateralization", *Brain Research Reviews*, v. 30, n. 2, pp. 164-75, 1999.
13. Ver Roger Sperry, "Brain Bisection and Mechanisms of Consciousness", in John Eccles (Org.), *Brain and Conscious Experience* (Berlim: Springer, 1964), pp. 298-313; Thomas Nagel, "Brain Bisection and the Unity of Consciousness", *Synthese*, n. 22, 1971, pp. 396-413; e Tim Bayne, *The Unity of Consciousness* (Oxford; Nova York: Oxford University Press, 2010).

14. Marian Dawkins, "What Are Birds Looking at? Head Movements and Eye Use in Chickens", *Animal Behaviour*, v. 63, n. 5, pp. 991-8, 2002.
15. Existe também uma terceira escala de tempo, a do desenvolvimento individual. Ver Alison Gopnik, *The Philosophical Baby: What Children's Minds Tell Us About Truth, Love, and the Meaning of Life* (Nova York: Farrar, Straus and Giroux, 2009).
16. Ver (!) David Milner e Melvyn Goodale, *Sight Unseen: An Exploration of Conscious and Unconscious Vision* (Oxford; Nova York: Oxford University Press, 2005). Este é o momento certo para mencionar uma crítica interessante a parte do trabalho que uso nessas passagens, e que diz respeito a como identificar processos "inconscientes". O trabalho não estaria tratando a presença da experiência consciente demasiadamente como uma questão de sim ou não? Talvez ela devesse ser vista, em vez disso, como uma questão de gradação, caso em que a coleta de dados e o relato dos resultados seriam diferentes. Ver Morten Overgaard et al., "Is Conscious Perception Gradual or Dichotomous? A Comparison of Report Methodologies During a Visual Task", *Consciousness and Cognition*, n. 15, pp. 700-8, 2006.
17. O trabalho é "Two Visual Systems in the Frog", *Science*, n. 181, pp. 1053-5, 1973. A citação de Milner e Goodale é do livro *Sight Unseen*, op. cit.
18. Ver *Consciousness and the Brain: Deciphering How the Brain Codes Our Thoughts* (Nova York: Viking Penguin, 2014). Para ler mais sobre as descobertas possibilitadas pelas piscadelas do parágrafo seguinte, ver Robert Clark et al., "Classical Conditioning, Awareness, and Brain Systems", *Trends in Cognitive Sciences*, v. 6, n. 12, pp. 524-31, 2002.
19. Ver Bernard Baars, *A Cognitive Theory of Consciousness* (Cambridge: Cambridge University Press, 1988).
20. Ver Jesse Prinz, *The Conscious Brain: How Attention Engenders Experience* (Oxford; Nova York: Oxford University Press, 2012).
21. Sobre esse conceito, ver meu trabalho "Animal Evolution and the Origins of Experience", op. cit.
22. Prinz é uma delas. Não estou certo quanto a Dehaene.
23. Aqui lanço mão de alguns trabalhos recentes sobre dor em peixes, aves e invertebrados. Os principais são Danbury et al., "Self-Selection of the Analgesic Drug Carprofen by Lame Broiler Chickens", *Veterinary Record*, v. 146, n. 11, pp. 307-11, 2000; Lynne Sneddon, "Pain Perception in Fish: Evidence and Implications for the Use of Fish", *Journal of Consciousness Studies*, v. 18, n. 9-10, pp. 209-29, 2011; C. H. Eisemann et al., "Do Insects Feel Pain? — A Biological View", *Experientia*, v. 40, n. 2, pp. 164-7, 1984; e R. W. Elwood, "Evidence for Pain in Decapod Crustaceans", *Animal Welfare*, n. 21, supl. 2, pp. 23-27, 2012. Sobre o trabalho

de Derek Denton sobre "emoções primordiais", ver Denton et al., "The Role of Primordial Emotions in the Evolutionary Origin of Consciousness", *Consciousness and Cognition*, v. 18, n. 2, pp. 500-14, 2009.
24. Ver Simona Ginsburg e Eva Jablonka, "The Transition to Experiencing: I. Limited Learning and Limited Experiencing", *Biological Theory*, v. 2, n. 3, pp. 218-30, 2007.
25. Aqui há muitas alternativas. Pode ser um erro ver nessa etapa um *início* da experiência subjetiva, em oposição a uma mudança de grau e de caráter. Comento algumas das opções mais radicais em "Mind, Matter, and Metabolism", op. cit.
26. Pressuponho aqui que o ancestral comum protóstomo/deuteróstomo era simples, e levava uma vida ediacarana simples. Como comentei antes, há quem ache que esse animal era mais complexo e que tinha o que Gabriela Wolff e Nicholas Strausfeld chamaram de "cérebro executivo", que controlava escolhas de ação. Ver, dos dois, "Genealogical Correspondence of a Forebrain Centre Implies an Executive Brain in the Protostome-Deuterostome Bilaterian Ancestor", *Philosophical Transactions of the Royal Society B*, v. 371, artigo 20150055, 2016. Sua hipótese baseia-se em semelhanças entre os cérebros de vertebrados e artrópodes (como os insetos) atuais. O que é interessante é que eles acham que os cefalópodes desenvolveram um formato de cérebro de fato novo, mesmo considerando que humanos e insetos refinaram o mesmo plano ancestral: "Nos moluscos cefalópodes, a evidência aponta esmagadoramente para comportamentos comparáveis, impulsionados por redes computacionais com origens ancestrais completamente independentes". Assim, na visão deles, parece que os moluscos jogaram fora os "cérebros executivos" que herdaram e, depois, os cefalópodes construíram um novo.
27. Dois trabalhos inovadores sobre essa questão são o de Jennifer Mather, "Cephalopod Consciousness: Behavioural Evidence", *Consciousness and Cognition*, v. 15, n. 1, pp. 37-48, 2008; e o de David B. Edelmann, Bernard J. Baars e Anil K. Seth, "Identifying Hallmarks of Consciousness in Non-Mammalian Species", *Consciousness and Cognition*, v. 14, pp. 169-87, 2005.
28. Ver B. B. Boycott e J. Z. Young, "Reactions to Shape in *Octopus vulgaris* Lamarck", *Proceedings of the Zoological Society of London*, v. 126, n. 4, pp. 491-547, 1956. Michael Kuba confirmou que parece não ter havido nenhuma sequência para este experimento, até onde ele sabe, o que é surpreendente.
29. Ver Jennifer Mather, "Navigation by Spatial Memory and Use of Visual Landmarks in Octopuses", *Journal of Comparative Physiology A*, v. 168, n. 4, pp. 491-97, 1991.

30. Ver Jean Alupay, Stavros Hadjisolomou e Robyn Crook, "Arm Injury Produces Long-Term Behavioral and Neural Hypersensitivity in Octopus", *Neuroscience Letters*, n. 558, pp. 137-42, 2013; e, também de Mather, "Do Cephalopods Have Pain and Suffering?", in Thierry Auffret van der Kemp e Martine Lachance (Orgs.), *Animal Suffering: From Science to Law* (Toronto: Carswell, 2013).

    O estudo de Alupay e colegas descobriu também que, quando são removidas partes comumente consideradas as "mais inteligentes" do cérebro central do polvo (os lobos vertical e frontal), isso não impede que os animais apresentem comportamentos relacionados à ferida. Assim, dizem os pesquisadores, ou esses comportamentos não indicam dor, como se supõe usualmente, ou as representações de dor no corpo do polvo acontecem em outro lugar de seu sistema nervoso. Suspeito que seja o caso, embora ninguém saiba realmente.
31. Sou grato a Laura Franklin-Hall por algumas sugestões interessantes sobre esta questão, feitas em uma conversa após uma visita ao laboratório de polvos de Benny Hochner, em Jerusalém.
32. Ver M. A. Goodale, D. Pelisson e C. Parablanc, "Large Adjustments in Visually Guided Reaching do Not Depend on Vision of the Hand or Perception of Target Displacement", *Nature*, n. 320, pp. 748-50, 1986.
33. Ver Hillel Chiel e Randall Beer, "The Brain Has a Body: Adaptive Behavior Emerges from Interactions of Nervous System, Body and Environment", op. cit.

5. Produzindo cores [pp. 119-57]

1. Ver Alexandra Schnell, Carolynn Smith, Roger Hanlon e Robert Harcourt, "Giant Australian Cuttlefish Use Mutual Assessment to Resolve Male-Male Contests", *Animal Behavior*, n. 107, pp. 31-40, 2015.
2. Hanlon e Messenger fazem uma boa descrição no livro *Cephalopod Behavior*, op. cit. Muitos estudos feitos por Roger Hanlon no Laboratório Biológico Marinho de Woods Hole estão disponíveis em: <www.mbl.edu/bell/current-faculty/hanlon>. Acesso em: 20 set. 2018. Para mais detalhes sobre cromatóforos, ver Leila Deravi et al., "The Structure-Function Relationships of a Natural Nanoscale Photonic Device in Cuttlefish Cromatophores", *Journal of the Royal Society Interface*, v. 11, n. 93, artigo 201130942, 2014. Meu esboço das camadas de pele baseia-se livremente em uma figura deste trabalho. Nem todos os cefalópodes têm a maquinaria inteira, com as três camadas, representada aqui.
3. Ver Hanlon e Messenger, *Cephalopod Behaviour*, op. cit., box 2.1, p. 19.

4. Ver Lydia Mäthger, Steven Roberts e Roger Hanlon, "Evidence for Distributed Light Sensing in the Skin of Cuttlefish *Sepia officinalis*", *Biology Letters*, v. 6, n. 5, artigo 20100223, 2010.
5. O primeiro trabalho só estabeleceu que os *genes* para essas moléculas estavam ativos na pele.
6. Resenha de *Cephalopod Cognition*, *Animal Behaviour*, n. 106, pp. 145-7, 2015.
7. Ver M. Desmond Ramirez e Todd Oakley, "Eye-Independent, Light-Activated Chromatophore Expansion (LACE) and Expression of Proctotransduction Genes in the Skin of *Octopus bimaculoides*", *Journal of Experimental Biology*, n. 218, pp. 1513-20, 2015.
8. Isso está em meu antigo site sobre cefalópodes: <http://giantcuttlefish.com/~?p=2274>. Acesso em: 20 set. 2018.
9. Usando este mecanismo, se a expansão de um cromatóforo vermelho afetar a luz incidente menos do que a expansão de um amarelo, isso demonstraria que a luz contém mais vermelho.
10. A tinta dos cefalópodes contém mais do que coloração escura. Inclui componentes que podem ter vários efeitos no sistema nervoso dos predadores. Ver Nixon e Young, *The Brains and Lives of Cephalopods*, op. cit., p. 288.
11. A relação entre a camuflagem e as funções de sinalização é discutida em detalhe no trabalho de Jennifer Mather "Cephalopod Skin Displays: From Concealment to Communication", in D. Kimbrough Oller e Ulrike Griebel (Orgs.), *Evolution of Communications Systems: A Comparative Approach* (Cambridge, MA: MIT Press, 2004), pp. 193-214.
12. Ver Karina Hall e Roger Hanlon, "Principal Features of the Mating System of a Large Spawning Aggregation of the Giant Australian Cuttlefish *Sepia apama* (Mollusca: Cephalpoda)", *Marine Biology*, v. 140, n. 3, pp. 533-45, 2002. Vemos aqui alguns comportamentos complexos. Machos que não são grandes o bastante para agir como consortes das fêmeas tentam fingir-se de fêmeas para escapar da vigilância do macho maior e se aproximar delas. Muito frequentemente, conseguem.
13. Esta sugestão foi feita por Jane Sheldon.
14. Ver Dorothy Cheney e Robert Seyfarth, *Baboon Metaphysics: The Evolution of a Social Mind* (Chicago: University of Chicago Press, 2007). Para saber mais sobre suas ideias, ver o meu "Primates, Cephalopods, and the Evolution of Communication", in Robert M. Seyfarth e Dorothy L. Cheney (Orgs.), *The Social Origins of Language* (Princeton: Princeton University Press, 2018). Além dos chamados, os babuínos também têm um repertório de gestos comunicativos. O trabalho de Jennifer Mather "Cephalopod Skin Displays: From Concealmente to Communication",

op. cit., também trata das relações emissor-receptor incomuns nas exibições dos cefalópodes.
15. O interessante trabalho que comento aqui, de Martin Moynihan e Arcadio Rodaniche, é "The Behavior and Natural History of the Caribbean Reef Squid (*Sepioteuthis sepioidea*). With a Consideration of Social, Signal and Defensive Patterns for Difficult and Dangerous Environments", *Advances in Ethology*, n. 25, pp. 1-151, 1982. Arcadio Rodaniche faleceu quando este livro estava sendo concluído. Sou grato a Denice Rodaniche pela ajuda com a história do trabalho de Moynihan e Rodaniche.
16. A concentração de chocos gigantes em Whyalla é outro caso, ainda que temporário — eles se reúnem para se reproduzir. As lulas de Humboldt vivem em grandes agregações. Elas não têm sido muito estudadas, em parte porque são grandes e podem ser agressivas. Talvez sejam os mais agressivos entre os cefalópodes conhecidos. Em algumas observações recentes de náutilos, Julian Finn também descobriu grandes grupos deles.

6. Nossa mente e outras [pp. 158-79]

1. A passagem está em David Hume, "Da identidade pessoal", in *Tratado da natureza humana*, l. I, p. IV, s. VI, edição original, 1739. [Ed. bras.: *Tratado da natureza humana*. Trad. de Déborah Danowski. São Paulo: Unesp; Imprensa Oficial, 2001.]
2. Christopher Heavey e Russell Hurlburt descobriram que o discurso interior ocupa apenas 26% da vida consciente e desperta, em uma amostragem de estudantes de faculdade. Notaram também grande variação entre os pesquisados. Ver Christopher Heavey e Russell Hurlburt, "The Phenomenon of Inner Experience", *Consciousness and Cognition*, v. 17, n. 3, pp. 798-810, 2008.
3. Ele fez esse comentário no capítulo 5 de seu livro *Experience and Nature* (Chicago: Open Court, 1925). [Ed. bras.: *Experiência e natureza*. São Paulo: Abril Cultural, 1980.]
4. O livro *Thought and Language*, de Vygotsky, foi publicado postumamente em 1934, ano de sua morte. Apareceu em inglês em 1962, traduzido por Eugenia Hanfmann e Gertrude Vakar, e lançado pela MIT Press. Uma edição revista e ampliada dessa tradução seguiu-se em 1986, editada por Alex Kozulin, que reconstituiu o texto original. [Ed. bras.: *Pensamento e linguagem*. Trad. de Jefferson Luiz Camargo. São Paulo: Martins Fontes, 2015.]
5. O (merecidamente) famoso livro de Tomasello é *The Cultural Origins of Human Cognition* (Cambridge: Harvard University Press, 1999).

[Ed. bras.: *Origens culturais da aquisição do conhecimento humano*. Trad. de Claudia Berliner. São Paulo: Martins Fontes, 2003.] Andy Clark dá muitos créditos a Vygotsky em seu livro pioneiro *Being There: Putting Brain, Body and World Together Again* (Cambridge: MIT Press, 1997).

6. Alguns exemplos são de Joanna Dally, Nathan Emery e Nicola Clayton, "Food-Catching Western Scrub-Jays Keep track of Who Was Watching When", *Science*, n. 312, pp. 1662-5, 2006; e de Clayton e Anthony Dickinson, "Episodic-like Memory During Cache Recovery by Scrub Jays", *Nature*, n. 395, pp. 2272-4, 2001.
7. Ver Wolfgand Köhler, *The Mentality of Apes*. Trad. de Ella Winter. Nova York: Harcourt Brace, 1925.
8. Ver Merlin Donald, *Origins of the Modern Mind: Three Stages in the Evolution of Culture and Cognition* (Cambridge: Harvard University Press, 1991). O livro ainda é muito interessante, embora datado, hoje. Sobre o Irmão John, ver André Roch Lecours e Yves Joanette, "Linguistic and Other Psychological Aspects of Paroxysmal Aphasia", *Brain and Language*, v. 10, n. 1, pp. 1-23, 1980. No texto, uso o pretérito imperfeito para falar do Irmão John, mas não consegui descobrir se ainda está vivo.
9. Ver Peter Carruthers, "The Cognitive Functions of Language", *Behavioral and Brains Sciences*, v. 25, n. 6, pp. 657-74, 2002. É uma boa pesquisa, seguida por um conjunto de comentários de outros pesquisadores que expressam visões alternativas.
10. Ver Shilpa Mody e Susan Carey, "Evidence for the Emergence of Logical Reasoning by the Disjunctive Syllogism um Early Childhood". Disponível em: <http://www.nyu.edu/gsas/dept/philo/courses/readings/2016.emergence.pdf>. Acesso em: 21 set. 2018. O estudo está atualmente em revisão. Elas descobriram que crianças de menos de três anos não conseguiam realizar uma tarefa que exigia processar um silogismo disjuntivo; já crianças de três anos conseguiam. Também observaram (citando outro trabalho) que, embora as crianças comecem a usar a palavra "e" pouco depois de seu segundo aniversário, não usam "ou" antes dos três anos. Mody e Carey são cautelosas quanto à interpretação da descoberta, e não afirmam que ela demonstra que a internalização dessa parte da linguagem pública possibilita às crianças se sairem bem na tarefa.

Um experimento bem conhecido que conduz a uma direção semelhante é, de Linda Hermer e Elizabeth Spelke, "A Geometric Process for Spatial Reorientation in Young Children", *Nature*, n. 370, pp. 57-9, 1944, com uma sequência e conclusões discutidos em Spelke, "What Makes Us Smart: Core Knowledge and Natural Language", in Derdre Gentner e Susan Goldin-Meadow, *Language in Mind: Advances* in *the Investigation of Language and Thought* (Cambridge: MIT Press, 2003). Este

trabalho sugeria que somente humanos capazes de usar a linguagem estão aptos a combinar informações de tipos diferentes (geometria e pistas de cor) quando tentam se orientar em um recinto, enquanto ratos e crianças que ainda não dominam a linguagem, não. No entanto, trabalhos mais recentes parecem ter deixado o significado desses experimentos menos claro. Sobre o caso de humanos, ver Kristin Ratliff e Nora Newcombe, "Is Language Necessary for Human Spatial Reorientation? Reconsidering Evidence from Dual Task Paradigms", *Cognitive Psychology*, n. 56, pp. 142-63, 2008. Giorgio Vallortigara também relatou que galinhas são capazes de realizar a tarefa que foi tão dificultosa para os ratos; ver Valloritigara et al., "Reorientation by Geometric and Landmark Information in Environment of Different Size", *Developmental Science*, n. 8, pp. 393-401, 2005.
11. Ver Daniel Dennet, *Consciousness Explained*. Nova York: Little, Brown and Co., 1991. É uma fonte importante para os contornos desse conceito. Sobre a ideia de que o discurso interior origina-se em cópias eferentes redirecionadas, ver Simon Jones e Charles Vernyhough, "Thought as Action: Inner Speech, Self-Monitoring, and Auditory Verbal Hallucinations", *Consciousness and Cognition*, v. 16, n. 2, pp. 291-99, 2007. Peter Carruthers sugere que o discurso interior é um meio para uma "transmissão" interna que facilita estilos de pensamento deliberados, racionais, no trabalho "An Architecture for Dual Reasoning", in Jonathan Evans e Keith Frankish (Orgs.), *In Two Minds: Dual Processes and Beyond* (Oxford; Nova York: Oxford University Press, 2009). O livro de Fernyhough sobre o discurso interior, *The Voices Within*, foi publicado pela Basic Books em 2016. Minhas ideias sobre o discurso interior também foram influenciadas pela tese de doutorado de Kritika Yegnashankaran, "Reasonings Action", Universidade de Harvard, 2010.
12. Falarei um pouco mais, em breve, do cenário que introduziu esses conceitos. Ver "The Liabilities of Mobility: A Selection Pressure for the Transition to Consciousness in Animal Evolution", *Consciousness and Cognition*, n. 14, pp. 89-114, 2005; o trabalho de Björn Merker, op. cit.; e Kalina Christoff et al., "Specifying the Self for Cognitive Neuroscience", *Trends in Cognitive Sciences*, v. 15, n. 3, pp. 104-12, 2011.
13. Discuti, também, um dos fenômenos para cuja explicação as cópias eferentes são (provavelmente) importantes: as constâncias perceptuais. Por exemplo, quando nosso olhar muda de direção (como faz o tempo todo), os objetos parecem permanecer estáveis. Este é um aspecto da família de fenômenos da "constância"; outros aspectos incluem nossa capacidade de compensar mudanças nas condições de iluminação, algo que não envolve ações e cópias eferentes. O papel desempenhado pelas

14. cópias eferentes em fenômenos de constância ainda está sendo estudado. Ver W. Pieter Medendorp, "Spatial Constancy Mechanisms in Motor Control", *Philosophical Transactions of the Royal Society B*, n. 366, artigo 2010089, 2011.
14. O livro de Daniel Kahneman *Thinking, Fast and Slow* (Nova York: Farrar, Straus and Giroux, 2011) já é um clássico. Ver também a coletânea de Evans e Frankish *In Two Minds: Dual Processes and Beyond*, op. cit. Dewey deu muita ênfase ao ensaio imaginário de ações, especialmente em sua teoria de comportamento moral.
15. Ver *Consciousness Explained*, op. cit. Dennet não faz uso de cópias eferentes em seu modelo. Ele associa seu relato da origem da máquina joyciana à ideia de Richard Dawkins sobre a transmissão de *memes*, ideia sobre a qual sou mais cético. Ver Dawkins, *The Selfish Gene*. Oxford; Nova York: Oxford University Press, 1976.
16. Ver Harald Meckelbach e Vincent van de Ven, "Another White Christmas: Fantasy Proneness and Reports of 'Hallucinatory Experiences', in Undergraduate Students", *Journal of Behavior Therapy and Experimental Psychiatry*, v. 32, n. 3, pp. 134-44, 2001.
17. Ver Alan Badelley e Graham Hitch, "Working Memory", in *Psychology or Learning Motivation*, v. VIII, org. Gordon H. Bower. Cambridge, MA: Academic Press, pp. 47-9, 1974.
18. Ver Stanislas Dehaene e Lionel Naccache, "Towards a Cognitive Neuroscience of Consciousness: Basic Evidence and a Workspace Framework ", *Cognition*, n. 79, pp. 1-37, 2001.
19. Ver David Rosenthal, "Thinking That One Thinks", in Martin Davies e Glyn Humphreys (Orgs.), *Consciousness: Psychological and Philosophical Essays*. Oxford: Blackwell, 1993, pp. 197-223.
20. Ver W. Tecumech Fitch, *The Evolution of Language*. Cambridge: Cambridge University Press, 2010.
21. Ver Van Holst e Mittelstaedt, "The Reafference Principle (Interaction Between the Central Nervous System and the Periphery)", in *The Behavioural Physiology of Animals and Man: The Collected Papers of Erich von Holst*, v. I, trad. de Robert Martin. Coral Gables: University of Miami Press, 1973, pp. 139-73.

Em um aspecto, a terminologia que empresto deles não é a melhor. Os sinais internos usados para lidar com a reaferência não precisam ser *cópias*, em qualquer sentido normal, do sinal de output enviado para os músculos. O que chamo de *cópias eferentes* são às vezes chamadas, em lugar disso, de *descargas do corolário*. O termo "descarga" é mais neutro do que "cópia". Trinity Crapse e Marc Sommer alegam que cópias eferentes devem ser vistas em um *tipo* de descarga do corolário. Ver Crapse e Sommer, "Corollary Discharge Across the Animal Kingdom", *Nature Reviews Neuroscience*, n. 9, pp. 587-600, 2008. Talvez isso seja um bom modo de ajustar as coisas. No entanto, quero tirar proveito, aqui, de toda a rede de distinções que Von Holst e Mittelstaedt introduziram: *aferência* x *eferência*, *reaferência* x *exaferência*, e assim por diante. A palavra "cópia" tornou-se padrão neste contexto, por isso fico com ela.

Esses fenômenos foram estudados primeiramente no caso da visão, e versões da ideia principal — a necessidade de compensar a reaferência para resolver a ambiguidade da percepção — foram introduzidas em teorias da visão que datam do século XVII. Para um esboço histórico interessante, ver Otto-Joachim Grüsser, "Early Concepts on Efference Copy and Reafference", *Behavioral and Brain Sciences*, v. 17, n. 2, pp. 162-5, 1994.
22. Comento isso em "Sender-Receiver Systems Within and Between Organisms", *Philosophy of Science*, n. 81, pp. 866-78, 2014.

7. Experiênca comprimida [pp. 180-201]

1. A situação dos cefalópodes lembra o filme *Blade Runner, o caçador de androides*, de Ridley Scott, no qual uma classe de "replicantes" artificiais, mas humanoides, são programados para morrer após quatro anos, apenas. (No livro de Philip K. Dick no qual o filme se baseia, *Do Androids Dream of Electric Sheep?*, sua morte prematura se deve a um colapso.) Os replicantes de *Blade Runner*, diferentemente dos cefalópodes, sabem qual é seu destino.
2. Os trabalhos clássicos sobre envelhecimento aos quais recorri neste capítulo são: Peter Medawar, *An Unsolved Problem of Biology* (Londres: H. K. Lewis and Company, 1952); George Williams, "Pleiotropy, Natural Selection, and the Evolution of Senescence", *Evolution*, v. 11, n. 4, pp. 398-411, 1957; e William Hamilton, "The Moulting of Senescence by Natural Selection", *Journal of Theoretical Biology*, v. 12, n. 1, pp. 12-45, 1966. Para uma boa análise do desenvolvimento da teoria evolucionária do envelhecimento, ver Michael Rose et al., "Evolution of Ageing since Darwin", *Journal of Genetics*, n. 87, pp. 363-71, 2008. Uma teoria do envelhecimento que não discuto diretamente é a teoria do *soma disponível*. Eu a considero uma variação da teoria de Williams. Sobre isso, ver Thomas Kirkwood, "Understanding the Odd Science of Aging", *Cell*, v. 120, n. 4, pp. 437-47, 2005, outro bom exame dessas questões.
3. Ver W. D. Hamilton, "My Intended Burial and Why", *Ethology Ecology and Evolution*, v. 12, n. 2, pp. 111-22, 2000. Para saber mais sobre esse notável pensador, ver *Narrow Roads of Gene Land: The Collected Papers of*

W. D. Hamilton, v. 1: *Evolution of Social Behaviour* (Oxford; Nova York: W. H Freeman; Spektrum, 1996). Ao fim, Hamilton foi sepultado perto de Oxford; segundo a inscrição feita por seu parceiro em um banco próximo, com o tempo, carregado por uma gota de chuva, ele chegará ao Amazonas.

4. Essa teoria não especifica *como* o colapso relacionado à idade vai acontecer, embora, como observou William, prediga que vários problemas diferentes surgirão ao ficarmos mais velhos. Os biólogos ainda pesquisam os mecanismos gerais do declínio — tanto em mamíferos quanto em um espectro maior de organismos. Algumas hipóteses que postulam uma fonte única e disseminada para o colapso podem se opor parcialmente à teoria evolucionária do envelhecimento, como descrita aqui. Às vezes é difícil dizer quais teorias são conflitantes e quais são compatíveis. Para um estudo recente desses mecanismos, ver Darren Baker et al., "Naturally Ocurring p16^{Ink4a} Positive Cells Shorten Healthy Lifespan", *Nature*, n. 530, pp. 184-9, 2016.

5. Ver Jennifer Mather, "Behaviour Development: A Cephalopod Perspective", *International Journal of Comparative Psychology*, v. 19, n. 1, pp. 98-115, 2006.

6. Ver Roy Caldwell, Richard Ross, Arcadio Rodaniche e Christine Huffard, "Behavior and Body Patterns of the Larger Pacific Striped Octopus", *PLOS One*, v. 10, n. 8, artigo e0134152, 2015. O trabalho não descreve este polvo como "iteróparo", como fizeram estudos anteriores: "Parece melhor designar LPSO [o polvo que usaram] como de 'reprodução contínua', com um período único e prolongado de desova, e não como 'iteróparo', com múltiplos períodos de desova separados discretamente".

7. Ver, novamente, Kröger, Vinther e Fuchs, "Cephalopod Origin and Evolution: A Congruent Picture Emerging from Fossils, Development and Molecules", *BioEssays*, n. 33, pp. 602-13, 2011.

8. Ver Bruce Robison, Brad Seibel e Jeffrey Drazen, "Deep-Sea Octopus (*Graneledone boreopacifica*) Conducts the Longest-Known Egg-Brooding Period of Any Animal", *PLOS One*, v. 9, n. 7, 2014, artigo e103437.

9. Outra provável exceção ao regime de vida curta do cefalópode é a lula-vampiro. Apesar do nome, não é um animal muito assustador. Sabe-se tão pouco sobre a vida dessas criaturas que um cientista holandês, Henk-Jan Hoving, e alguns colaboradores começaram recentemente a estudar antigos espécimes de laboratório, preservados durante anos em frascos empoeirados, para conseguir algumas pistas. Descobriram evidências de que, diferentemente de quase todos os outros cefalópodes, a lula-vampiro fêmea passa por muitos ciclos reprodutivos, com consideráveis intervalos entre eles. Eles acham que esse ciclo se repete mais de

vinte vezes. Se for verdade, elas devem ter vida longa. Também são animais de mar profundo, vivendo no frio e na lentidão metabólica das profundezas. Não temos nenhuma evidência que leve diretamente aos riscos de predação que enfrentam. Ver Henk-Jan Hoving, Vladimir Laptikhovsky e Bruce Robison, "Vampire Squid Reproductive Strategy Is Unique aming Coleoid Cephalopods", *Current Biology*, v. 25, n. 8, pp. R322-23, 2015.

10. Em um aspecto, minha abordagem do envelhecimento dos cefalópodes neste capítulo é bastante heterodoxo. Uso ideias teóricas muito aceitas (Medawar, Williams etc.), mas já há algum tempo considera-se que o caso dos polvos coloca em xeque essas mesmas ideias. Isso porque muita gente tem a impressão de que os polvos são "programados" para morrer em uma determinada etapa. Seu colapso parece ser "planejado" de uma forma ordenada — todos esses termos são usados com frequência em referências à morte do polvo. Quando se apontam listas de casos que podem contradizer a teoria Medawar-Williams, em geral os polvos sobressaem nelas. A visão de Medawar-Williams *não* considera que o colapso por envelhecimento seja "parte do projeto", mas os polvos dão essa impressão.

    Um estudo de 1977 sobre a base fisiológica da senescência do polvo dá suporte a essa visão: ver Jerome Wodinsky, "Hormonal Inhibition of Feeding and Death in Octopus: Control by Optic Gland Secretion", *Science*, n. 198, pp. 948-51, 1977. O trabalho afirma que a morte na espécie *Octopus hummelincki* é causada por alguma(s) secreção(ões) das "glândulas ópticas". Quando essas glândulas são removidas, polvos de ambos os sexos vivem mais e se comportam de modo diferente. Na interpretação de Wodinsky: "Os polvos aparentemente possuem um sistema específico de 'autodestruição'". Por que teriam algo assim? Wodinsky oferece uma hipótese em uma nota de rodapé: "em ambos os sexos, esse mecanismo garante a eliminação de indivíduos predatórios velhos e grandes e constitui um meio muito eficaz de controlar a população".

    Se essa ideia de controle da população tenta explicar *por que* existe um mecanismo que causa a morte, ela aparentemente conflita com os princípios gerais da evolução que usei neste capítulo. Suponha que surja um mutante que viva mais tempo e consiga alguns acasalamentos a mais. O fato de que ele pode causar dano à população não evitará que a mutação se torne mais comum. Dificilmente essas medidas de "controle de população" não serão subvertidas por esses franco-atiradores.

    Tentando estabelecer um modelo, um trabalho de Justin Werfel, Donald Ingber e Yaneer Bar-Yan afirma que *é* possível que uma morte programada, do tipo frequentemente associado aos polvos, evolua. Ver

Werfel, Ingber e Bar-Yan, "Programmed Death is Favored by Natural Selection in Spatial Systems", *Physical Review Letter*, n. 114, artigo 238103, 2015. No modelo usado, porém, a reprodução e a dispersão são locais: a descendência de um progenitor tende a se estabelecer e crescer nas proximidades. Isso pode causar problemas de competição dentro de uma família (sua descendência, e talvez a geração seguinte, competem pelos mesmos recursos locais). Desde a década de 1980, uma série de modelos demonstrou que situações nas quais "a maçã não cai longe da árvore" podem ter consequências evolucionárias particulares. No entanto, os polvos não se reproduzem assim. Quando um ovo se rompe, a larva se junta ao plâncton, vai flutuando à deriva e então se estabelece em algum lugar no leito do mar, se sobreviver. Benjamin Kerr e eu concebemos um modelo de comportamento cooperativo em casos como este; ver Godfrey-Smith e Kerr, "Selection in Ephemeral Networks", *American Naturalist*, v. 174, n. 6, pp. 906-11, 2009. Até onde se sabe, polvos jovens não têm meios para se estabelecer perto de onde as mães viveram. Se tivessem (algum tipo de rastreamento químico, por exemplo), isso levaria a várias consequências interessantes, inclusive a possibilidade de cooperação e "contenção" reprodutiva.

Penso, no entanto, que a morte do polvo é, provavelmente, menos "programada" do que parece, e é algum tipo de manifestação extrema do fenômeno reconhecido pela teoria de Medawar-Williams. (Ver o trabalho de Kirkwood que citei para mais argumentos desse tipo, ainda que não dirigidos ao caso do polvo.) O trabalho de Wodinsky contém algumas pistas. A remoção das glândulas ópticas causa uma porção de mudanças de comportamento, assim como o adiamento da senescência ("Quando a fêmea tem as glândulas removidas depois de pôr os ovos, ela para de chocá-los, recomeça a comer, ganha peso e vive um período prolongado"). As glândulas, quando presentes, podem não causar senescência por si mesmas, e sim um perfil comportamental e fisiológico que tem o envelhecimento como subproduto.

De certo modo, os cefalópodes constituem bons casos para a teoria evolucionária do envelhecimento: o risco de predação que correm é agudo e sua vida, muito curta. Por outro lado, parecem ser casos ruins: seu colapso dá impressão de ser ordenado demais, "programado" demais. Talvez falte algo na história que contei aqui; sobretudo nos polvos machos, que não chocam ovos, o declínio súbito causa estranheza. Mas uma "regulação da população" é improvável, e creio que a teoria Medawar-Williams-Hamilton acaba se impondo.

8. Polvópolis [pp. 202-28]

1. Para um resumo inicial das características incomuns do lugar, ver Godfrey-Smith e Lawrence, "Long-Term High-Density Occupation of a Site by *Octopus tetricus* and Possible Site Modification Due to Foraging Behavior", *Marine and Freshwater Behaviour and Physiology*, n. 45, pp. 1-8, 2012.
2. Em um de nossos trabalhos, incluímos uma tabela que categoriza relatos anteriores de agrupamentos e interação social em polvos. Ver a Tabela 1 em, de Scheel, Godfrey-Smith e Lawrence, "Signal Use by Octopuses in Agonistic Interactions", *Current Biology*, v. 26, n. 3, pp. 377-82, 2016.
3. Não podemos ter certeza absoluta disso, porque as próprias câmeras são um acréscimo temporário ao ambiente. As câmera ficam em tripés, muito frequentemente perto dos animais. Às vezes uma delas é atacada por um polvo. Nossa impressão é que, por boa parte do tempo, as atividades registradas pela câmera na ausência de mergulhadores não são muito diferentes daquelas que ocorrem quando há mergulhadores no sítio, e que as câmeras em geral não atraem muito a atenção dos polvos. Mas é difícil ter certeza.
4. Ver, por exemplo, Scheel e Packer, "Group Hunting Behavior of Lions: A Search for Cooperation", *Animal Behaviour*, v. 41, n. 4, pp. 697-709, 1991.
5. Não dá para ter certeza quanto a esses casos, pois pode haver um polvo fora de cena (atrás da câmera); ou a própria presença da câmera poderia desencadear alguns desses comportamentos.
6. O objeto ao fundo é uma de nossas câmeras de vídeo em seu tripé. Esse tripé é de um tipo alto; começamos a usá-lo recentemente em um dos pontos. Os outros tripés são baixos e mais discretos.
7. Ver Scheel, Godfrey-Smith e Lawrence, "Signal Used by Octopuses in Agonistic Interations", *Current Biology*, v. 26, n. 3, pp. 377-82, 2016.
8. O desenho é de autoria de Eliza Jawett. Uma outra versão aparece no meu trabalho com Scheel e Lawrence, "Signal Used by Octopuses in Agonistic Interations", op. cit.
9. Este trabalho é o mesmo que comentei no capítulo 5: "The Behavior and Natural History of the Caribbean Reef Squid (*Sepioteuthis sepiodea*) With a Consideration of Social, Signal and Defensive Patterns for Difficult and Dangerous Environments".
10. Ver Caldwell et al., "Behavior and Body Patterns on the Larger Pacific Striped Octopus", *PLOS One*, n. 10, artigo e0134152, 2015.
11. Ver Schell, Godfrey-Smith e Lawrence, "*Octopus tetricus* (Mollusca: Caphalopoda) as an Ecosystem Engineer", *Scientia Marina*, v. 78. n. 4, pp. 521-8, 2014.

12. Ver Elena Tricarico et al., "I Know My Neighbour: Individual Recognition in *Oceopus vulgaris*", PLOS One, v. 6, n. 4, artigo e18710, 2011.
13. Ver Graziano Fiorito e Pietro Scotto "Observational Learning in *Octopus vulgaris*", *Science*, n. 526, pp. 545-7, 1992.
14. Ver Dawkins, *The Ancestor's Tale*. Nova York: Houghton Mifflin, 2004.
15. Ver Andrew Packard, "Cephalopods and Fish: The Limits of Convergence", *Biological reviews*, v. 47, n. 2, pp. 241-307, 1972; Frank Grasso e Jennifer Basil, "The Evolution of Flexible Behavioral Repertoires in Cephalopod Molluscs", *Brain, Behavior and Evolution*, v. 74, n. 3, pp. 231-45, 2009.
16. Ver Kröger, Vinther e Fuchs, "Cephalopod Origin and Evolution: A Congruent Picture Emerging from Fossils, Development and Molecules", *Bioessays*, n. 33, pp. 602-13, 2011. Há certa incerteza quanto a onde a *Vampyromorpha*, a lula-vampiro, se encaixaria, aqui. Note, ainda, que "decápode" pode referir-se tanto a um grupo de crustáceos quanto de cefalópodes.
17. Não foram as origens apenas dos cefalópodes que mudaram de datação desde a época de Packard; o mesmo aconteceu com os peixes. Hoje, acredita-se que os tipos de peixe que ele viu como competidores dos cefalópodes tenham evoluído mais cedo do que se pensava, talvez no Permiano, por volta da nova data do ancestral comum dos cefalópodes coleoides. Ver Thomas Near et al., "Resolution of Ray-Finned Fish Poligamy and Timing Diversification", *Proceedings of the National Academy of Sciences*, v. 109, n. 34, pp. 13698-703, 2012.
18. Ver Caroline Albertin et al., "The Octopus Genome and the Evolution of Cephalopod Neural and Morphological Novelties", *Nature*, n. 524, pp. 220-4, 2015.
19. Ver Christelle Jozet-Alves, Marion Bertin e Nicola Clayton, "Evidence of Episodic-like Memory in Cuttlefish", *Current Biology*, v. 23, n. 23, 2013, pp. R1033-5. O estudo de aves que serviu de modelo ao trabalho foi, de Clayton e Dikinson, "Episodic-like Memory During Cache Recovery by Scrub Jays", op. cit.
20. A baía-santuário é Cabbage Tree Bay, ao norte de Sydney.
21. Aqui recorro sobretudo a Charles Clover, *The End of the Line: How Overfishing Is Changing the World and What We Eat*. Nova York: New Press, 2006. Outra leitura igualmente alarmante é Alana Mitchell, *Sea Sick: The Global Ocean in Crisis* (Toronto: McClelland and Stewart, 2009). Mais curto, muito bom (e mais uma vez, alarmante) é, de Elizabeth Kolbert, "The Scales Fall", *The New Yorker*, 2 ago. 2010. A fala de Huxley aconteceu na Exposição de Pesca, em Londres, em 1883. Diz Clover: "Outra investigação parlamentar da qual Huxley fez parte reverteu essas conclusões da década seguinte".

22. No caso do bacalhau, o declínio aparentemente já havia começado na época do discurso de Huxley. Ele se acelerou, mas parou durante a Primeira Guerra Mundial. Após a guerra, os estoques de bacalhau flutuaram, mas continuaram diminuindo, e, em 1992, a pesca entrou em colapso total no lado canadense. Dados de 2015 sugerem que a situação do peixe melhorou muito com a redução da pesca. Ver "Cod Make a Comeback...", *New Scientist*, 8 jul. 2015. Disponível em: <https://www.newscientist.com/article/mg22730293-100-north-sea-cod-make-a-comeback-and-canadas-are-on-their-tail>. Acesso em: 21 set. 2018.
23. Não achei muitos trabalhos sobre os cefalópodes e a acidificação do oceano. Alguns dados bastante preocupantes são mencionados em H. O. Pörtner et al., "Effects of Ocean Acidification on Nektonic Organisms", in J.-P. Gattuso e L. Hansson (Orgs.), *Ocean Acidification* (Oxford: Oxford University Press, 2011). Roger Hanlon, citado por Katherine Harmon Courage, diz que, embora os cefalópodes possam suportar vários tipos de água "suja", eles são muito sensíveis ao nível de acidez (pH), devido à sua química sanguínea peculiar, e a acidificação representa uma ameaça séria para eles. Ver Katherine Harmon Courage, *Octopus! The most Mysterious Creature in the Sea*. Nova York: Current; Penguin, 2013, pp. 70 e 213.
24. Para um resumo de algumas dessas ideias, ver Andrew Barron, "Death of the Bee Hive: Understanding the Failure of an Insect Society", *Current Opinion in Insect Science*, n. 10, pp. 45-50, 2015.
25. Segundo Alanna Mitchell, o número dessas zonas têm dobrado a cada década, desde 1960. Ver Alanna Mitchell, *Sea Sick: The Global Ocean in Crisis*, op. cit.; e, para um resumo, "What Causes Ocean 'Dead Zones'?", *Scientific American*, 25 set. 2012. Disponível em: <https://www.scientificamerican.com/article/ocean-dead-zones>. Acesso em: 21 set 2018.

Agradecimentos

Sou grato aos muitos cientistas — biólogos marinhos, teóricos evolucionários, neurocientistas e paleontologistas — que me ajudaram neste projeto. As primeiras na lista só podem ser Crissy Huffard e Karina Hall, que me ajudaram e incentivaram em meus primeiros esforços para compreender os cefalópodes. Outros biólogos que deram importantes contribuições incluem Jim Gehling, Gáspár Jékely, Alexandra Schnell, Michael Kuba, Jean Alupay, Roger Hanlon, Jean Boal, Benny Hochner, Jennifer Mather, Andrew Barron, Shelley Adamo, Jean McKinnon, David Edelman, Jennifer Basil, Frank Grasso, Graham Budd, Roy Caldwell, Susan Carey, Nicholas Strausfeld e Roger Buick. O papel desempenhado por meus companheiros em Polvópolis — Matt Lawrence, David Scheel e Stefan Linquist — está claramente expresso no texto. Também sou grato a eles pela permissão de usar várias imagens dos vídeos que fizemos juntos.

No aspecto filosófico, a influência do trabalho de Daniel Dennett ficará evidente para os muitos admiradores de seus livros, e sou grato também a Fred Keijzer, Kim Sterelny, Derek Skillings, Austin Booth, Laura Franklin-Hall, Ron Planer, Rosa Cao, Colin Klein, Robert Lurz, Fiona Schick, Michael Trestman e Joe Vitti. O Dice Center Manly e o Let's Go Adventures (Nelson Bay) deram um valioso suporte aos mergulhos. Eliza Jewett fez os desenhos das páginas 58 e 209, e Ainsley Seago, o da página 55. A fotografia na primeira página do caderno colorido aparece também na resenha do livro "Cephalopod Cognition", *Animal Behaviour*, v. 106, pp. 145-47, ago. 2015. Outros agradecimentos devem ser feitos a Denise Whatley, Tony Bramley, Cynthia Chris, Denice Rodaniche, Mick Saliwon e Lyn Cleary. O City University of New York Graduate Center é um lugar maravilhoso para realizar um trabalho acadêmico, pois propicia liberdade para pensar e escrever, em uma estupenda atmosfera intelectual. Devo os mais profundos agradecimentos a todos os que cuidam da Cabbage Tree Bay Aquatic Reserve, do Booderee National Park, do Jervis Bay Marine Park e de Port Stephens — Great Lakes Marine Park, por seu trabalho na proteção e nos cuidados com esses ecossistemas.

    O papel de Alex Star neste projeto foi crucial de formas que vão muito além da costumeira imprescindibilidade de um bom editor. Finalmente, tenho de agradecer a Jane Sheldon, que fez comentários argutos sobre várias versões iniciais, localizou animais notáveis no mar, inspirou muitas ideias e colaborou com elas, além de lidar pacientemente com as quantidades cada vez maiores de água salgada e neoprene que invadiram nosso minúsculo apartamento na costa, onde este livro foi concebido.

Índice remissivo

A

abelhas, 14, 17, 76, 88-9, 112, 217, 227-8
abrigos, materiais para, 74
acasalamento: de polvos, 194, 203, 254*n*; exibições para, 146, 153; temporada de reprodução no, 194
acidificação da água do mar, 226
ação: coordenação na criação de, 29, 34, 86, 92, 94, 109, 169, 178; evolução da, 30-1; percepção e, 30-1, 176-7; sensação e, 32, 91-2, 175, 178
ação, modelação da 48, 82-3: comunicação em, 109, 118, 166-9, 211; no sistema nervoso, 30-1, 49, 68, 78, 87, 95, 109, 116-7, 167-8, 172, 175
Adamo, Shelley, 66
Adelaide, Austrália, 36, 38
afasia, 164
aferente, aferência, 176
África, 150, 191, 204
agressão: em babuínos, 150-1; em chocos gigantes, 125, 149, 157, 200; em polvos, 70, 113, 207-8, 212
água, esguichando jatos de, 65, 121
água-viva/medusa, 29; estrutura de corpo de, 17, 58; fóssil ediacarano, 36-43, 45, 47-9, 113, 217; semelhança com, 29, 39; mais mortais, 42; picante, 41,44; propulsão a jato, mobilidade por, 46, 52, 54, 57, 120
água-viva-de-pente (ctenófora), 29, 232*n*, 236*n*
Alasca, 204
Albert (polvo), 63
alcalinidade da água do mar, 226
Alemanha, 65, 238*n*
alga, 27, 33, 39, 52, 71, 111, 137, 144-5, 156
alimento: busca de, 23, 25, 39, 46, 97, 212; memória e, 23, 112; polvos em testes com, 61, 64, 69, 74, 77, 79-81, 97, 112; preferência de polvos quanto a, 61, 67, 69, 81, 212; *ver também* predadores
Alupay, Jean, 114, 246*n*, 259
amarelos, clarões. *Ver* clarões amarelos
ambiente/entorno: ameaça de destruição do, 214; interação senciente com, 41-2, 45, 65, 74, 78; modelo interno de, 105; reação ao, 32, 164; reconhecimento pelos polvos da manipulação do, 32, 176
ancestrais comuns: cefalópode, 14, 18, 56, 84, 218, 209; de humanos, 14-8, 29, 84-5, 113, 218;

ancestrais comuns: cefalópode (*continuação*), de mamífero e cefalópode, 14-7, 84; divisão em vertebrados e invertebrados, 50, 76; elétrico, 94; rastreamento de, 41, 113, 218; vermiforme, 76
Anderson, Roland, 69
anêmonas marinhas, 35, 190
animais: árvores *versus*, 190; consciência nos, 20, 22; em sua resposta ao ambiente, 35, 40; "explosão cambriana" dos, 36, 42, 53; história e evolução dos, 13-22, 24, 27-30, 32, 35, 38-44, 46-7, 49-50, 53-4, 56, 59, 64, 80, 84, 90, 94, 108-9, 113, 175, 217, 224-5; interação entre, 29-30, 32, 44-6, 82, 181, 210, 212; tipos de corpo de, 14-9, 22, 27-30, 35, 38, 43-5, 47, 53-4, 56, 75, 85-6, 95, 109, 150, 152, 175, 204, 209, 212, 219, 226
anomalocarídeos, 45-6, 48
antenas, como ferramenta de interação, 45
A origem das espécies (Darwin), 225, 229*n*
aposentadoria, envelhecimento e, 188-9
aprendizado: consciência e, 61-2, 84, 105, 181; por polvos, 60, 62, 68
Aquário de Seattle, 69
Aquário Estrela-do-mar, Coburg, 238*n*
Aquário Steinhart, 210
aquários, 64-5, 210
aranhas, 17, 46, 112, 223
Arendt, Detlev, 48-9
Arkaroola, 234*n*
arraias, 205, 214

artrópodes, 46-7, 50-1, 75-6, 106-7, 109, 223
árvore da vida, ramificação na, 16-7, 35, 50, 190, 217-8; visão geral da, 15-7, 35, 50, 223
árvores, duração da vida das, 190-1
auditiva, imagem, 169
Austrália, 11, 35-7, 44, 70, 72, 113, 146, 202, 205
automóveis, analogia com o envelhecimento, 183
aves, 14-6, 59, 224; duração da vida das, 181; inteligentes, 59, 162, 218 memória nas, 106, 221-2; na árvore da vida, 16-7, 76, 181, 218, 223; visão nas, 98, 102, 104

B

Baars, Bernard, 103-4, 109, 171-2
Baboon Metaphysics (Cheney e Seyfarth), 151
babuínos, comunicação e sinalização nos, 150-2, 154-5, 162
bacalhau, 226
bactéria, 15, 23-6, 28, 32-3, 38, 88, 95, 175, 184; *ver também formas específicas*
Baddeley, Alan, 169-70
barbatanas, 126, 145; como ferramenta de mobilidade, 45, 119-20, 126, 156, 200
barco a remo, como analogia do sistema nervoso, 48, 177
Barron, Andrew, 227
Beer, Randall, 86, 118
beija-flores/colibris, duração de vida dos, 181, 185
Belarus, 160
Belize, 153

Bertram (polvo), 63
besouro *Coprophanaeus*, 192
besouros, 50, 191-2
biológica, classificação, 223
bico: dos chocos, 119, 147, 156; dos polvos, 57, 81
"big bang", reprodução 192-3
bilateral, simetria: bilaterais, 43, 49, 50; cérebros na, 44; dois ramos de, 43, 50, 217
binocular, visão, 98
Blade Runner, 252n
bloco de esboços visuais-espaciais, 170
Boal, Jean, 66-7
bocas, 49, 77, 119
borboletas, 143
braços: de chocos, 13, 56, 119, 125-8, 137-8, 147-50, 199-200; de polvos, 11-2, 53, 56, 60, 72, 77-80, 83, 111, 115-8, 142, 203, 206-7, 210, 213; número de, 12, 56, 119, 125
Brancusi (choco gigante), 148-9
Brasil, 192
Budd, Graham, 46
bullying, 70

C

cães, 16, 59, 156, 181
caixa de ferramentas, como analogia do funcionamento do cérebro, 60
cálcio, 227
Caldwell, Roy, 210
"Cambriana, explosão", 36, 42
camaleões, 120
camarão, 107; na dieta dos chocos, 221-2; na dieta dos polvos, 67
"câmera", olhos, 19, 45, 84
Cameroceras, 58
camuflagem, 26, 137, 141, 144-6, 148-50, 154, 196
cangurus, 185
canibalismo em polvos, 213
cantarilho/peixe-vermelho, 194
caracóis/caramujos, 17, 53
caranguejos, 75, 106; na árvore da vida, 17, 46, 223; na dieta do choco, 126, 221-2; na dieta do polvo, 67, 81
caranguejo-ermitão, 74, 106, 214; experimento de dor em, 107, 109, 113
Carey, Susan, 165
Caribe, 112
cefalópodes, 13; acasalamento e reprodução nos, 192; ameaça ambiental aos, 225; braços dos, 125; caminho evolucionário dos, 14, 17-9, 53-4, 56-9, 75, 80, 147, 149, 195, 198, 217-20; dois ramos de, 47, 76, 218; duração de vida encurtada e compactada dos, 180, 182, 208; envolvimento humano com, 69; inteligência dos, 19-20, 59, 75, 77-8, 149, 152, 219-20, 222, 224; mamíferos comparados com, 51, 60, 76, 181, 217; mudança de cor nos, 120-4, 127, 140-1, 154; gênero nos, 192; qualidades notáveis dos, 55, 60, 77, 140-1, 146, 149; *ver também espécies específicas*
celacanto, 223
células: agrupamento de, 18, 27, 29-31, 39, 183; divisão de, 28, 183-4; no envelhecimento, 183-5; refletoras, 26-7, 29-31, 122-3, 141
centípedes, 17
Cephalopod Behavior (Hanlon e Messenger), 62

cerebral, dano, 99
"cérebro dividido", 97
cérebros: complexos, 103; de animais marinhos préhistóricos, 14; de cefalópodes, 19-20, 121, 181, 219-20; de cima para baixo *versus* distribuído, 76; de polvos, 61, 77-8, 85, 87; de vertebrados, 60, 218; dois hemisférios do, 95-7; evolução dos, 16, 18, 20, 35, 49, 75-7, 80, 83-4, 107, 215, 218, 222, 224; finalidade do, 31, 80, 85-7, 101, 173, 181; gasto de energia de, 31; grandes, 59, 80-1; na visão, 49, 95, 99-100, 106, 117, 122, 140, 154, 156
Charles (polvo), 63-4
Cheney, Dorothy, 150-1
Chiel, Hillel, 86, 118
chimpanzés, 15-6, 163, 181, 239n
choco: acasalamento e reprodução do, 146-7, 193, 199-200; características físicas e aparência do, 13, 56, 58, 119-20, 123-4, 127, 144-5, 155, 222; como cefalópode, 13, 56, 148-9, 154, 180, 218-20; comportamento do, 57, 66, 81-2, 84, 120-1, 124, 126, 128, 137-9, 149; envelhecimento do, 180-1; gênero no, 124, 137, 193, 197, 199; memória no, 220-2; mudança no corpo do, 120-1, 124, 127, 144; tinta, 122-4, 127, 141, 145; *ver também* choco gigante
choco ceifador, 144-5
choco gigante, 13, 119-23, 126, 146, 148, 153, 155, 194, 199; acasalamento do, 146-7; curioso, expressivo e engajado, 120; envelhecimento do, 123; hábitat do, 137-8; morte do, 180-2, 201;

mudança de cor do, 120, 148, 200; "sonho" do, 156
choque elétrico, em experimentos, 68-9, 106, 111
cicatrizes, identificação por meio de, 126
clarão de cores, 33, 127
clarões amarelos, 127-8
classes, 223
Clayton, Nicola, 162, 221
Cloudina, 40
cnidários, 35, 41-2, 44, 48, 50
coco, cascas de, 74
coexistência, sem interação, 12
cognição incorporada, 85-7, 118
colibris/beija-flores, duração de vida dos, 181, 185
colônias: colapso de, 227-8; duração da vida em, 190-1
combustíveis fósseis, ameaça ao meio ambiente, 226
comportamento: aprendido, 62, 65; cefalópode, 62, 75, 78, 152, 219; controle do, pelo sistema nervoso, 44, 49, 78; em Polvópolis, 210; em reação a dor, 105-6, 115; origens do, 16, 43-4
comportamento social: coordenação e trabalho de equipe no, 26, 44; de babuínos, 150-1; de polvos, 62-70, 110, 121, 203, 205-6, 214-6; inteligência e, 62, 66-7, 71, 78; surgimento do, 18, 25
comunicação: no sistema nervoso, 33, 105, 146, 151, 175; escrita, 174, 177; por sinalização, 27, 34, 152-3; *ver também* linguagem
conchas, 11-2, 52-5, 58, 70-2, 81-2, 106, 182, 195, 206, 213-5, 223; modificação e abandono de, 54-7, 195-6, 198; recife artificial

composto de, 203, 211, 213-4; *ver também* vieiras, conchas de
condicionamento operante, 62
conexões recorrentes, 78
consciência: evolução da, 89, 99; ideia de transformação da, 173; linguagem e, 171; na mente humana, 110, 173; percepção à beira da, 102; raízes da, 18, 20; teorias sobre, 20, 103-4, 171, 174; visão da experiência subjetiva retardatária, 89, 104, 109
constâncias perceptuais, 95, 111-3; nos polvos, 112
controle executivo, 168, 170
coordenação, em organismos multicelulares, 25-6, 29-30, 83, 217; no comportamento social, 75-6; no sistema nervoso, 26, 32, 34, 41, 178
cor, mudança de: a mais extravagante, 128; de cefalópodes, 120-1, 140-1, 146, 148-9; de polvos, 12; do choco gigante, 120, 125, 137; em agressões, 149, 157, 208; no "sonho" de um choco, 156; padrões de, 122-3, 207; percepção da, 140-1, 143; propósito da, 52, 122, 140-1, 146-9
corações, múltiplos, 85
corais, 21, 35, 38; ameaça ambiental aos, 226
cordados, 47, 75-6, 84; sistema nervoso nos, 76
corolário, descargas de, 251*n*
corpos ativos complexos, 47, 75
corporificação, 86-7
corvos, inteligência dos, 16, 59, 74, 162, 218

criação, mitos havaianos da, 21, 55
cromatóforos, 122-4, 128, 142-4
ctenófora (água-viva-de-pente), 29, 232-3*n*, 236*n*
cubomedusa (*Cubozoa*), 44
cunha de pedra, 239*n*

D

daltonismo em cefalópodes, 140, 179
Darwin, Charles, 30, 161, 165, 225, 229*n*, 232*n*, 252*n*
Dawkins, Marian, 98, 244*n*
decápodes, 219, 222, 257*n*
Dehaene, Stanislas, 102-4, 109-10, 172-3
deimáticas, exibições, 146, 208-9
Dennett, Daniel, 168, 250*n*, 251*n*
derme, 122
Descent of Man, The (Darwin), 161
Dewey, John, 160, 164-5, 167
Dews, Peter, 62–65, 68
DF (vítima de dano cerebral), 99
Dick, Philip K., 252*n*
Dickinsonia, fósseis, 37, 39, 47
dinossauros, era dos, 47, 51, 56, 218, 220
dióxido de carbono na atmosfera, concentração de, 226
discurso/fala interior, 159-61, 164, 167-70, 173-4, 178, 248*n*, 250*n*
Dixon, Roland, 21, 230*n*
DNA, evidência evolucionária do, 35, 38
Donald, Merlin, 163
dor, consciência da, 105-6, 108, 115, 158; experiência da, 89, 105-7, 171
dorsal, fluxo, 100
dualistas, 90

E

E. coli, comportamento de, 23, 25, 32; reabastecimento das células, 184
ecossistema, engenharia do, 214
ecoturismo, 234n
Ediacara, Montes, 35
Ediacarano, período, 36-43, 45-6, 49, 109, 113, 217, 234n, 235n, 245n; fósseis do, 36-7, 40
eferentes, cópias, 165-8, 170, 173, 176, 178-9, 250n, 251n
elefantes, 14
Eliano, Cláucio, 43, 55
Elwood, Robert, 106
emoções primordiais, 105, 108
energia: despendida por neurônios, 31; luz como fonte de, 24-5
envelhecimento: declínio físico no, 188; e morte, 185, 254n; fisiologia do, 185, 255n; pungência do, 181; teoria evolucionária do, 185-6, 191-2, 252n, 253n, 255n
equinodermas, 236n
esôfago, 77
espaço de trabalho global, teoria do, 103-4, 171-2
esperma, pacotes de, 147, 203
esponjas, 17, 28, 34, 38, 50, 223, 232n; cenário de evolução das, 28-9, 232n; jardim de 52
esquizofrenia, 169
Estação Zoológica de Nápoles, 61, 69
estomatópodes, 239n
estrela-do-mar, 50, 223, 236n, 238n
estresse ambiental, 228
"eu": busca do, 18-9, 158-9; sentido do, 88-9, 94, 100, 104, 111-3, 115-6, 173-4

eucariotas, 24
evolução, 14, 18, 20-1, 27-31, 34-5, 38, 42, 53, 56-7, 77, 93, 95, 98, 101, 106-7, 154, 179, 187, 194, 216, 219-20; árvore da, *ver* árvore da vida; cognitiva, 20-1, 35, 42, 60, 77, 82-3, 90, 94-5, 166, 175, 194; competição na, 154; convergência e divergência na, 48, 222; inícios da, 20, 175, 218; relato mítico havaiano da, 7, 21,55; respondendo a situações, 41, 84; teoria do envelhecimento, na, 185-6; visão geral da, 154, 175, 185, 216
exaferente, 176-7, 252n
experiência: cena integrada da, 95, 98, 172; consciência da, 88, 93, 104; intrusões na, 91, 109
experiência subjetiva: a mente humana no processamento da, 95, 101, 103, 108, 169, 173, 221; de polvos, 66, 79, 110, 115, 182, 222; evolução da, 95, 97-8, 101-2, 105, 107-10; ideia da, retardatária, 104; integração da, 172; na memória, 221; na visão, 92, 98-100; no sentido do "eu", 20, 89, 97, 108, 158, 171
Explosão "Cambriana", 36, 42

F

fala/discurso interior, 159-61, 164, 167-70, 173-4, 178, 248n, 250n
fala/discurso, intenção, 47, 138, 154
ferramentas, uso de, 121, 239n
ferrões, em *Cubozoas*, 40-2, 44
filo, 223
filos (modelos de corpos), 47

filosofia, mente e matéria na, 19, 21, 92, 158-60
flutuação, conchas e, 54, 56
focas, 212
fonológico, loop, 170
formigas, 43, 50, 75-6
fósseis: de medusa, 36; falta de, 35; o polvo mais antigo, 36, 56, 237n fóssil, registro: Cambriano, 36, 42, 44, 46, 53; Ediacarano, 36-7, 39-41; limitações do, 39, 44, 219
fotorreceptores, 140-3
fungos, 27

G

gaios, 162
galinhas, experimentos sobre dor com, 106, 113
galinhas, experimentos sobre visão com, 98
gânglios, 77
garras, como ferramentas de interação, 45
gatos, 12, 15-6, 52
Gehling, Jim, 37, 39, 46, 234n, 236n
Gibson, Katherine, 80-1, 83
Ginsburg, Simona, 107
girinos, 96
goivira/tábua, 113
golfinhos, 16, 102, 212
Goodale, Melvyn, 99-101, 109
GoPro, vídeo, 78, 91, 113, 149, 154, 181, 196, 203-5, 208-9, 211, 214, 239n
gravidade, nas teorias de Newton, 159
Gutnick, Tamar, 79

H

hábitos, 128, 168, 172
Hamilton, William, 186, 191, 252n
Hanlon, Roger, 62, 68, 78, 141
Herculano-Houzel, Suzana, 238n
"*high five*", 206
Hitch, Graham, 169-70
HIV, 191
Hochner, Binyamin "Benny", 79, 86, 237n
hormônios, 49, 231n
Hoving, Henk-Jan, 253n, 254n
Huffard, Christine, 71
humanos, seres: duração de vida dos, 180; interações de cefalópodes com, 59, 84, 245n; memória dos, 172, 221; mente dos, 140, 163, 172, 179; na árvore da vida, 15-7, 50, 218; neurônios em, 97, 140, 163; plano de corpo bilateral de, 43-4; polvos comparados a, 12, 17, 65-6, 68, 74, 84-6, 117; senciência em, 191, 98; sistema nervoso de, 97, 117, 220, 250n
Hume, David, 158-60, 164, 167
Huxley, Thomas, 225-6, 257n

I

imaginação espacial, 169
imaginação, discurso interior e, 169
improvisação, em analogia com sistema nervoso, 118, 215
Indonésia, 74
informação: luz como fonte de, 24; transmissão de, 172-3
Ingle, David, 100
insetos, 17, 45-6, 75, 81, 106, 191, 223, 237n

integração da experiência sensorial, 95, 100, 105
inteligência: acidental, 219; comportamento social e, 76, 80; de cefalópodes, 18, 59, 121, 182, 220, 222, 224; de corvos e papagaios, 16, 59; do choco gigante, 121, 221; do polvo, 59, 61, 65, 75, 79, 181-2, 215; estrutura de corpo e, 83, 85-7; medição de, 60-1; refletida em capacidade, 75; uso do termo, 16, 18, 59
interação: dos polvos, 65, 69, 214-5; entre cefalópodes e humanos, 91, 138; evolução da, 40, 95; mudança de cor e, 195; sem interferência, 215
invertebrados, 17-8, 69, 112, 217, 229n, 236n; na árvore da vida, 17-8, 50; sistema nervoso dos, 59, 77
iridóforos, 122-3
"Irmão John" (monge), 164
Itália, 61
iteróparos, reprodução, 192, 253n

J

Jablonka, Eva, 107-8
James, William, 7, 20, 88-9, 229n
Jewett, Eliza, 256n
Joanette, Yves, 164
jogo, no comportamento de polvos, 60, 139
Jost, Lou, 143
Joyce, James, 168
joyciana, máquina, 168
Jozet-Alves, Christelle, 221

K

Kahneman, Daniel, 168
Kandinsky (choco gigante), 128
Keijzer, Fred, 34, 233n
Kerr, Benjamin, 255n
Kimberella, fósseis, 38-9, 234n; como bilaterais, 43
Klein, Colin, 227
Köhler, Wolfgang, 163
Kuba, Michael, 69, 79, 239n; comportamento de cefalópodes no laboratório de, 69, 245n

L

lagostas, 50, 89
lapas, 54-6, 58
Lawrence, Matthew, observação de polvos por, 11, 110, 202-3, 239n
Lecours, André Roch, 164
lentes, 19, 84
leões, 204
lesmas, 50
lesmas marinhas, 111
leucóforos, 123
linguagem: cérebro e, 97; como ferramenta de pensamento, 154, 163; como input e output, 165-6; evolução da, 160-1, 163, 174; interior, *ver* discurso/ fala interior; internalização da, 163, 167, 174-5; no desenvolvimento da criança, 160-1; papel organizacional da, 161-2, 164-5, 173; perda da, 164; visual, 152-3
Linquist, Stefan, 66, 205-6
loops causa-efeito, 93-4, 166, 170
lula, 13, 26; a dor na, 89-90; como cefalópode, 13, 58, 154, 218-20;

estrutura de "pena" na, 56; na dieta do polvo, 67; *quorum sensing* em, 25-6; sinalização na, 147, 214; social, 76, 154; tinta da, 145
lula-dos-recifes, 209
lula-dos-recifes-do-Caribe, 152
lula-vampiro, 253*n*
luta, no comportamento dos polvos, 12, 72-3, 206, 208, 213
luz, na percepção de cor, 26, 122-3, 140-1, 144, 149; no controle corporal, 49; papel duplo da, 25-6; polvos apagando a, 62-3, 65-6, 142; produção química de, 26, 40; reatividade à, 24, 48, 65, 103-4, 123, 141-3

M

macacos, 102, 161, 181
maestro, analogia do sistema nervoso, 118
malária, 191
mamíferos, 42, 47; cefalópodes comparados com, 59-60, 76, 181, 222, 224; cérebros de, 59-60, 80, 102, 104, 218, 222; duração de vida dos, 194; envelhecimento de, 185; na árvore da vida, 14, 16-7, 51, 76, 222
mar, ameaças ambientais ao, 224-6, 228; em durações de vida, 180-2; origens da vida no, 7, 14, 17-8, 20, 22, 195, 224; profundo, 56, 70-1; tempestades no, 57
mar, leito do, ambiente de vida primeva, 18, 20, 28, 38, 52-5, 72, 111, 148, 196, 198-9; como hábitat de polvos, 54, 56-7, 62, 157, 197, 207, 210, 212; manipulação pelos polvos, 74, 110, 207
mariposas, 17, 50
marsupiais, duração da vida de, 180, 182, 185
marxismo, 160
Mather, Jennifer, 69, 112, 236*n*, 241*n*, 245*n*, 247*n*
Mäthger, Lydia, 141, 143
Matisse (choco gigante), 127-8
McMenamin, Mark, 40
Medawar, Peter, 186, 252*n*
Medawar-Williams, teoria do envelhecimento de, 189-91, 196-7
meditação, 171
medusa, 29, 35-6, 41-2, 44, 49-50, 109
"Medusas do início do Cambriano(?)", artigo de Reginald Sprigg, 36, 41
memória, 60, 78, 88, 103, 172; como comunicação interna, 177; evolução da, 84, 105; funcionamento, 84; nos chocos, 221-2
memória de procedimento, 221
memória episódica, 169, 221-2
memória operacional, 103, 105, 169-70
mente: evolução da consciência na, 20-1, 26, 88, 159, 224; humana, *ver* ser humano, mente do; humana *versus* outras, 21, 85, 158, 161, 169-70, 178-9; interação na evolução da, 26, 88, 165, 218
mergulho autônomo, 11, 234*n*
Merker, Björn, 94
Messenger, John, 62, 68, 78
metabolismo, 185

micróbios, camadas de, 38, 46
Milner, David, 99-101, 109
mitologia da criação, nas ilhas do Havaí, 21,55
Mittelstaedt, Horst, 176, 251n
  mobilidade: autopropulsão, 52, 54, 57, 120; direção e, 23-4; estrutura de corpo e, 43, 45; estrutura de corpo bilateral e, 43, 45; evolução, 18, 38, 198; e vulnerabilidade, 56
Mody, Shilpa, 249n
moléculas indutoras, 26
moluscos, 17, 38, 47-8, 53-4, 75-6, 82, 106, 109, 138, 182, 217; duração de vida dos, 183; evolução dos, 17, 38, 50-1, 53, 58, 222
monocelulares, organismos, 22-4, 27, 29-30, 33, 184; coordenação entre, 22, 24, 40; evolução dos, 22, 27-8, 217, 236n
monólogos interiores, 168
monoplacóforo, 58
monóxido de carbono, envenenemento por, 99
Monterey Bay unidade de pesquisa marinha (MBARI), 196-7
Montgomery, Sy, 236n, 240n
morcegos, 89; duração da vida dos, 185
moreia, enguia, 145
morte programada, teoria da, 185, 188-9, 192, 254n, 255n
morte: causas externas de, 183, 195; mutação biológica e, 187-9; programada, 185, 188-9, 192, 254n, 255n; teoria do "benefício oculto", 185-6; *ver também* vida, duração da
Moynihan, Martin, 152-4, 193, 209-10

multicelulares, organismos: evolução dos, 27, 29, 33; transição de monocelular para, 27
músculo: em mudança de cor, 120, 127, 146, 148, 195; evolução dos, 29-30, 175
Museu da Austrália Meridional (Adelaide), 36
mutação, envelhecimento e morte, 187-9
mutação-seleção, equilíbrio, 187

N

Naccache, Lionel, 172
Nagel, Thomas, 88
Nanay, Bence, 117
Nature, 36
náutilos, 13, 55, 182
necrofagia, necrófagos, 46, 55, 182
nervoso, sistema: analogia com a jornada de Paul Revere, 33-4; coordenação interna no, 83, 109; de animais marinhos pré-históricos, 14, 35, 38, 48, 76-7, 217; de cefalópodes, 13-4, 60, 77, 219-20, 222, 224; de polvos, 59-60, 76, 82-3, 87, 109, 118, 181, 222; distribuído, 77; do último ancestral comum dos humanos, 16; duas visões do, *ver* ação, modelagem da 34, 48; e sensório-motora 32, 48; comunicação dual, 48-9, 76; energia despendida por, 23; evolução do, 16-7, 30-2, 34, 38, 41-2, 44-5, 48-9, 51, 76, 107, 175, 195-6, 217, 224 função do, 31, 41, 45, 109, 118; grande e complexo, 16-7, 30, 217, 224;

na inteligência, 59; pequeno e simples, 14, 17, 30; teorias sobre as origens do, 35, 41, 48; trabalho em equipe como analogia para, 82, 118
neurônios 20, 30-1, 33, 49-50, 76-7, 80, 84, 121, 232n, 233n, 236n; na mudança de cor, 109; nos braços dos polvos, 53, 61, 77, 115; nos polvos, 53, 59, 61, 77, 83, 115, 195
neurotransmissores, 231n
Newton, Isaac, 159
Nicarágua, 210
"Nosferatu", pose de, 207-8
Nova Zelândia, 65-6, 72
nuvem passageira, exibição da, 124, 128

O

Oakley, Todd, 142-3
Oceanic Mythology (Dixon), 7, 230n
ocelos/olhos-pontos, 43, 84, 235n; em eucariotas, 24
octópodes, 219, 223
Octopus hummelincki, 254n
Octopus tetricus, 72, 210
Octopus vulgaris (polvo comum), 59
Okavango, delta do, Botsuana, 150
olfato, sentido do, 23, 77
olhos: como ferramenta de interação, 47, 52-3, 181; de animais marinhos pré-históricos, 14, 18, 40; de chocos, 125, 141, 199; de cubomedusas, 44; de humanos, 242n; de mamíferos *versus* cefalópodes, 19, 60, 84, 100; de náutilo, 55; de polvos, 12, 19, 57, 79-80, 213; de vieiras, 213; evolução dos, 45, 47, 49-50, 76, 95, 98; localização dos, 95-6; na percepção de cores, 120, 142, 144, 149; piscada dos, 103, 116
olhos compostos, 43, 45, 47
olhos, sono com movimentos rápidos dos (REM), 85
ópticas, glândulas, 254-55n
ópticos, lobos, 242n
Origins of the Modern Mind, Merlin Donald, 163
"osso de choco", 119
ostras, 53
Otago, Universidade de, 65
Otto (polvo), 238n
ovos, postura e incubação, 47, 146-8, 153, 191, 193-4, 197-200, 203, 206-8, 210, 216
oxigênio, perda de, 228

P

Pacífico, oceano, 13, 51, 55-6, 66, 81, 182, 204
Packard, Andrew, 219, 257n
paladar, sentido do, 23, 77
Panamá, 152, 209; polvo listrado do, 209
Pantin, Chris, 34
papagaios, inteligência dos, 16, 59, 162
papilas, 125, 157
Paris, França, 221
Parker, Andrew, 45
peixes, 15, 60, 66, 71, 81, 94, 96, 106, 113, 125-7, 181, 197-8, 211, 225-6; agressivos, 55, 113, 146, 200-1, 212; como bilaterais, 43; duração de vida dos, 182, 185, 193, 195;

peixes (*continuação*), na "explosão cambriana", 42; comunicação nos, 94; evolução dos, 50-1, 76, 94, 96, 196, 219-20, 229*n*, 257*n*; exaustão de recursos dos, 212, 214, 225
peixe-guitarra, 214
pele, 52-3, 121-4, 138, 149; camadas de, 225*n*; desintegração da, 124, 181, 199-200; fotorreceptores na, 122, 124, 141-3, 149, 152, 195; mudança de cor na, 120-1, 124-5, 128, 141-2, 146, 148, 156-7, 179, 195, 209
pensamento complexo, na mente humana, 160-4, 169-70
pensamento de ordem superior, 173-4
pensamento lógico, 168
pensamento, discurso interior na organização do, 167-8
percepção: ação e, 29, 31, 88, 95, 97; cérebro e, 26, 41, 60, 88, 100, 111, 166; consciência e, 88, 102-3, 172
Permiano, período, 220, 257*n*
pernas, como ferramenta de mobilidade, 45
pesca, 211, 226, 258*n*
pixels, como analogia na mudança de cor, 121, 124, 142
planta carnívora, 30
plantas, 24, 233*n*; evolução das, 24, 27, 30; potencial de ação nas, 95
Plectronóceras, 58
Plotnick, Roy, 46
polinização, 227-8
pólipos, 190
polvo: acasalamento e reprodução, 57, 85, 193, 197, 216; adaptabilidade, 61, 67-8, 83; aparência e características do corpo do, 52, 56-7, 83; ataques ao, 113, 115, 212; bilateralidade, 34; canibalismo do, 81; cérebro do, 59, 61, 118, 219, 222; como cefalópode, 13, 53, 55-7, 60, 76, 80, 82, 84, 198, 218, 222; como ser curioso, observador e engajado, 13, 78; comportamento social do, 12, 53, 68-70, 72, 78, 80, 82, 84-5, 206, 210, 215; conexão cérebro--corpo no, 78, 115; controle corporal do, 78, 115, 195; corpo multiforme e amorfo do, 56, 85-7, 144; de mar profundo, 196-7; descoberta por Matt do, 11-2, 110, 203, 212; desempenho em testes de laboratório, 61-4; em comparação com humanos, 19, 62, 68, 84, 86, 117-8; envelhecimento e morte, 180, 182, 185, 196; experimentos com a visão do, 96, 142; gênero no, 59, 191-3, 197-8, 202, 207 hábitat do, 64, 197-8, 224 (*ver também* Polvópolis); histórias de laboratório sobre o, 61-9; inteligência do, 59, 61, 65, 69, 75, 78-9, 82-4, 111-3, 182, 215, 219; listrado, 186–87; maior, *ver* gigante do Pacífico, polvo; maus tratos em laboratórios, 68-9; mobilidade 67; mudanças de cor no, 129, 142, 145, 148-9, 208; origem mitológica do, 7, 21, 52; reação de dor no, 113; reconhecimento no, 79-80; robótico, 220*n*; sistema nervoso do, 59, 61, 69, 75-8, 80, 82-3, 86, 110, 118, 142,

195, 220; tamanhos do, 11, 71-2, 112, 213; traquinagem e astúcia do, 64-6, 68, 110, 205; variabilidade individual no, 61, 69; vulnerabilidade, 57
polvo de mar profundo (*Graneledone boreopacifica*), 196-7, 218*n*; duração de vida do, 180, 182, 185, 196, 216
polvo gigante do Pacífico, 56, 81, 180, 204
Polvópolis, 70-1, 79, 110, 113, 202, 205, 208, 213, 215; comportamento na população de, 70, 79, 205, 208, 210, 215; especulação sobre a origem de, 202, 209-11; excursões de polvos em, 111-2, 216*n*; habitação por várias espécies, 205, 210-1, 214-5
polvos e humanos, ancestral comum de, 14, 16-7, 220
pombos, 64, 68; experimento de visão nos, 96, 98
população, controle de, 254*n*
potencial de ação de neurônios, 30
predação: camuflagem e, 106, 146, 196; inexistência de, 39-40; interação e, 46, 82, 96; métodos de, 150
predadores: *Camerceras*, 58; cefalópodes como 26, 55, 57, 219, 224; chocos como, 149; em Polvópolis, 208, 2013; evolução dos, 42, 45-6, 53; fuga de, 96, 146, 150, 198, 212, 254*n*; polvos como, 80, 82, 196
Príncipe Guilherme, enseada do, 81
Principles of Psychology, William James, 7, 229*n*
Prinz, Jesse, 103-4

procariota, 229*n*
Proteroctopus, 237*n*
protocadherinas, 220
psicologia, 16, 61-2, 85-6, 161

Q

"quorum sensing", 25-6

R

ramificação vertebrados e invertebrados, 42, 50
Ramirez, Desmond, 141-3
ratos, 64, 68, 250*n*
reaferente, 176, 178-9, 251*n*, 252*n*
reprodução semelpare, 192
reprodução: envelhecimento e, 194 frequência da, 190, 192-3; *ver também* acasalamento
répteis, 76, 218
respiração, 13, 116
retinas, 19, 44, 84, 98, 112, 166; com espelho, 213
Revere, Paul, analogia com a jornada de, 33-4, 48, 177-8
Revolução Russa, 160
rio, como analogia da experiência, 93
Roberts, Steven, 141
Robison, Bruce, 197
Rodaniche, Arcadio, 152-4, 193, 209-10
Ross, Richard, 210
rosto nos chocos, 133, 148
Royal Society de Londres, 41
ruído branco, como analogia para a evolução da experiência subjetiva, 88, 107-8, 110

S

sangue, 85, 120
santuários marinhos, 225, 234*n*
   sapos, 81; experimento sobre a percepção visual dos, 100-1
Scheel, David, 67, 81, 204, 208
Schnell, Alexandra, 121
Scott, Ridley, 252*n*
seleção, pressão da, 188
semântica, memória, 221
semelpares, reprodução, 192
senciência, consciência e, 189, 191
senescência, *ver* envelhecimento
sensação: ação e, 13, 89; em organismos monocelulares, 30; input e output na, 91; percepção e, 13, 71, 88-9, 101
sensação e sinalização, 100, 105, 175; química, 26
sensores: em esponjas, 28; nos braços de polvos, 53, 77, 79
sensório-motor, arco, 92
sensório-motora, comunicação, 32, 34
sentidos: e processamento interior, 20, 23, 32, 93-5; e sistema nervoso, 44-5, 105, 172
Seyfarth, Robert, 150-1
sifões, 54, 120, 147, 156, 200
silogismo disjuntivo, 165, 249*n*
simetria radial, 43, 236*n*
sinais químicos, 40, 123, 232*n*
sinalização: comunicação por, 27, 31, 147; no sistema nervoso, 27, 29-31, 33, 175; produção e interpretação, 146, 148, 155; sensação e, *ver* sensação e sinalização
sinapses, 59
Sistema 1 de pensamento, 168
Sistema 2 de pensamento, 168
sistema nervoso, *ver* nervoso, sistema
sistemas táteis de substituição da visão (TVSS, na sigla em inglês), 91
Skinner, B. F., 62
sobrepesca, 225-6
sono, 84-5, 99
Soul of an Octopus, Sy Montgomery, 236*n*
Sprigg, Reginald, 35-7, 39, 234*n*
Spriggina, fósseis, 41, 236*n*
surdez, e pensamento complexo, 163
Sydney, Austrália, 12, 71, 198, 225; santuário marinho em, 225

T

Tannuella, 58
tato, sentido do, 77-8, 97
Tenerife, Ilhas Canárias, 163
tentáculos: de choco, 119; de náutilo, 55; em gancho, 54, 63; evolução dos, 54-5
terra firme, adaptação à vida em, 54
Terra, idade da, 22
Thorndike, Edward, 62
Thought and Language, Lev Vygotsky, 160-1, 163, 168
tinta, nos cefalópodes, 145, 198-201
tocas: compartilhadas, 209; de choco, 128, 137, 155, 157; de polvo, 11-3, 52, 57, 65, 68, 70-2, 74, 112, 193, 198, 203, 206, 208, 210-2; limpeza de, 216
Tomasello, Michael, 161
trabalho em equipe, 33
Transactions of the Royal Society of South Australia, 36

transmissão de informação, teoria
 da, 172-3
tratamento de lesões e feridas, 107,
 115, 199
Trestman, Michael, 47, 75
trilobitas, 42, 46-7
tubarão, 12, 212, 214
tubarão-baleia, 212, 214

U

União Europeia, 69
União Soviética, 160
Universidade Hebraica de
 Jerusalém, 79

V

Vallortigara, Giorgio, 96-7
Vampyromorpha, 219
ventosas, 12, 53, 77, 205
ventral, fluxo, 99
vermes, 14, 16-8, 21, 42, 49, 94, 113,
 192, 217
vertebrados: cérebros dos, 59-60, 76,
 181, 218, 224; na árvore da vida,
 16-7, 50, 76, 95, 217-8, 223; na
 "explosão cambriana", 42, 109
vespa-do-mar (*Cubozoa*), 44
vida, árvore da, *ver* árvore da vida
vida, duração da: de polvos,
 180-5, 187, 189-90, 195-8;
 envelhecimento e morte, 183,
 185, 193
vieira, conchas de, em leito de
 polvos, 11, 71, 81, 211, 213
vieiras, 11, 17, 71, 81, 211, 213
visão: cópia eferente na, 166;
 evolução dos olhos na, 24,

28; mobilidade no, 24;
 percepção na, 99-100, 231n;
 percepção de cor na, 140-1, 143;
 processamento na, 101, 104, 106,
 141, 174; sistema nervoso e, 91;
 ver também olhos
visão binocular, 98
von Holst, Erich, 176, 251n
Vygotsky, Lev, 160-1, 163, 168

W

"White Christmas", experimento,
 169
Whyalla, Australia, 135, 146
Williams, George, 186, 188-91, 193,
 252n

Z

zonas mortas, 228

créditos das imagens
Todas as fotografias do livro foram feitas pelo autor, a não ser por aquelas das páginas 73 (acima), 114, 204 e 206, que se tratam de *frames* de vídeos filmados por câmeras sem operador (colaboração de Peter Godfrey-Smith, David Scheel, Matt Lawrence e Stefan Linquist). As ilustrações foram feitas pelo autor, à exceção de: página 55, por Ainsley Seago; páginas 58 e 209, por Eliza Jewett.

Other Minds: The Octopus, the Sea, and the Deep Origins of Consciousness © Peter Godfrey-Smith, 2016. Mediante acordo com Farrar, Straus and Giroux, Nova York

Todos os direitos desta edição reservados à Todavia.

Grafia atualizada segundo o Acordo Ortográfico da Língua Portuguesa de 1990, que entrou em vigor no Brasil em 2009.

capa
Laurindo Feliciano
preparação
Teté Martinho
índice remissivo
João Gabriel Domingos Oliveira
revisão
Huendel Viana
Tomoe Moroizumi

3ª reimpressão, 2025

Dados Internacionais de Catalogação na Publicação (CIP)

Godfrey-Smith, Peter (1956-)
 Outras mentes : O polvo e a origem da consciência / Peter Godfrey-Smith ; tradução Paulo Geiger. — 1. ed. — São Paulo: Todavia, 2019.

 Título original: Other Minds: The Octopus, the Sea, and the Deep Origins of Consciousness
 ISBN 978-85-88808-61-4

 1. Sistema nervoso e sensorial 2. Evolução 3. Consciência 4. Cefalópodes 5. Comportamento.
 I. Geiger, Paulo. II. Título.

CDD 612.8

Índice para catálogo sistemático:
1. Sistema nervoso e sensorial : Evolução 612.8

Bruna Heller — Bibliotecária — CRB 10/2348

todavia
Rua Luís Anhaia, 44
05433.020 São Paulo SP
T. 55 11 3094 0500
www.todavialivros.com.br

fonte
Register*
papel
Off White 80 g/m²
impressão
Forma Certa